在卡西尼號抵達以前，土星衛星「泰坦」的橘色大氣層讓人們始終見不到它的地表，只有雷達和某些紅外線波長可以穿透整片迷霧。科學家推測它們可能會找到乙烷或甲烷（像地球天然氣那樣的碳氫化合物，但因為太冷而呈現液態）組成的海洋；但卡西尼號抵達後，卻沒有找到任何像那樣的東西。它把惠更斯號（Huygens）探測機拋到地表上（卡西尼號和惠更斯這兩台探測機，都是以十七世紀發現土星衛星的天文學家所命名）；惠更斯號被設計成浮在空中測量土星大氣波動的大小，但它卻掉在佈滿卵石狀大塊水冰的潮濕柔軟地表上。

上圖為惠更斯號。

圖片提供／達志影像

惠更斯號是人類第一個登陸土衛六（泰坦）的探測器，也是美國國家航空暨太空總署、歐洲太空總署和義大利航天局的合作計畫。它主要的任務是深入泰坦的大氣層，對這個土星最大的衛星進行實地考察，2005 年 1 月 14 日歐洲太空總署宣布惠更斯號成功登陸泰坦。

上圖為惠更斯號進入泰坦的模擬圖。

圖片提供／達志影像

火星上的「好奇號」（Curiosity）探測車，可以看見、觸摸並嗅聞火星地表狀態。許多時候，它遠比一個真正的人類更厲害；上頭有 17 台相機，還有一具兩公尺的機械手臂，來移動有 5 個檢驗樣本設備的手部，其中包括一台 α 粒子 X 射線光譜儀。但這探測車本身沒有判斷力。操作它就好像用好幾根 2 億 2 千 5 百萬公里長的線在操作懸絲木偶。而且它實在太珍貴、太特別，以至於決定要拉哪根線以及拉多用力，都需要每天上百個人輸入才行。

圖片提供／ shutterstock

月球車 1 號（Lunokhod 1 lunar rover，俄語：Луноход）是俄國在蘇聯時期發射的遙控月球車，也是第一輛成功運行的遙控月球車。1970 年，月球車 1 號登上月球服役，直至 1971 年 10 月為止。

圖片提供／達志影像

2015 年 11 月，貝佐斯的藍色起源以新雪帕德火箭（New Shepard）在德州完成史上首次火箭垂直著陸，比 SpaceX 早了一個月。貝佐斯和馬斯克透過推特，針對彼此的競爭互噴了一些垃圾話。但從商業競爭來說，貝佐斯的公司比較威脅到的是布蘭森的維珍星際，畢竟新雪帕德火箭的設計目標只是稍稍突破大氣層，帶觀光客進行短暫的 4 分鐘無重力航程，而不是把沉重的酬載物帶到軌道上。然而新雪帕德火箭也不是布蘭森那種可使用機場跑道的太空飛機。它的酬載艙使用降落傘返回地表。

圖片提供／達志影像

維珍銀河的網站，吸引著那些有機會與布蘭森一起到加勒比海私人小島遊樂的購票者。這就是這門生意所要求的。把電影明星打上太空，可能是一個藉此賺錢的聰明方法，而漂浮的無重量新娘與比基尼模特兒，則能獲得人們注目。

上圖為維珍銀河的太空飛機。

圖片提供／達志影像

從 NASA 的太空梭到伊隆・馬斯克（Elon Musk）的天龍號太空船（SpaceX Dragon），把一個人送進軌道的成本會降低一個量級，從每名乘客 1 億美元以上，降低到 1 千萬美元左右。於次軌道運行的維珍銀河，期望使成本降低兩個級數，直到它能在乘客支付的 25 萬元費用中獲利。再過 10 年後，懷特賽德斯預期太空飛行價格可以降到 1 萬美元，甚至更低。

圖片提供／達志影像

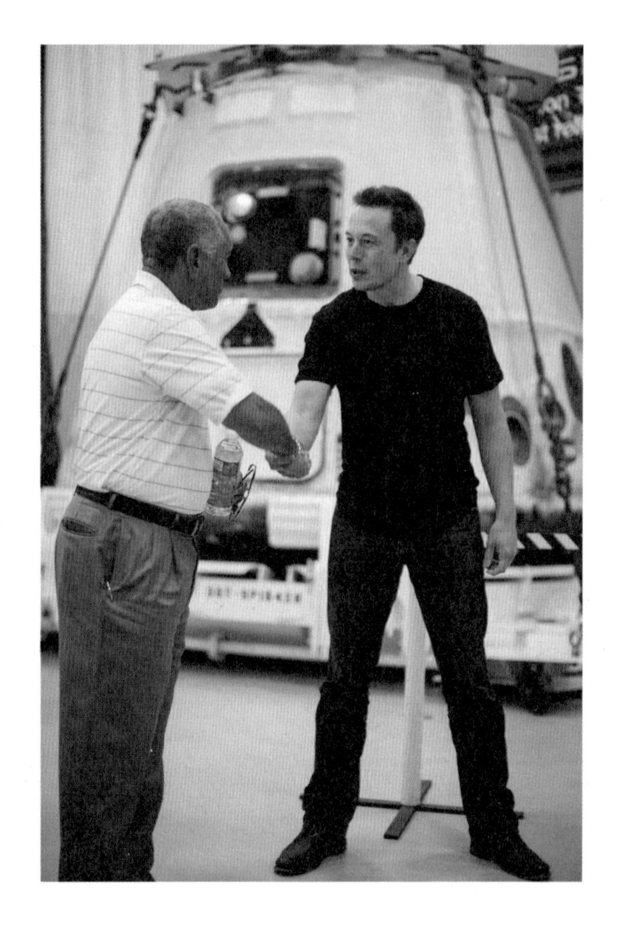

太空科學的歷史性成就往往有一段冗長的過程，這或許可以解釋人們為何對每每需要花費數十年的科技進展保持耐心——或許該說是過度的耐心。潔米說，幾乎每個與她共事的人，都是出學校就直接來到這邊的。他們從來沒沾染那種一邊等待改變、一邊融入大官僚組織的文化。他們來上班的目的只有一個，就是要造火箭。

對這些年輕人來說，SpaceX 正在發生的事情看起來一點也不奇怪，也不算野心過頭，這些工作的總體目標也是如此。那是潔米一開始就告訴我們的事情之一：火星殖民地的運輸工作，是這整個企業的終極目標。

『火星是伊隆的夢想。』她說。

圖片提供／達志影像

2008 年，NASA 把重新補給國際太空站的合約發給 SpaceX 和軌道公司，其中 SpaceX 以 16 億美元完成 12 趟飛行，軌道公司則要以 19 億美元完成 8 趟飛行。SpaceX 的獵鷹 9 號火箭和天龍號太空船在兩年後成功抵達太空站，到 2015 年 1 月為止，又再跑了 5 趟運送行程。軌道公司的火箭僅有一半酬載量，且缺少 SpaceX 那種將酬載運回地球能力，它們花了 5 年才讓測試用酬載送抵國際太空站，而且才完成兩次任務，其使用的安塔瑞斯（Antares）火箭就在 2014 年 10 月發生了發射爆炸意外。

上圖為天龍號太空船。

圖片提供／達志影像

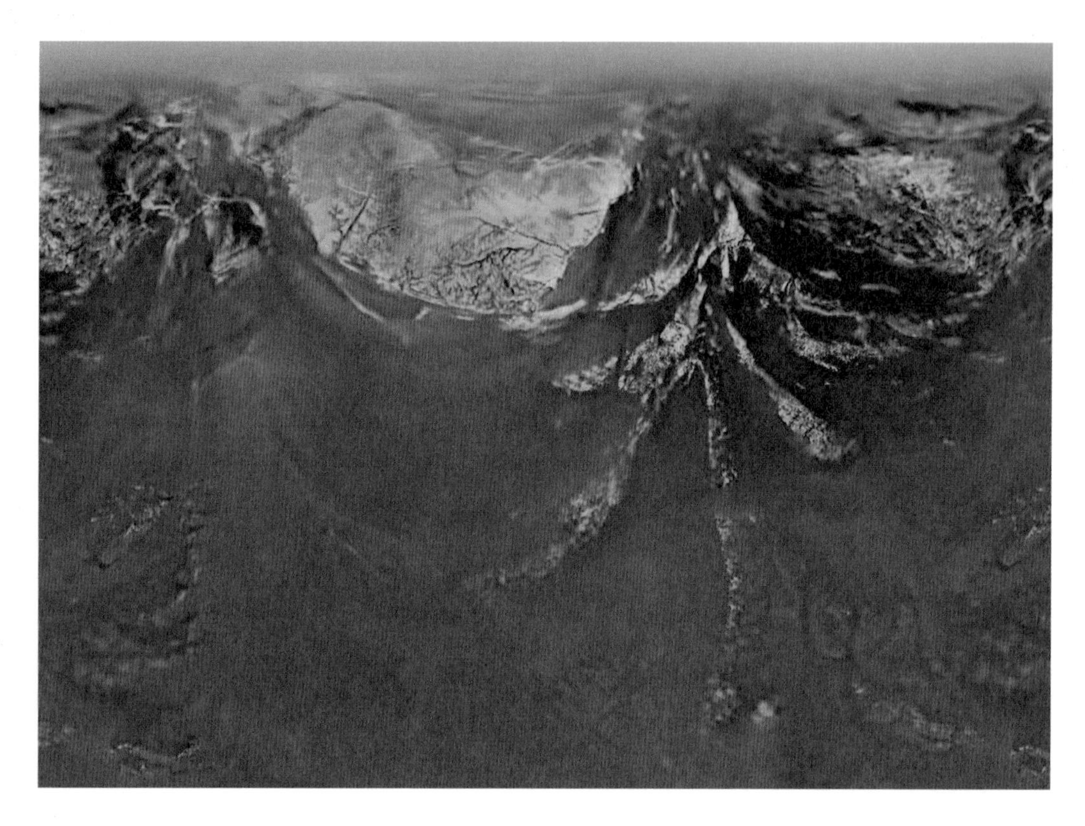

泰坦上的 1 年是地球的 29 年，所以季節會緩慢地更迭。泰坦將不同地帶面對太陽時，軸心傾斜會造成季節變化。土星與泰坦的季節變化是同步的。在地球幾乎已經成形之後，可能有一次撞擊產生了月球，但泰坦及其他的土星衛星，可能都組成自一面飄浮於太空中的塵埃與氣體巨盤。當材質凝結為行星和衛星時，它們根據原有的相同動量持續運動。若以科學術語來說，這些衛星因潮汐力而與土星鎖定，永遠以同步行進，永遠以同一側面對行星，並根據土星來變換季節，而且土星及所有衛星都同步與軌道保持相同傾斜度。

圖片提供／達志影像

率先前往外太陽系的先鋒 10 號（Pioneer 10），攜帶了一張金屬板，上面標示了地球位置、少許科學事實以及一對裸體男女，男性還揮手做問候狀。卡爾・薩根從某位同事那邊得到金屬板的靈感，並在 1972 年先鋒 10 號發射前，把這想法提議給噴射推進實驗室的某職員。他們很快就完成了設計，並找當地商家把圖樣刻到鋁板，沒告知老闆就把板子栓在太空船上。卡爾後來解釋了理由：先鋒號離開太陽系以後，可能會有誰找到它，然後板子就會告訴他們：**「我們在哪裡」。**

上圖為先鋒 10 號接近木星的示意圖。

圖片提供／達志影像

用來製造原子彈的鈽 239 在地球上很充沛。而鈽 238 則因為可以在產生大量熱能的過程中放出較少的穿透性損害放射能，而適用於行星太空船充能。一種稱做「放射性同位素熱電機」（radioisotope thermoelectric generator，RTG）的設備可以把熱轉為電力，在航海家太空船和卡西尼任務中都有用上。

上圖是科學家與技術人員在卡西尼號裝設放射性同位素熱電機的情形。

圖片提供／達志影像

1969 年阿波羅 11 號（Apollo 11）使人類登陸月球，太空時代在 12 年內就達到了偉大勝利。接下來 47 年，載人太空飛行器並沒有太多改變，而太空人也不再在近地軌道以上的區域冒險。在這個領域，我們又一次看見商業航空和電話的那種科技演變模式。但是，下一次革命的契機在哪裡？

圖片提供／達志影像

除了這一切正在發生的事以外，機器人也能替我們探索太空，例如卡西尼號、伽利略號、信使號、黎明號、月球勘測軌道飛行器，以及正在精細打造中的其他太空船。若能用廉價的火箭發射出大量具備創新構造的便宜機器人，太陽系的新資訊就可以大量流入。人類探索者在資訊收集這塊就是比不上它們，但終究得要有一批人類繼

續在這條路上跟進，在那之前，機器人可以藉由尋找關鍵知識、預備居住所和資源，來替未來的人類開路。

上圖為月球勘測軌道飛行器。

圖片提供／達志影像

1986 年 1 月 28 日，挑戰者號（Challenger）太空梭在升空 73 秒後爆炸。當天的任務反映了 NASA 對太空梭的原初概念：把太空梭當成一種固定的運輸形式，可以讓太空變得便宜可得。當時太空梭為配合不實際的時程表趕著讓太空梭發射，是這次失事的原因。

上圖是挑戰者號事件中殉職的太空人，他們是史密斯（Mike Smith）、史高比（Dick Scobee）、麥克奈爾（Ron McNair）、鬼塚承次（Ellison Onizuka）、麥考莉芙（Christa McAuliffe）、賈維士（Greg Jarvis）、萊斯尼克（Judith Resnik）。

圖片提供／達志影像

地球之後

Our Path to a New Home in the Planets

Beyond Earth

查爾斯・渥佛斯 Charles Wohlforth &
亞曼達・R・亨德里克斯博士 Amanda R. Hendrix / 著
唐澄暐 / 譯　張宏銘 / 審訂

獻給查爾斯・F・潘尼曼，我和藹的導引者，他的一生統合了科學、靈性與同理心。

——查爾斯・渥佛斯

獻給所有盡心盡力於卡西尼任務，還有 NASA 及其他太空機構中所有自動與載人任務的、那一群奇妙而充滿熱忱的人：你們以這些航程和不可思議的科學發現，鼓舞了整個世界。

——亞曼達・R・亨德里克斯

前言

「離開地球的方法」

總有一天，人們會活在泰坦（Titan），土星最大的衛星上。他們將燃燒星球表面上無盡的化石燃料來取得能量，氧氣則從構成泰坦大部份質量的水冰中取得。比地球略厚的氮大氣層，會保護人們不受太空放射線危害，並讓他們能在不需加壓的建築物中生活，也不用穿太空裝，只需非常保暖且有呼吸設備的衣物就能外出行動。他們將在液態甲烷湖上泛舟，並靠著背上的雙翼，在冷而濃密的大氣裡像鳥一樣飛行。

上述情況之所以會實現，是因為到了某個時刻，這些都將變得合情合理。今日，寒冷陰暗的泰坦天空不適人居，且遙遠到難以抵達。我們尚未擁有將人類送往泰坦的科技，但這科技將在地球未來日漸惡化時同步現身。過往，當家園變得難以居住，就會迫使人們湧向危險陌生的新天地。如果人類在地球上的行徑不改弦易轍，未來某一天，出於相同動機，泰坦這個遠離戰爭和氣候劇變的新世界，就可能會吸引殖民者前來。

太空殖民所需的科技已經在眼前現身，但最大的障礙屬於體制部分：我們有一個漠不關心的政治當權派。我們的太空機構 NASA，其內部文化傾向遏止異議，且在載人太空飛行上缺乏一貫目標。我們的新聞媒體錯解了太空探索的真實挑戰，卻把這誤會賣給大眾。前往另一個行星其實會很困難，且如果缺乏突破技術，將會危險到無法接受。

但太空殖民所需的要素正在集結。打造太空載具的經驗已流傳至眾多國家與私人企業。一種透過網路叢生、知道如何快速產生新事物的革新文化，開始將其注意力轉往太空。人們早就不停思索著抵達外星所需的各種概念。

等到那一刻來臨，那也不會是人類首次展開看似不可行、昂貴、技術上又充滿挑戰的旅程。人類過去就反覆在遠到回不來的地方打造新社會，未來當我們又重覆這過程時，應該也會有和過去類似的理由。

身為作者，我們調查了科學、科技以及文化、環境，好構成這套關於太空殖民的劇本。我們思考了面對人類的基本議題：我們對科技的反響，我們探索、拓展、消耗資源的意念；還有，我們如何對待彼此、如何對待現有的這顆行星。太空殖民的最關鍵要素，就是人這種動物：我們的細胞面對宇宙放射的反應、我們穿越虛空多年所需的心理能力，還有我們在未有生物居住（至少沒有已知類型生物居住）的新世界的環境適應度。我們是什麼？我們可以走多遠？

我們訪問過的科學家常會問我們：是要寫科幻還是新聞報導。我們從未打算寫一部想像作品，但懷疑者永遠不會預測到已經發生的事。我們訪問了一間火箭工廠，那裡的私人太空工業工作者，正在縫製一件《星艦迷航記》（Star Trek）的寇克艦長（Captain James T. Kirk）會很榮幸穿上的太空裝。我們在「未來」裡的預測，不是立基於對酷炫發明和動人願景的熱愛；它仰賴的，是在我們的認知中，人類朝愚蠢決策、自私驅力和政治亂象邁進的一種趨勢。認清這些可預測的真相，能讓我們更輕易知道科技能怎麼開展，過程也會比較有趣。

我們思考並爭論這些未來要怎麼成真的過程中，充滿了極大樂趣。當亞曼達在洛杉磯的辦公室或波德市（Boulder）的廚房裡，而查爾斯在安克拉治（Anchorage）的自家辦公室面對被雪埋住的小船，或在阿拉斯加州原野時，透過 Skype 聯繫，作品逐漸在我們眾多歡笑時光裡成形。

亞曼達每天都埋首於太空科技相關工作。她曾練習成為一位太空人，並著手於能夠捕捉太陽系另一頭行星景色的設備。她也曾引領大科學（譯注：big science，泛指高投資、綜合多學科的大型科學研究項目）的行政官僚工作，就和任何現代組織一樣，就像一個充斥著會議、行程和無數個人意識的小宇宙。她經手許多新想法的無數細節，在她的協助下，許多太空探索的奇蹟得以成真。

多年來，查爾斯夏天都在阿拉斯加州的海灘上過著與世孤立的生活；到了冬天，他幾乎每天都在跨國滑雪的路途上。為了寫作理解行星命運的相關著作，他會與愛斯基摩（譯注：今稱因紐特）捕鯨人踏上北極浮冰，或者前往英國劍橋——一座住滿高智商鳥類的巨大鳥舍。

我們是互補的兩面。亞曼達提供科學與奧妙，但也帶來警訊，說明科技如何不穩定地一路開展。查爾斯帶來一種充分研究過地球人悲劇後抱持的懷疑主義，以及一種深愛全人類天性而具備的樂觀主義。亞曼達想必很渴望收下離開地球的單程票，好滿足她的冒險驅動力以及對未來的展望。查爾斯則是在紅眼航班上都坐不住，也無法想像自己揮別這行星的雪地、海洋和清新空氣。

我們永遠不會有錢到能把每個人送往其他天體，但不難想像有一天政府或頂級富豪開始把太空船當成救生艇——或者方舟。人們早就這樣想了。2008 年，斯瓦爾巴全球種子庫（Svalbard Global Seed Vault）啟用，這座深藏於挪威與北極間某島嶼冰凍山岳內的種子庫，為了防範災難或末日而保存了數百萬種農作物種子。一座遠離行星的殖民地，同樣能保存一份人類基因組免於地球災害。

但和種子不同的是，人類不可能放在保險庫裡還維持原樣。地球外殖民地一開始可能是保存人類品種的地球附屬品，但它可能會發展成獨特世界，有著獨立的文化、政府和未來。對那些出生於橘色天空下的孩子來說，一個世代過去，地球就已算是異邦。對他們來說，帶點家園鄉愁的是循環空氣，而不是清爽的微風。

我們把天空想像成一片橘色，是因為我們這套未來劇本將以泰坦為目標。為什麼是泰坦？我們檢視了殖民者可以去的每個地方，好找出一顆星球，既能持續滿足人類的安全與營養需求，也不需要來自地球的直接支援。編構這套劇本的過程，使我們一路來到這顆位於外太陽系、濕潤而飽含能源的天體。我們並非要準確預測殖民地必將蓋在那裡；我們確實不知道這會不會發生。劇本是一種將「對未來的研究調查」加以組織的方法，而不是一種預測。利用我們所提供的紮實資訊，這種強大的演練，產生了一套任何人都可在腦中進行的思考實驗。當你跟我們走過這趟踏進可能未來的旅程後，你會找到思考實驗所需的所有事實，來看看你的推理論證是否也會以泰坦作為解答。

本書的結構，反映了這種硬科學與趣味預測的交互作用。交替的小節涵蓋了當前的現實以及未來劇本。標示「當前」的小節告訴我們已經存在的技術和想法，並述說那些使太空離我們更近的真人故事。標示「未來」的小節，想像了一套劇本，回應了我們認為可能實現的力量和機會，以及一些異想天開的預測。本書讓這兩種模式交纏，以創造一種「已知事實」和「該知識能如何邁進」的整合面貌。讀者可以從中自由產生個人結論。

打造一個自給自足的太空殖民地，恐怕尚缺數十年時間與不少科技階段。但許多太空科學家與工程師正思考這目標，因為這目標顯現了一開始引領他們進入這領域的那種冒險，也對今日科技、研究和太空產業提出了美妙問題。確實，使人類前往新行星的目標，就是美國載人太空計畫的最強大正當理由。

我們會先從太空科學的現況開始，接著質問要如何抵達其它天體並建造殖民地，以及我們會去哪裡，還有為何應該有可能成功。為了獲得可信度，「未來」的劇本必須以基於當今現實的答案，來回應這 3 個問題——如何、何處和為何。這就是為什麼本書使用交替的小節：在 3 個問題上，都讓「當前」可以預告「未來」。

「如何」的這個問題，要處理逐漸常態化的「進階推動力」與「常規太空船之設計」兩方面的科技。隨著太空飛行這門生意逐漸融入我們日常生活中，經濟條件就掌控了關鍵。商用太空飛行產業正在轉變我們對可能性的想法。有了矽谷的資金以及革新的信心，大量的太空產品遲早會進入市場。這門產業就有點像史蒂夫．賈伯斯（Steve Jobs）和比爾．蓋茲（Bill Gates）離開自家車庫工作室時，電腦產業在進行的事：準備好從昂貴的、集中的政府計畫向外高速散播，使太空旅行達到安全、可重複及可負擔。當那成真時，把物質送入無重力空間的成本會大幅下跌，讓每一場前往太空的奮鬥都變得更有可能實踐。

「何處」的問題，針對行星科學以及太空健康、心理學、生殖方面的問題，還有對能源、放射能防護以及適應低重力生活等密切需求，都提出許多洞見。無疑地，殖民者需要一個能活下來並自給自足的地方。

「何處」的問題有兩個步驟：先問人類社會需要什麼才能生存，然後在太陽系裡找到符合這些需求的最佳地點。泰坦星上由碳氫化合物構成的山丘和湖泊，可以提供無盡燃料。水及其中的氫氧成分，占了泰坦的一半質量。有了水和能源，我們就可以製造食物、處理原料，並讓城市獲得能源。

那麼就剩下「為何」的問題，詢問永久離開地球的合理理由。

這並不是那種路易斯與克拉克（譯注：Lewis and Clark journey，美國國內首次橫越大陸，抵達太平洋沿岸的考察活動）所進行的，探索未知並返鄉獲得名聲榮耀的遠征。太空殖民者更像那種乘馬車西行、沿路蓋起農場的無名先鋒。這趟旅程不會太有趣，而且他們也不會回來。至少第一代的生活將會危險艱苦。或許有些人只是因為想搶頭香才想去，但創造殖民地需要的不會只有冒險者而已。殖民地需要人，一大群有專長、有決心在此處定居建設的人。最重要的是，殖民地會需要一位願意付出高額成本讓計畫起飛的贊助者。某方面來說，「為何」反而是最大的問題。

過去，殖民地通常會把某些有價值物品送回母國，或者讓自己得到一種能擺脫母國壞事的方法，來使自己的殖民成本正當化。說到第一個理由——賺錢——的話，太空的生意經目前還是一本迷糊帳。太空礦業可以生產出地球沒有或極稀少的元素。受高熱衝擊的石墨小行星含有鑽石。月球儲藏著太陽風植入的氦同位素 He-3，可以推動核融合反應爐。

但核融合反應爐尚未出現，而行星際的酬載成本目前比鑽石還貴（況且，我們應該也不需要那麼多鑽石）。的確，目前沒有哪種已知的資源能使太空任務成本獲得正當性，更不用說殖民地的成本了。更便宜的太空旅行、太空探勘者的大發現，或者需要地球缺乏的元素才能完成的新科技，都可以改進殖民的商業目的。對我們的作者來說，這些可能性還是不甚清晰，所以在我們的劇本中，我們選擇另一個動機來推動太空殖民：**人類需要離開地球**。

人類無法再度西征。我們的行星已經滿了。若人類有一整體性格，那可以說我們心中有一部份不能永遠忍受這狀況。確實，人類有千百種，有些會定居下來，修理壞掉的東西，或學著與幾乎不可忍的政治及環境條件共存。但其他人會離開，前去發現新世界，也不打算回頭。我們因此分離。我們當初就這樣離開非洲遷往歐洲、亞洲和新大陸，且從那時開始就一而再、再而三地重複這過程。

地球環境和政治條件的趨勢，在這套太空殖民劇本中就和科技故事一樣重要，對於認清自己來說也十分重要。除了了解我們的肉體會怎麼回應太空環境，我們也需要預測我們的社會怎麼回應惡化的環境、日漸增加的政治宗教衝突，以及逐漸拉大的財富差距。

使人類成為如此有趣生物的正負面特質，已經混合起來並讓人類開始思考下一次遷移——前往宇宙的行動。億萬富翁們正在打造太空船，前往任何人都還未能抵達的地帶，同時他們又藉著販賣暢遊大氣層之上的機票而賺錢。

我們在商業太空公司遇見傑出的年輕工程師，他們正在設法降低抵達太空的成本。他們耗費漫長時間，希望讓太空飛行成為日常生活的一部分，並再多向前思考了幾步。他們如此努力並不只是為了錢而已。這些年輕的航太工作者說著《星艦迷航記》的語言，用靈敏熟練和駭客精神迎擊巨大的技術挑戰。他們不熟悉失敗，並全然確信自己正在往太空的路上。

和這些人長時間共處就不難想像，有一天巨大的太空船會準備出發，前往一條長而可伸縮通道的盡頭，而那頭連接的是繞行地球的商業太空站。這個劇本聽起來可能像科幻。但未來突然來臨以前，聽起來不都像是科幻嗎？

目錄 CONTENTS

CHAPTER 3
外太陽系的家園

CHAPTER 4
快速打造火箭

CHAPTER 5
太空深處的健康問題

CHAPTER 6
機器人在太空

CHAPTER 7
漫長旅途的解方

CHAPTER 8
太空旅行心理學

CHAPTER 12
再下一步

CHAPTER 1

「如何預測未來」

關於世界末日的預測，早在殖民太空的夢想出現前就已經存在了；有時兩者會被同時提出。當《太空：1999》（Space：1999）這部電視劇在 1970 年代中期推出時，人們並沒有嘲笑劇中「到了 1999 年，人類會住在即將飛往宇宙深處的月球殖民地上」這個命題。25 年後，當年劇中預期的末日—— 1999 年 9 月 13 日——過去，劇迷們在洛杉磯集會，藉由重演這場從未發生的災難來慶祝這一天。

在此我們又要開始做同一件事：預測地球上所有生命的處境。在未來某一天，地球的環境將會壞到無法生存，而科技則會好到能打造出太空殖民地。不過我們的預測和大多數人可不一樣。

1950 年代的樂觀主義，預測人們到了 1970 年代便能搭乘飛天車以及居住在太空旅館；1970 年代的悲觀主義，則讓我們因為各式各樣的原因死在 2000 年。悲觀主義者和樂觀主義者的預測精準度都不夠高：我們始終沒能研發出飛天車，但確實有了影像電話；我們並沒有把食物、水和能源用光（至少至今如此），但氣候暖化確實越來越嚴重，天氣變化更加劇烈而反常。核融合發電在 50 年後可望實現，但機器人已經到處都是，而且還沒起身反抗我們（除非你是貓，又和 Roomba 自動吸塵器共處一室）。

我們倒是對很多不變事物的預測充滿了信心。例如，人們調鬧鐘是因為確認太陽會日復一日地升起。可變事物也能夠預測，我們可以確信它們不會維持原樣。只要各種為了生存利益的衝突和人們貪婪的欲望持續，科技發展和人類想像力也應該會繼續存在。未來很難預測，但我們很容易就能預測人類會變得更加強大，並利用他們的力量加速消耗資源，為了下一個能「邁向偉大」的想法奮鬥。

預測未來的方法

預測未來的要訣在於，分析那項知識，找出是什麼因素讓某些預測成功，而讓其他預測失敗。

1955 年，霍華．休斯（Howard Hughes）旗下的環球航空（Trans World Airlines，TWA）在「是否訂購 3 年後能革新旅程享受的噴射機」一事上猶豫不決。「環球航空主席勞爾夫．戴蒙（Ralph Damon）公開表示，他預測噴射機時代並沒有如同購買噴射機的金主想像的那麼近」《紐約時報》（New York Times）當時如此報導他的談話。「世界上只有少數機場有夠大或夠堅固的跑道，可以承載波音（Boeing）與道格拉斯（Douglas）的百人座巨型客機⋯⋯提升跑道性能將花上數百萬元。會有很多城市願意投資嗎？」

環球航空從 1920 年代（當時以西部航空〔Western Air Express〕為名）的鹽湖城（Salt Lake City）—洛杉磯 8 小時航線起家，到此時已經營運接近三十載。1955 年，公司舉辦了一場慶祝周年的比賽，向乘客提問，請大家想像 30 年後的商業飛行將會是什麼樣子。

乘客會在環球航空螺旋槳客機的椅背上找到參賽表，獎金是預定於 1985 年支付的 5 萬美元。乘客們對 1985 年的預測，包括了每小時 4 萬公里的飛機、火箭推動的旅館、防墜落飛機、飛行計程車、直升機拖車屋；也有人預測到時候不會再有航空業，因為屆時世界上只剩猴子居住。或者，我們不再需要飛機是因為人類將會活在沒有重力的外星球，不用飛機就能飛行。

30 年後的 1985 年，環球航空在密蘇里州（Missouri）堪薩斯城（Kansas City）的一個地下室找到了當年的參賽文件，剔除眾多異想天開的答案後，將最終名單交給三位評審，包括 1969 年登上月球的太空人皮特．康拉德（Pete Conrad）。最後這位優勝者，在噴射機時代來臨前就準確描述了 1980 年代的航空景況，包括使用飛機的方式。

「商業飛機。」她寫道，「會有 5 千英哩（8,047 公里）的續航力，且能以每小時 7 百英哩（1,127 公里）的速度飛行。他們會以分流的噴射引擎推動，因為 1985 年應該無法以原子能運行商業航空⋯⋯客機將能攜帶約 3 百位乘客進行長程旅行，而貨機則可以攜帶最高淨重約 20 萬磅（約 90,718 公斤）的貨物。」

航空公司根據參賽表上的地址，於麻薩諸塞州（Massachusetts）的劍橋（Cambridge）找到仍住在原址的優勝者海倫・L・湯馬斯（Helen L. Thomas）。80 歲的她，已經從麻省理工學院的研究刊物編輯工作中退休，而且完全不記得當年參加過比賽。航空公司花了不少時間讓她相信這個比賽是認真的，並贈送她 5 萬美元的支票。

當所有人一起展望未來時，什麼是海倫・L・湯馬斯擁有，但環球航空主席勞爾夫・戴蒙與其他全體參賽者都缺少的？

首先，對湯馬斯來說，比賽結果對不涉及風險或利益。她可以不帶情感地觀察社會與科技狀態。此外，身為美國第一位在科學史領域獲得博士學位的女性，她相當聰明並堅定。針對「發現科技如何隨時間進展」一事，她的研究工作給她帶來了極佳的洞察力。她也針對航空學寫作論文並進行研究，所以她了解鼓風式噴氣發動機，也知道依照這種機器的設計進程，將來應該會進入實用階段。

實際上，她之所以能夠獲勝，就只是因為她觀察了現有科技，設想了合理的進展，並依據現實情況加以想像。而且，她也把經濟這項關鍵因素——**「人們需要什麼、願意付出多少」**——牢記在心。舉例來說，她預測新的機場會蓋在遠離城市的地方，而官員則會從飛機轉搭直升機快速前往會議。「因緊急醫療需求而以飛行載運的患者，可能會直接降落在醫院屋頂上」，她如此寫道。

一篇 1986 年的《紐約時報》社論讚許了湯馬斯的先見之明，並對那些預測有一天會有太空觀光客的參賽者訕笑一番。從現在的眼光看來，人類社會其實已經有了太空觀光客，未來還會有更多，那樣預測只是早了 30 年而已。

電話比飛機進步的更快

《紐約時報》也強調了自由企業對科技進展的重要性。多虧航班解除管制，橫跨美國東西岸的機票價錢幾乎沒漲多少，1955 至 1986 的 30 年間，只從 99 美元漲到 129 美元而已。又過了 30 年後，也就是本書寫作之時，同樣的單程票在「旅遊城市」（Travelocity）網站售價 135 美元。把通貨膨脹算進去的話，價格從 1955 年以來反而滑落了 85%。

同樣橫跨 1955 至 1986 這 30 年，電話則幾乎沒有任何改變。許多家庭仍有一台 1890 年代就被發明的旋轉盤播號電話。但電話的解放也正好在 1986 年來到，促使《紐約時報》在社論中提出，「我們來辦場比賽，預測 2016 年的電話服務品質吧。」

從那時開始算起的 30 年，電話的改變遠比飛機要來得大。除了科幻創作者之外，沒有人能預測到如今我們口袋裡放著的手機，能擁有如此強大的計算與資訊蒐集能力。市場抓住了時機與聰明人，並將大量資源投注於革新，使我們得以進入新世界。過去，科技可能性是那道門檻：把我們推過那扇門的，則是我們自己對於「**科技能允諾什麼**」以及「**願意為此付出多少代價**」的強大渴望。

科技領域的改變時機其實有模式可循。發明電話或噴射機這種大型革命會快速發生，接下來則是長期的、漸進式的改變，然後又會產生下一波革命。我們現在使用的飛機，看起來相當類似第一架成功起飛的噴射客機。新客機比較大、比較安靜、比較有效率，但它們和 1960 年代飛機的共同點，遠比 1960 年和 1955 年飛機的共同點來得多。同樣地，在手機作為全新產品爆炸性問世之前，電話有將近一個世紀之久都只以緩慢的速度進步。

以人類世代來講，一個新世代在某種科技的陪伴中長大、承擔起把這科技玩壞的任務、並創造出某種全新玩意，這些過程所需的時間差不多也是 30 年，這可能不是巧合。天不怕地不怕的年輕人因為還不知道什麼事情「不可能」，反還能夠讓這個世界煥然一新。千禧世代（譯注：又稱 Y 世代，指 1981 年至 2000 年出生的世代）若要向我們展示拓展太空殖民地的方法，時間也已經非常緊迫。

下一次太空革命的契機在哪裡？

從 1957 年「史波尼克 1 號」（Sputnik I）這顆裝載無線電發送器的人造衛星開始，到 1969 年阿波羅 11 號（Apollo 11）載著人類登陸月球，太空時代在 12 年內就達成了偉大勝利。接下來的 47 年，載人太空飛行器並沒有太多改變，而太空人也不再在近地軌道以上的區域冒險。在這個領域，我們又一次看見商業航空和電話的那種科技演變模式。但是，下一次太空革命的契機在哪裡？

當年將太空人送上月球的農神 5 號（Saturn V）火箭，有一具仍在休士頓（Houston）的詹森太空中心（Johnson Space Center）大門外，側躺在金屬支架上。經歷多年風化而破爛不堪後，修復者重新上漆並將它移至室內。它像巨人時代的遺物一樣巍然聳立於參觀者面前，其龐大而不可思議的形體，就如中世紀農民眼中的古羅馬遺跡。火箭直立時有 36 層樓高，比自由女神像巨大，還能直升太空——那畫面光用想像就令人嘆為觀止。更神奇的是，當年 NASA 只花 5 年就將農神 5 號從抽象概念化為成功的飛行器。但現在就算還有這樣的經費，NASA 也已經不知道該怎麼達成如此快速的革新了。

太空人活動範圍侷限在近地軌道已長達 40 多年、載人太空飛行器也沒有太多變化。在這樣的情況下，人類想探索其他行星和恆星的可能似乎更遙不可及，甚至比航向 1950 年代那些樂觀但科技水準較低的航太工程師眼中所見的星球更難以達成。但我們不能被當代的科技極限所囿，而失去展望未來的眼光。在科技革命曙光乍現以前，我們就可以先查覺到它們。海倫．L．湯馬斯在 1955 年就查覺到了。同樣的，許多當今知名的億萬富翁，在網際網路開發出來時，也查覺到這些趨勢。

每個人都有一套內在的標準，讓我們在決定是否相信一件事以前先做檢核。NASA 可能已經沒有讓我們大吃一驚的能力，但也不用為了這點，就把太空探索的合理可能性訂得太高。那樣的話，就等於犯了 1955 年環球航空主席勞爾夫．戴蒙所謂「噴射機應該不會流行起來」的錯誤。

證據顯示，有了開放的胸懷、足夠的智慧、充份的資訊並避免偏見，我們就可以預測出太空飛行、探索和殖民的未來。

負責打造太空航班以運送乘客貨物獲利的喬治．湯馬斯．懷特賽德斯（George T. Whitesides）相信，今日地球居民與未來太空殖民者的關聯，就有如第一批打造蘆葦船的亞洲人之於今日太平洋群島上的原住民。我們知道我們正要前往某地，但確切目的地和路徑都不好預測。「假想你就像 20 萬年前非洲部落的一員，正試著以當時手中那一套技術，來想像人類散播到全球的速度有多快。」

從這種評估方式聽來，喬治似乎是悲觀主義者，但各位有所不知—— 2004 年，他的公司才剛靠第一艘實驗原型機「太空船一號」（SpaceShipOne）突破大氣層而獲得技術獎，沒過幾個月他就先買了兩張價值 20 萬美元的太空飛行機票。喬治不僅是理想主義者，也是紮實做生意的現實主義者。身為哈佛大學知名化學家兼發明家之子，又是畢業於長春藤盟校的精英，懷特賽德斯始終身處理性工程師與狂熱主義者的獨特交會點上。

他的老闆是一位狂熱主義者。英國的億萬富翁理查．布蘭森（Richard Branson）早在伯特．魯坦（Burt Rutan）發射太空船 1 號之前，就想擁有一間太空觀光公司。早在任何飛行器有可能搭載付費乘客之前，他就已經登記註冊了「維珍銀河」（Virgin Galactic，名稱一如旗下既有的維珍各航空公司以及唱片公司），並花了好幾年調查各個私人發明者各種看似不可能成真的想法，並尋找可以收買的成果。魯坦是由微軟的億萬富翁保羅．艾倫（Paul Allen）所資助，此人也為收集外星文明無線電訊號的「搜尋地外文明計畫研究所」（SETI Institute）提供過數千萬美元的資金。

自從太空梭的概念出現後，對廉價、可重覆使用的太空載具的需求，40 年來一直是顯著的目標。廉價的太空梭能讓人們在太空中打造巨大建物，包括可以前往其他行星的大型載具，還有形式尚未有人構思出來的高效益太空企業。NASA 在 1972 年將太空梭賣給美國國會，當時聲稱它每年可以飛到 50 趟，以低於每磅 1 百美元的價格發射可運送物資，並預測這個投資將有 10% 的報酬。當太空梭計畫在 2011 年結束時，NASA 總共花了 1,920 億美元，卻只進行了 133 趟成功的飛行，而每磅的載運費用（如果每艘太空梭都有滿載的話）更高達 3 萬美元左右。

隨著幾位「嬰兒潮億萬富翁」（例如被 1960 至 1970 年代的太空樂

觀主義和科幻作品所養大的艾倫和布蘭森）出現，人類未來的另一條路也開始浮現。推動魯坦進行開發的 1 千萬美元「安薩里 X 大獎」（Ansari X PRIZE），是由伊朗裔美國電信企業家（譯注：指阿努夏・阿薩里〔Anousheh Ansari〕）所設立，日後她自己也將花費 2 千萬美金，在前往國際太空站（International Space Station）的俄羅斯太空船上買下一個席位。按照規則，大獎頒給第一艘由私人資助完成、能夠攜帶 3 人（含駕駛）、飛至 1 百公里高（略高於大氣層）、且在兩周內能再度飛行的飛行器。

只有貨卡車大小又容易受損的「太空船 1 號」，掛在「白騎士 1 號」（WhiteKnightOne）這艘運輸機下方，抵達 14 公里高的發射點。它看起來實在不像巨大太空梭的競爭者，而且也沒有飛進繞地軌道。但這整個計畫只花了 2 千 7 百萬美元。反觀 NASA 每次在飛往太空站的火箭上安排一個座位給太空人，就要付給俄羅斯 7 千萬美元。在囊括大獎並把技術賣給布蘭森之後，艾倫還真的有從中獲利。至此，商業航空的經濟運作出現一絲成真的契機。

「上太空」會是一門好生意嗎？

布蘭森立刻開始販售座位，預測自己將能在 2007 年用更大的「太空船 2 號」（SpaceShipTwo）把乘客送上太空。從那之後，他就接連做出這種大膽前進的預測。他的「維珍銀河」公司賣出了 7 百張票給電影明星和其他有錢人，總值 1 億 4 千萬美元。但這其中公司也花了更多錢在投資飛行器研發上。時至今日，票價已經從 20 萬漲到 25 萬，據稱是開賣 10 年來的通貨膨脹所致。

靠著參與 2008 年歐巴馬競選活動與交接團隊，獲得 NASA 署長幕僚長大位的懷特賽德斯，沒在 NASA 待滿就轉向在 2010 年加入維珍銀河擔任執行長。他是那種能在多年延宕和挫折中獲得信心的人——這些挫折包括 2007 年一次燃料測試爆炸，造成魯坦的「縮尺複合體公司」（Scaled Composites）3 名員工身亡；以及 2014 年一次試飛墜毀，造成同公司一名駕駛身亡且太空飛機全毀。他行事精準，散發一股從不失言的味道，但又有一派自在之氣能談論大局。有他在，彷彿就連美國海軍服役最久的傳統動力航空母艦小鷹號，都能在執行任務時無視設備老舊，充滿輕快的氣氛。

維珍銀河公司坐落於洛杉磯東北方 160 公里的沙漠中，一棟因日照而褪色、旁邊還有跑道的金屬建築物裡。風乾的金礦小鎮莫哈維（Mojave）旁邊的二次大戰簡易跑道，是魯坦幾十年前發現廉價飛機棚空間，並開始發明新飛機的地方；這之中包含了「旅行者號」（譯注：Voyager，又稱魯坦旅行者），它在 1986 年成功環繞地球一圈（譯注：史上首度有飛機以不著陸且不加油的方式環球一圈）。在有如桌面般平坦的安特洛普谷（Antelope Valley）內，城鎮就像其他沙漠城鎮一樣，沿著高速公路邊緣彷彿隨機地冒了出來，只有少數群聚的人和陳舊的建築，彷彿在永不止息的烈陽下祈求寬恕。在這片不毛之地，一切明顯的東西都像是陳設似的。其中包括一整隊退役封存的噴射客機、巨大替代能源農場內叢生的風車、還有一整園的實驗飛機，都像是被遺棄的玩具似地扔在一旁。

以魯坦的「縮尺複合體公司」開始，莫哈維機場兼太空港（Mojave Air and Space Port）成為美國私人太空領域革新的中心。各家公司的工程師，在跑道周遭的機棚——其中有些機棚有用來把火箭推出去的垂直門——工作，同時享有澄淨的天空、開放空間、受管制的領空和隱私保護。滿手油膩的技術人員，在老派機場餐廳的航太紀念物間相會並共進午餐。畢竟，他們沒有別的地方可以聚集，也沒有工作以外的事情好做。

但如果你跟我們在維珍銀河休息室遇到的年輕工程師蕾貝卡．考比（Rebecca Colby）一樣喜歡製造飛機，這裡就是目前為止的最佳去處。她在麻省理工學院花了許多時間讓各種東西飛起來，現在為了重新打造飛機，她得自己學飛。我們對談那天，她整個早上都還在用電腦建立「白騎士 2 號」（WhiteKnightTwo）上某一個設計改變的強度模型；這艘運輸機將把維珍銀河的太空船帶到 15 公里的高度發射。她同時也替太空船 2 號本身的軌道建造模型，以決定它從運輸機發射的最佳角度。

這是考比離開大學後的第一份工作。雖然她知道，能替這艘機票已經賣給李奧納多．狄卡皮歐（Leonardo DiCaprio）、安潔莉娜．裘莉（Angelina

Jolie）或其他名人的太空船修改設計，是件很酷的事情，但她沒有什麼其他事好拿來比較。因為沒人做過類似的事。事實上，這個工作的任何一個細節都是全新體驗。

「並不是因為我年輕所以不知道自己在幹麼，應該說是我正在做的事情並沒有已經獲得大多數人認可的方法。」她說。

商業太空產業內新奇、刺激、志在必得的文化，都使喬治・懷特賽德斯相信自己的企圖能夠成真。在 NASA 時，他掌管一個超過 5 萬名員工從事眾多計畫、卻沒人清楚為何而戰的組織。他在這裡的團隊只有幾百人，但所有人目標一致，盡心盡力讓太空船 2 號進入太空。

喬治認為，阿波羅計畫那套撒錢到單一目標來努力好幾年的方法，再也行不通了——不管之後是要去火星還是哪裡都一樣。現在的政治領袖沒有風險容忍度或堅忍毅力。要使一具複雜機器在現有的單次使用標準下達到安全程度，費用會過於高昂。而且，當一個龐大計畫結束時，相關進展也會跟著結束。在那些各憑本事的眾多競爭者和合作者間散播的，數量雖少卻快速的進展成果，創造變革的效率，會遠遠高過那些大而集中的計畫。

與 NASA 不一樣

「我能對一個科技研發的方向做出決定，也就這樣而已。」喬治說。「人們了解目標，也知道如何達成目標；但從前在 NASA 工作卻是截然不同的狀況。我們這個組織擁有永遠投注於未來的資金供應流。」

懷特賽德斯偶爾會走過白騎士 2 號和太空船 2 號並排的那座機棚。這機棚就跟其他工廠差不多，差別大概就是那架亮白色飛機，有著比波音 737 還寬的 43 公尺輕盈雙翼。「白騎士」是優異的高效能飛行器。它像雙體船那樣有兩具機身，還有 4 個巨大噴射引擎，由極輕的複合材料製成。喬治表示，它甚至不需要把引擎催到怠速，就能爬升 15 公里。白騎士 2 號也可以在 6G 的重力加速度下轉彎，或者做出拋物線運動——在空中飛出一道能在機艙內暫時產生無重力狀態的弧線。

白騎士的動力、強韌和輕盈，都是把掛在兩具機身間那艘 1 萬 3 千 6 百公斤的「太空船 2 號」送進發射高度所需要的條件。太空船 2 號是一艘 18 公尺長、可載 6 人的雙駕駛太空飛機。直徑類似商務噴射機，但裡面沒有地板。機艙的整個圓柱型內側，都拿來讓乘客在航程內幾分鐘的無重力狀態下遊玩用。

魯坦的大革新在於太空飛機的外型和飛行裝置。這些設計都能讓飛機像羽毛球一樣重新回到大氣層而不至於過熱。一套巨大的尾翼和翅膀組合，可以打直與飛機垂直，以產生穩定性並減速。回到大氣層時，在 21 公里的高度，這套稱作「羽毛」的尾部設計會轉回翅膀狀態，好滑翔回降落跑道。

太空船 2 號設計成能以每小時 4 千公里的速度進入太空，但不是要進入軌道。它的航程是一道快速劃出天空又返回地球的弧線，為時 1 個半小時。

搭載測試駕駛員的動力飛行在 2014 年初開始進行，但還需要大幅度的修正。維珍銀河在 2014 年 5 月更改了太空船 2 號上的火箭燃料。那年秋天，它又錯過了一個預計中的乘客首航日。

接著到了萬聖節，縮尺複合體公司（目前由諾斯洛普・格拉曼公司〔Northrop Grumman〕所擁有，魯坦已在 2011 年退休）的試飛發生墜機。副駕駛在錯誤的時間點拉了操縱桿解開羽毛；大約提早了 14 秒，當時太空船還在加速至超音速。羽毛展了開來，整架太空船四分五裂。駕駛被拋出船外，由降落傘送回地面，雖然受傷但還活著。副駕駛身亡，遺體在殘骸中找到。

美國國家運輸安全委員會（National Transportation Safety Board）的調查發現，墜機是因為人為失誤，但縮尺複合體公司未採用更多能避免此一錯誤的安全措施，仍然應該受到批判。因為墜機原因是駕駛員的失誤而非設計缺失，購票者似乎可以接受這個偶發意外，只有少數人要求償還資金。

墜機前幾個月，我們在參訪維珍銀河的機棚時，看見了日後失事的機體。已完工的飛機和太空船停放在機棚裡側，幾個穿著 T 恤的人邊聽著 U2 樂團的專輯《約書亞樹》（Joshua Tree），邊打造太空船的另一架複製品。幾片剛打造完成的複合材料鋪在金屬外形上，準備成為新的一片翅膀或機身。

維珍銀河早已從縮尺複合體公司接手了太空船的建造過程和所有權，並計畫打造出 5 艘成品。懷特賽德斯表示，一旦太空船 2 號升空，公司的受限條件將會是機體負載量而不是旅客需求。

關於「這要花多少時間」的預測已經錯了，但關於「維珍銀河會起飛並攜帶付費乘客」的預測，看起來還是正確的。懷特賽德斯的市場研究表示，地球上至少有數百萬人可以負擔一次飛行的費用。只要人們還是覺得搭太空船很酷，而且相信航程的安全性，維珍銀河就可以賺到錢；畢竟這是娛樂生意，沒有誰是非得要上這班「飛機」不可的。

「行銷」太空市場

喬治大半生都貢獻在太空市場與行銷，而不是科學上面。他曾經幫助零重力公司（Zero Gravity Corporation）起步；該公司特別改裝的波音 727，有一間鋪滿軟墊的無窗機艙，能在多次拋物線飛行中，讓乘客經歷為時 30 秒的無重力狀態（若能有 12 次弧形航線，乘客經歷的無重力時間加起來會比太空船 2 號要長）。這種暱稱「嘔吐彗星」的行程已有 10 年歷史，目前每人要價 5 千美元，但已有許多結婚派對在機上舉行。2014 年，《運動畫刊》（Sports Illustrated）的泳裝模特兒凱特．阿普頓（Kate Upton）就在機內拍攝漂浮寫真，讓她的比基尼胸罩處於無重力狀態。

太空觀光事業某些時刻就像狂歡節慶。身為國家太空協會（National Space Society）會長，喬治對太空觀光有過極端瘋狂的念頭，舉辦了年度研討會，吸引認真的科學家和許多怪人（亞曼達拍過一張出席者的照片，他穿著一件背心，寫著一句宣言：「不在月球上建造城市，不算活過」）。維珍銀河的網站，吸引著那些有機會與布蘭森一起到加勒比海私人小島遊樂的購票者，這就是這門生意的終極目標。把電影明星送上太空，可能是一個藉此賺錢的聰明方法，而漂浮的無重量新娘與比基尼模特兒，則能獲得人們關注。喬治本人說過，當他在 2004 年買了維珍銀河的機票時，曾計畫和太太蘿雷塔在太空中度蜜月（她仍在零重力公司就職，目前也還是他太太）。

但這些吸睛焦點只是前往終點的手段。維珍銀河利用太空觀光做為起頭，正在開發「發射器 1 號」（LauncherOne），來將衛星送上軌道。下一步會是載客用軌道載具，或者打造一種行經太空的飛行器，以極高速在全球載運乘客或貨物。

「目前為止，點對點運輸似乎是太空運輸科技最大的終極市場，因此你會認為，它替拉低每次航程成本提供了最大的經濟動力。」喬治說，「這就是為什麼我加入維珍銀河。因為我認為這會是在太空運輸這條路上跨出的第一大步。」

懷特賽德斯正思索著開發讓地球上任兩個城市都能一日遊的市場。對那些可以負擔旅費的人來說，這樣的行程會讓地球突然縮小很多。這龐大的市場會帶來持續的全新金流，使科技能在之後進入下一步。如果他的思考沒錯，那麼乘客搭乘維珍銀河飛行器進入太空的那一刻，就會像是電腦第一次離開實驗室、進入普通人家的那一天。一開始它們看起來像是騙人玩意或者玩具，而人們只會討論如何用這種東西來儲存食譜。不過，一旦它們成為我們每天使用的產品，它們的能力就會飆速進展，價格則會迅速遞減。

喬治說，極限不在物質面，而在技術與經濟面。每位乘客需要付出的價格，多半要看載具成本除以座位數和班數，而不是燃料費或駕駛薪水。喬治估計，從 NASA 的太空梭到伊隆．馬斯克（Elon Musk）的天龍號太空船（SpaceX Dragon）為止，把一個人送進軌道的成本會降低一個級數，從每名乘客 1 億美元以上，降低到 1 千萬美元左右。在次軌道運行的維珍銀河，則期望使成本降低兩個級數，直到它能在乘客支付的 25 萬元費用中獲利。再過 10 年後，懷特賽德斯預期太空飛行價格可以降到 1 萬美元左右，甚至更低。

「等送一個人上太空只要 1 萬美元的日子到來，其他眾多事項也會快速跟進。」

太空科學家通常都避免預測更進一步的科技未來。在專業領域中，提及「將人類永久地送出地球外定居」有可能會很尷尬。NASA 會迴避那些由業餘太空狂熱者支持的天外奇想，就算非科學家談起了令他們興奮的主題也一樣。「殖民地」（colony）這個詞本身就令人不悅（不過說「居住地」〔habitat〕就可行）。這樣的警覺是可以理解的。業餘太空迷的聚會中，將基於現實的話題與精神旅行等主題混在一起，看起來會比較像科幻迷聚會，而不像有名望的科學會議。儘管媒體不太能區分幻想和真實計畫，但行星科學家仍盡力劃清界線，以維持他們的專業名聲。

有些工程師和科學家使用那些中學生就會用的策略，來處理他們可能面臨的形象風險：他們把自己的想像力藏在包裝精良的外表下。結果，關於太空社區和人工重力等主題的科學文獻，從 1970 年代以來就大幅沉寂。業餘者僅能引用過去少數有名望的經典書籍和文獻，就像仰賴《星際大戰》（Star Wars）官方電影來寫作的衍生小說那樣。

NASA 的殖民地計畫

但 NASA 需要一個目標。專注於「把殖民地放上另一個行星」（我們竟敢在此使用「殖民地」這個字眼！）的想法，可以提昇近期相關太空任務的重要性。NASA 那種「**只思考當前任務**」的歷史慣例，一再使他們在每次成功後留下全面的動能喪失，也使他們手上都是跟下個計畫無關的單一用途設備。就算是一個想像中幾十年後才能建設齊全的太空殖民地，也能提供一個目標、一個指導原則，來使任務計畫者的眾多設計，能夠整齊劃一地指向未來。僅僅策畫一個前往火星的蜻蜓點水之行就做不到這點。此外，將眼光放遠會是達成「太空殖民化」這個終極挑戰的最好方法。在前往火星、月球甚至國際太空站的任務中，可以逐一挑出問題，然後加以排除。最高指導原則是，讓人類發展出能進行長距離、長期太空旅行與居住在外太空的能力。

但是，我們反思一下，究竟為什麼要蓋太空殖民地？也有可能從來都不需要這東西。對啊，開拓領土是個理由，在其他行星上打造臨時基地也有點道理。但為什麼要把人們送到其他星球定居？地球已經是個充滿生命的奇蹟之地了。人們不需任何科技也能在地球生活，至少在某些地方還辦得到。若身處那種水果和漁產都很豐沛的陽光充足地帶，人類甚至幾乎不曾離開伊甸園。就算是地球上最惡劣的地帶，也不會比另一個行星、月球或太陽系內小行星上的最佳地帶還要糟糕。就連南極，都有可呼吸的大氣層、能夠抵擋太陽與宇宙有害放射的防護層，以及人體可以適應的重力場。

但是，人們即便在最佳居處，都無法一路平安地活下去。

早期定居下來的原住民，必須仰賴他們收成的食物生存，還得邊遷徙邊打造庇護處；對他們來說，寒冷的北極就像是今日我們所要面對的火星一樣。我們大可留在地球上，自由呼吸空氣，但過去的人類也大可留在非洲的小部落群體內，從樹上採集水果過活，但當年他們沒那麼做。今天沒有一個人能不靠科技維生，從古到今也沒有幾人辦到過。古代的骸骨通常都和當時的科技，也就是用來當工具或武器的石頭一起出土。當早期人類開發出新的工具，他們就開始從非洲往外遷徙，前往一片能讓他們發揮技術、居住下來的新天地。

當我們的老祖宗發明了船和航海術後，他們就啟程前往南太平洋的未知島嶼，當時他們穿過的空間廣大而充滿未知，有如今日人類眼中的太陽系。他們航行過無盡海洋，朝那些或許找不到甚至不確定存在與否的小島前進。他們搭著禁不起暴風又浮不了多久的小船盲目探索，無法和相愛的人聯繫。不知怎地，有些人活了下來，發現了陸地、建立了家庭，還打造了運作超過數千年的新社會。有哪個太空人的任務，會像第一批太平洋居民尋找新島嶼那樣大膽而沒有把握？

在地球北方，縫製溫暖衣物和靴子的技術，讓人們得以占領酷寒的北極。他們跋涉在浮動的海冰和結凍的苔原，靠打獵獲得一切所需，並在地球上最不宜人居的地帶，蓋出靠海豹油加熱而不需要在裡面穿衣也能存活的屋子。就像太空人在太空艙外活動時穿著太空衣，回到太空站就脫到只剩便服一樣。因紐特人（Inuit）用手製工具在冰凍的地表上挖出房子，用矛殺死 18 噸重的鯨魚、再以海象皮繩拉上岸，取其肋骨支撐房子的草皮屋頂。當代社會有沒有可能在某個太空居住地上，付出與因紐特人打造一個村莊相等的代價？

如果人類開始散佈到地球之外，理由可能會類似我們祖先散佈全地球的動機。在北極，考古證據顯示出，惡化的氣候是如何導致一群「圖勒人」（Thule）產生技術革新，使他們能消滅更早的當地文化，並在幾個世代內從西伯利亞一路向東擴散至格陵蘭。過去 25 萬年間，急遽變化的氣候以及人口成長，可能推動了大部分的人類興起以及擴張。

我們該做的事

我們尚未找到方法征服氣候，天氣仍舊有能力使人類渺小不堪。但人類的碳排放量，已經替氣候變遷、資源缺乏和生存衝突鋪好了路，而這次的規模將遠遠超過造成古代人類遷徙的同一組現象。

保護地球遠比把人類搬到其他行星來得簡單而便宜。但地球上沒人有強制執行這決定的權力。在某些國家，甚至已經有人有錢到能使離開地球前往太空的未來提前來臨，但要遏止碳排放，就非得要所有人類共同合作。

如果我們假設人類不去改變未來發展的方向，會發生什麼事呢？這個問題引導著我們實際描繪太空殖民劇本的方式，即便我們得冒著風險提出眾多科學家避談的難堪問題。若有選擇的話，我們當然會先救自己居住的這顆行星。但人類仍有極大的可能最後無法達成應該這麼做的共識，我們就得開始思考人類的下一波遷徙。

透過本書各個章節，我們可以描繪出一套關於未來的劇本，來顯現我們對「這條艱辛的遷徙之路可能怎樣開展」等種種想法。我們不會把所有細節和時間點都說得過份確定，因為意料之外的事件總是影響了歷史流轉。但我們不妨把一連串的預測連結起來，讓這些合理的、符合目前事實的預測，說服所有願意敞開心胸，思考地球之外還有另一種可能的人。

劇本就從這裡開始。

未來／

太空船逐漸增加的可重複使用性，追隨著電腦發展的趨勢——從只有政府能負擔的超巨大主機，一路縮小成人人都能使用的，便宜而強大的工具。而且，就如同電腦改變我們的生活那樣，客運太空船也開發出無限可能，錢潮隨之滾滾而來。

第一架小型載客太空船是大膽的玩笑，但等到它們能定期飛行，資金就會像網際網路泡沫化時一樣，大量流入這個領域。有了來自華爾街的熱錢，超資本化的公司開始競相打造次軌道太空飛機，讓人們以數小時、甚至更短的時間，穿梭地球表面上任何兩個定點的機場，或者在 90 分鐘內穿越美國東西岸。傳統航空公司和新出現的太空航空公司會訂購這種飛機，而像維珍銀河這種有能力自己打造並試飛飛機的公司，反而會顯得陳舊而被淘汰。

一開始，這種超快速航班會是超級奢侈品，是財富與權力的象徵，就像今日的私人噴射客機一樣。饒舌歌手會用無重力派對來吹噓自己、領著過高薪水的肥貓執行長會推動這個市場。就他們時間的寶貴程度來說，使用一架能把所有會議變成全球一日行的飛機，確實有其價值。一旦某些企業鉅子開始這麼做，其他人就得如法炮製以維持威望。更多航班加入競爭使成本下降，到後來，連中上階級的渡假者都能光顧。

隨著收入持續兩級化，財富會向頂端集中，到時候將會有一整個社會階級不再考慮搭普通噴射機進行跨海美國東西岸行程。一旦你享受過太空飛機的速度和便利，就很難接受只為了抵達另一個大陸，而在傳統客機頭等艙的座椅上耗掉疲倦的一天。這就好比你用過寬頻網際網路，就絕對不會考慮換回龜速的電話線撥接系統。太空飛機就這樣成了新的常態，而不再是什麼奢華享受。新的需求底線就這樣定了下來。

普通噴射客機的旅客變成了下層階級，他們使用的機場大廳日漸陳舊，只剩骯髒的毛毯和鬼祟的混混出沒，就像今日的客運車站一樣。生意人和有錢的渡假者走過光鮮亮麗的新設施，前去搭乘快速的次軌道航班。一位紐約的銀行家可以在下午 4 點啟程前往上海，7 點就在當地舉行 1 個小時的會議，當晚 11 點就寢時已經到家。一對情侶也可以拋下倫敦的大雨，在澳洲海灘度過浪漫周末。

太空飛機旅行通常會有一段無重力期間，可能會造成部分旅客反胃的反應，而且也需要配備令人不安的超強吸力馬桶。或許 1 個小時的飛行前如廁教學和認證卡，可以讓那些在乎如廁經驗的旅客多一些信心。空服員的安全簡報以及其他慣例警告可能會包括，真空驅動的嘔吐袋使用說明，還有建議大家在與運輸母艦分離前使用廁所。

機體分離時的廣播會警告每個人確認好自己的眼鏡、藥丸和其他易鬆脫的物品已經固定，但熟客們早就已經準備好要應付眼前的壯況，而對廣播內容充耳不聞。儘管空服員備有手把，讓他們能夠一路飄過機艙，詢問乘客需不需要點任何東西，但航班的餐點飲料服務並不值得冒著麻煩享用。

太空航線產業會產生新的億萬富翁。投資者在太空航空中尋找可以下注的下一步，風險資本家開始在太空殖民上試探機會。

將周末旅遊帶往平流層之上的這場世界經濟熱潮，也增加了促使地球氣候暖化的二氧化碳排放。科技雖然大幅降低了推動車輛與飛機、發電及生產物品所需的碳排量，但日漸增加的世界人口，代表更多人會使用車輛與飛機、消耗能源和購物——所以排放總量依舊增加。

氣候明顯改變了，時時出現的巨大風暴和熱浪，更頻繁地干擾旅遊與商務行程。那些技術上擺脫了簡易維修階段的西方化國家，其財產損失會因此加速，而當政府無法保護某些海岸社區時，它們會遭到全面放棄。持續搶救業主的速度，趕不上以過快速度來襲的大量風暴。城市居民眼見與大自然搏命的戰爭到來，開始興建海堤；有錢人開始在內陸興建大莊園，其防護禁得起災難，並抵擋可能因為天災造成的政治動亂。

在較低度開發國家，難題會更嚴重。新聞裡，海面上升、河流乾涸、作物枯萎和毀滅性暴風的故事，要跟類似的極端主義與內戰故事互爭版面。對於那些需要國際援助平息的苦難來說，饑荒、瘟疫和人口遷徙開始發生得過度頻繁，人道主義者也擋不住這股浪潮。國家安全計畫反而開始研究遏止難民移入的政策，當他們注意到氣候災難、政治不穩和群眾暴力之間的關聯後，便會開始研究使人們專注於解決危機的方法，而不是讓交戰狀態蔓延擴散。

對那些住在可抵擋天災的強化建築、免受政治動盪危害的有錢人來說，搬離地球儘管可能沒有必要，卻也開始顯得十分合理。不管接下來會發生什麼事，推動太空殖民似乎都是種能抵擋地球毀滅危機的合理保險。

當前／

不管電腦變得多強大，或者在全球放了多少個感應器，恐怕還是不可能準確預測兩周後的天氣，因為大自然系統中有太多的混沌（chaos）狀態。地球上空氣、土地與海洋的複合結構，會在極短時間內爆發小而難以察覺的改變，並化為極大的天氣差異。而且，儘管理論家或許能知道一隻蝴蝶的翅膀要怎麼造成颶風，但他們永遠不可能預告哪一隻蝴蝶會在何時何地拍動牠們的翅膀。

人類甚至比氣候還要複雜。就算我們再怎麼自認了解自己，就算我們花了再多時間聽從專家預測經濟或政治、運動比賽接下來的發展，我們還是夠聰明，知道只把這些預測當作可能，或只相信在近期事件中有效。我們創造了巨大、強制的系統來讓行為可以預測——舉例來說，用一個系統確保每個月的抵押貸款必定要償還、絕對萬無一失。然而，上百萬人未能履行償還義務，就導致了 2008 年的經濟全面崩潰，因為「抵押貸款必將如期償還」的預測錯了。那些影響龐大的事件都超乎我們的預測能力，1989 年柏林圍牆的倒塌與共產主義的崩盤，都令社會科學家和政客吃驚不已。

如果對天氣和人類行為的預測都如此不能確定，我們要怎麼使用這些預測，來想出一套太空殖民的劇本呢？就大部分情況而言，我們已經遵循了海倫．L．湯馬斯在 1955 年環球航空比賽中正確預測航空未來的例子。

首先，我們參考當前趨勢，並想像它會持續下去。雖然這個預測方法不會每次都成功，我們也還是希望在氣候變遷的預測上有同樣結果。我們希望整個世界都清醒過來，開始從事減少碳排量的緊急方案。但目前看起來沒什麼機會發生，而若人類持續目前的碳排放趨勢，很快就會產生那種會嚴重干擾生命與經濟的、斷斷續續但極端的事件——其實，這種事件已經開始出現了。

對太空科技來說，「將當前趨勢持續下去」的這種策略，意味著我們假設即將出現的科技會取得成果，同樣地，我們也可能預測錯誤。或許商業太空開發會因為慘重意外或全球經濟危機而慢下來。但即便美國在太空企業開拓的領域失去了勇氣，其他更能容忍風險的國家終將追求同樣的發展機會。若沒有那種把財富與科技知識中樞都毀滅掉的大災難，那麼新的太空船就很有可能出現，而且也會更為便宜。

接下來，就像湯馬斯那樣，我們保持簡單的推理。她的預測基礎，是預期絕大多數人會做最有道理的事。奧卡姆剃刀（Occam's razor）是「對單一現象先選擇最簡單解釋」的心理規則，這個規則幫助科學家和記者免於在預測某種局面時，擔憂是否失準的困擾。

如果忘記「通常會發生的都是顯而易見的事」這條規則，連聰明人也會誤入歧途。氣候變遷預測就是一個重要的例子。伯特．魯坦，這位絕對相當聰明的人，曾聲稱「人類導致氣候變遷」的科學，是讓政府擴大控制人民的陰謀。但人類二氧化碳排放使地球大氣層暖化的物理機制，卻是不證自明地簡單。另一方面，一套與其相反的物理機制，或者在那之上的問題——每一個主要科學協會受到怎樣的引誘而試圖掩蓋碳排量的真相——就需要一套非常複雜的理論來解釋。簡單的解釋比較合理：全世界研究這個問題的科學家們達成共識，因為證據最支持這個結論。

好的預測也會避免過度具體的結論。海倫．L．湯馬斯並沒有預測未來 30 年後某些特定的飛機模型，她只是給出一套人們將會達成的整體科技範圍而已。氣候科學也是以同樣的方法運作。雖然無法預測超過兩周後的天氣，但氣候平均的話就可以。

我們可以有信心地預測夏威夷平均起來比阿拉斯加溫暖，儘管可能有那麼幾天，阿拉斯加某處會比夏威夷的某處溫暖。氣候科學家以宏觀視野觀察推動整個氣候的力量，加上已知的變因，然後來預測變遷的整體趨勢，這是行得通的。第一個極簡單的電腦氣候模型所做出的全球暖化預測，在將近 50 年後已經證明預測正確。

「移民太空的必要」

在我們的劇本裡，擁有一些發揮詩意的空間，能用帶著想像力的具體陳述來説明我們的想法，但我們也注意著，讓時間軸維持普遍性。我們並不是要武斷地説出這些變遷什麼時候會發生，也不會預測明確的事件。這些細節的用意，是要描繪我們可見於未來的宏觀發展模式。劇本的核心在於整體想法：太空飛行會變得便宜而普及，在地球上生存則會變得艱困而充滿恐怖，那些趨勢將會推動一股積極但缺乏組織的殖民外星行動。

許多人也都這麼想。2013 年美國國家科學院（National Academy of Sciences）的研究，集結了科學家和情報官員，來預測氣候變遷會怎麼給政治系統施加壓力，並製造人類衝突。他們察覺到，衝突已經環繞著與氣候相關的資源匱乏在開展——舉例來説，巴基斯坦與印度雙方都擁有核武，人民也都仰賴印度河維生。印度河目前處於乾旱狀態，而這兩個國家都會因為喜馬拉雅冰河消失所導致的乾涸而國力受創。

專家對商業太空飛行也發展出一種預測共識。人們會投入金錢，他們相信一個由極度聰明的人們所組成的活力、年輕、競爭性的產業，會產生某些現在聽起來極度科幻的成品。這是在其他產業中我們已經歷過多次的現象，例如已經有資本家對目前的例行太空飛行投注資本，想要發展新的太空飛行器。而最有想像力的人已經看到在那之後，當一切改變成真，他們想要去拜訪的下一個天體。

現在，我們已經把這些趨勢連結起來了。接下來我們要問，人類將航向何方？

CHAPTER 2

「內太陽系以及NASA 的難題」

馬克．羅賓森（Mark Robinson）的工作是協助搜尋月球上能讓人類有所遮蔽的地點。這些地點會克服放射線與微型隕石的雙重威脅，以及水源獲取和溫度範圍等條件挑戰，因此有機會能在其中設置充氣式居所，以打造**低成本**的月面基地。這個任務到 2010 年初都還是 NASA 的目標。只有一個小問題：你不該把這個建築物稱做「基地」。

「我們在此的策略是想要打造……剛開始他們說是『基地』，可是那從純公關或純政治立場來說又有軍事含意，所以接著大家收到命令說要改稱『前哨站』，因為你不可以用『殖民地』這個詞，那會讓人聯想到有小孩子在那邊跑來跑去甚至上小學那一類的事情。而且，我不覺得你能獲准使用『永久』或『近於永久』之類的用語。」

「月球勘測軌道飛行器」（Lunar Reconnaissance Orbiter）做為總統小布希（George W. Bush）「星座計畫」（Constellation Program）的一環而升空；這項 2004 年的計畫，預計將太空人送上月球，當作前往火星的起步，馬克喜歡這個計畫。身為亞歷桑納州立大學（Arizona State University）的行星地質學家兼軌道飛行器攝影小隊領導者，他認為在展開為期 1 年的火星航程之前，先在離地球 3 天航程的月球上開發作業能力並收成資源，很有道理。

他非常謹慎地使用正確字眼來描述自己對這個任務的想法。畢竟他曾經見證過上一個前往月球和火星的任務，也就是 1989 年由前總統老布希

（George Bush）發表的任務，在耗費多年努力和數十億美元之後遭到取消。他可不希望這再度發生。

羅賓森和他的同事所發現的，是一些令他想起地球熔岩管（lava tube，編注：熔岩管指地表下熔岩流動的天然通道，火山噴發時，熔岩會從其中噴出）陡峭開口的深坑。他要求負責軌道飛行器攝影機的科學運作中心（跟他在亞歷桑納州坦佩市〔Tempe〕的辦公室同一層樓）團隊成員，找個機會從垂直以外的其他角度觀察月球表面。在攝影機送回來的超清晰影像中，他可以看出那些深坑有岩石突出物，在正上方提供了遮蔽，就有如洞穴打穿了岩石通到外面一樣。他能看到的範圍不夠遠，無法讓他判斷這個洞穴在地表以下會不會水平地延伸下去，但這樣的推測算是非常合理的。

由岩石構成的天然天花板，會比大量沉重的遮蔽物更能保護太空人，並能在陰影中維持溫度恆定，因此能構成比較好規劃的居住點。如果不另設遮蔽物，居住點本身的屋頂和牆壁就可以做得很輕薄，大幅降低了把庇護所建材從地球送來的花費。如果能在發射太空飛行器時從中刪去這樣龐大的重量，整個任務就可以省下數十億美元。

這些深坑也是在月球收集水分的關鍵。月球表面乾燥無水，因為太陽以能快速蒸發水分的日間高溫把它整個烤乾。但帶有水資源的物體——飽含水分的隕石、彗星等——天天與月球相撞。此外，月球表面因為太陽放射線持續轟炸而風化，放出了氧氣和氫氣，也能結合成水。有些水可能落到了坑底永恆的陰暗處，那邊的溫度從來沒升到 40K（攝氏 -233.15 度）以上，接近絕對零度（攝氏 −273.15 度）。在那裡，水分實際上可以永遠累積並凍結，所以就算每年只存下一丁點，最終也會變成巨大的冰庫。

水的好用之處不只在飲用，它同時還是防護放射線的絕佳原料，而且構成水的氧和氫都可以分離出來，用於呼吸或產生能量。在羅賓森的想像中，太空人會住在深坑或洞穴裡，穿著太空裝從居住點出門「挖水礦」，好替前往火星的旅程做準備。月球上的重力僅有地球的六分之一，所以從月球把水和太空船送往火星會比從地球出發簡單。同時，太空人也會在此學習如何在外星球穿著笨重太空衣進行生產工作。

上述這些假設能不能成功還不確定。在這個計畫定案之前，還有很多事情是我們需要事先知道，而缺乏相關知識是最大的問題所在。人類自從 1972 年以後就再也沒有到過月球了。實際上，阿波羅任務的全體太空人在 6 次任務中，合計只在月球表面工作了 3．4 日，另外在月面車上行進了 95 公里，而這些活動範圍都僅限於月球朝地側的中心點而已。在那之後，人類就再也沒有離開過近地軌道。當羅賓森和其他人發現月球上這些洞穴時，立刻想到可以把更多探測機、甚至太空人送往月球。這種震驚和興奮期待交織的心情，瞬間讓他振奮不已；他甚至已經計畫好，打算把能夠指揮迷你機器人深入洞穴探勘的自動登陸艇送進其中一個月面深坑裡。

但是，歐巴馬前總統（Barack Obama）取消了回到月球的「星座計畫」（Constellation）；月球勘測軌道飛行器也不再當作載人探索行動的前鋒，轉型為 NASA 的行星科學分支。馬克仍在檢驗月球表面，但「策劃載人任務」這個目標已經消失。

就這樣，25 年為一單位的模式又重複了；就是那種向前幾步、接著向後幾步，換條路然後重新思考的模式。如果美國還希望把人類送出地球之外，我們應該先診斷這種無力選擇目標並維持下去的症狀究竟是怎麼回事。

挑戰者號的陰影

1986 年 1 月 28 日，挑戰者號（Challenger）太空梭在升空 73 秒後爆炸。當天的任務反映了 NASA 對太空梭的原始概念：把它當成一種固定的運輸形式，可以讓太空旅行變得更便宜且唾手可得。當時太空梭載有一顆通訊衛星和一位社會科教師克莉斯塔．麥考利夫（Christa McAuliffe），以及另外 6 名專業太空人。為了配合不切實際的時程表，趕著讓太空梭發射，造成了這次嚴重的事故。

對所有人來說，挑戰者號失事那一刻是難以磨滅的悲傷記憶。那時候亞曼達在帕薩迪納市（Pasadena），正在考高中物理期末考。那是她最喜歡的一門課，也是唯一看起來和她堅持的太空夢有關的一門課。查爾斯是紐澤西州某大學的大四生，當時他正在自己的車上，聽著電台 DJ 用不敢置信的口吻播報這則新聞，就好像那是天大的愚人節玩笑。整個校園瀰漫著一股特殊的震撼和哀戚，那是憂傷伴隨著夢想幻滅的氣息。

對那些在 NASA 早期成就的榮光中長大的年輕人來說，挑戰者號失事的新聞彷彿一記直拳，重重打在他們心上，讓他們痛失純真。隨著新聞揭露的內情越來越多，事情也更加雪上加霜。證據顯示，NASA 內部有著根深蒂固的經營不善、以及打壓分歧意見的傳統。

有 5 位工程師，特別是火箭承包商摩頓・賽奧可公司（Morton Thiokol）的羅傑・博伊斯喬利（Roger Boisjoly），事前就警告過上級，發射現場天氣太冷，而固體推進器的橡膠製 O 形環並沒有在當天那種溫度下測試過，很有可能會失效。那些 O 形環明顯地有瑕疵，在過去幾次飛行中幾乎燒穿了。在發射前一晚的電話會議中，NASA 管理者威脅公司撤回反對意見。事後證明，就是博伊斯喬利警告的那個問題導致了爆炸。可悲的是，當他事後將真相告訴調查者時，遭到了排擠並被迫離職。

如果從 1958 年 NASA 成立迄今來計算，挑戰者號的慘劇大約就發生在整段 NASA 歷史中央。前半段是那種傳奇時代，而 1986 年以來的後半段，只要去閱讀藍絲帶委員會（譯注：blue ribbon commission，非正式術語，指一群獨立於政治及直接管理者以外的科學家、專家或學者及社會人士，針對爭議事項組成特殊小組，調查或研究該問題）那一堆反覆想讓 NASA「回歸正軌」的報告，就不難知道這段日子有多難過。

每一份委員會報告都以其主席的名字命名：羅傑斯報告（譯注：Rogers report，挑戰者號事件調查報告，由威廉・P・羅傑斯〔William P. Rogers〕主持）、萊德報告（譯注：Ride report，關於 NASA 的領導和美國在太空未來的展望報告，由莎莉・萊德〔Sally Kristen Ride〕主持）、潘恩報告（譯注：Paine report，關於未來太空探索的報告，由湯馬斯・潘恩〔Thomas Paine〕主持）、1990 奧古斯丁報告（譯注：1990 Augustine report，關於 NASA 未來的長期展望與美國民間太空計畫的報告，由諾曼・奧古斯丁〔Norman Augustine〕主持）、艾德里奇報告（譯注：Aldridge report，關於美國太空探索政策實施成效的報告，由小艾德華・艾德里奇〔Edward C. Aldridge Jr.〕主持）、2009 奧古斯丁報告（譯注：2009 Augustine report，關於回顧美國載人太空飛行計畫之報告，由諾曼・奧古斯丁主持）等等。1990 年的奧古斯丁報告發現 NASA 陷入官僚主義的陋習，士氣低落，而且試圖用過少的資金做過多的事情。這份報告正確地預測了另一場太空梭墜落事故；而後續的報告也發現 NASA 依舊處於同樣的狀態。到了 2003 年，「哥倫比亞號」（Columbia）太空梭在重返大氣層時解體，人們再次提及 NASA 的官僚文化實為事故的關鍵肇因。

不去 NASA，去華爾街

老布希總統顯然複製了甘迺迪（John F. Kennedy）總統的作法，在 1989 年大刀闊斧的下令開啟月球和火星任務，但任務所需的高額成本卻未能得到政治支援，國會從未批准這項資助計畫。NASA 在 1990 年代放棄了月球和火星的探勘，但到了 2004 年，小布希總統讓它再度復生，將名稱改為「星座計畫」，直到 2010 年又一次遭到取消為止。因為星座計畫耗費了數十億美元，卻換來進度嚴重落後的結果，而且極可能無法籌措足夠的資金來完成。接著，歐巴馬政府想要抓住一顆小行星並把它拉到環繞月球的新軌道上，稱作「小行星重導任務」（Asteroid Redirect Mission，ARM）；這個任務被很多 NASA 工程師私下評論為爛點子，永遠不會成真（雖然後來這項計畫的設計做了改進，看起來仍然不可能實現）。換言之，NASA 員工一直在進行著本質上沒有總體規劃，也沒有任務責任感的計畫。

不過，如同羅賓森指出的，許多迷人的成果還是不斷產生。月球軌道飛行器可能沒準備好登陸月球，但它產生了大量科學成果。儘管馬克感覺快被無盡的遠程電訊會議拖垮，又被眾多文書工作折磨，他還是每天利用飛在宇宙虛空中的行星探測器研究月球和水星，這很酷也很有趣。「你得要有耐心，滿足感比挫折感要強 10 倍。」

馬克所走的這條路是從某座阿拉斯加金礦的探勘工作開始的，他原先在田納西州的西沃恩南方大學（University of the South）研究政治科學和藝術，夏天則在阿拉斯加州朱諾（Juneau）附近海岸的多雨森林中，位於伯諾灣（Berners Bay）的金礦礦場工作。當他獲得學士學位時，對未來的工作並沒有任何展望。「我的學位讓我在雞尾酒派對裡很行」，他這麼說。

於是他回到阿拉斯加去砍灌木叢、挖洞，替找黃金的地質學家搬石頭。在這個過程中，他開始對地質學產生興趣。在阿拉斯加費爾班克斯（Fairbanks）的阿拉斯加大學（University of Alaska）地質學系求學時，他碰巧發現火星維京（Viking）登陸器的數據資料，並發覺自己有數學圖像處理的才能。最終，他成為專精外星地表數據分析的地質學家。

月球上有許多東西是他必須研究的，這個領域中還有另一些連 5 歲小孩都會問的問題，例如：月球是怎麼來的？有一種理論獲得較多支持——一顆行星大小的天體撞擊地球，而月球就從撞擊而出的物質中成型——但其他理論也各有幾乎一樣多的支持證據。就算沒人能登上月球，馬克還是靠著從圖像獲取真相的工作，開心上好一陣子。

但他仍然夢想著把人送出地球進行探險，許多埋首太空科學的人似乎也是如此。如果這個夢想無關緊要的話，大家對 NASA 長期而常態的失敗就不會有那麼深的憤怒與挫折。馬克説，真正的聰明人都準備離開 NASA，或者乾脆不去求職。2009 年的奧古斯丁報告中，引用了寄給委員會主席的一封電子郵件：「我是航太工程碩士候選人。（我同學）擁有的選擇，是替巨大僵硬的官僚體制工作，他們的創意在那裡會被計畫取消、成本超額和厭惡冒險所磨滅……我不意外他們多數人最後選擇在金融界工作。」

在 NASA 的一場計畫會議中，羅賓森發表演説，論述月球依舊是前往火星的關鍵途徑，而捕捉小行星則不是。NASA 科學家則表達了相反的看法，並讚賞了小行星重導任務。

「到了休息時間，有一個以前和我立場相反的要角跑來跟我説，『馬克啊，真高興聽你這麼説。』而我的回答是，『那你以前幹麼不高興？』他回答我，『因為不能啊。』NASA 裡頭有這種不能説真話的職場文化，十分令人不安。而且，如果你回去從書架翻出哥倫比亞事故後的調查報告，還有挑戰者號事故的報告，會發現那 2 份報告中都指出，NASA 需要改變這種官僚文化。而 NASA 高層們得要知道，如果有不對勁的地方，就必須讓員工出聲。然而，你現在還是不能在 NASA 發聲，因為怕丟掉工作。」

挑戰者號的災難對其他眾多組織帶來了一個實際案例。接下來的 20 年裡，一場促進管理結構開放並扁平化的運動，在社會上更廣泛地被推行。當時企圖阻止發射的博伊斯喬利，餘生都在各工程學校以客座講師的身分教導倫理準則。但 NASA 依舊是一個組織龐大而複雜的金字塔，艱難地試圖集中目標，眾多任務缺乏資金，但因為保密原則，越來越窒礙難行。

到了詹森太空中心，氣息就是徹底懷舊了。這個地方的建築是沉悶而斑駁的 1960 年代大學水泥建築，很慶幸現在大部分校園已經沒有這種調調。一排廢棄已久的任務監控螢幕坐落在地面指揮中心外，他們的網路標誌有一部分被風化掉了。到處都是可以放進博物館的過往榮光，包括用於阿波羅登陸的控制室，至今仍保存完整。觀光客如果額外付費還可以從中間走過去。但改變今日世界的科技在這裡已經沒留下什麼證據；畢竟這裡的權力已經分配給了個人——他們如今使用著從這些權力中解放出來的便宜行動設備以及創造力，NASA 則是過了好多年才准許國際太空站的太空人使用 iPad。

太空站是 NASA 繼太空梭以來，在載人太空飛行上的一大成就。在近地軌道上打造它，成了太空梭任務唯一的目的。在雷根（Ronald Reagan）政府主政期間所構思的太空站，其運用目的也有不同時其的演變。蘇聯解體後，它才成了「國際太空站」，主要目標就是將各國結合在一個共同計畫裡。在 NASA 讓太空梭退役後，世界上就只剩下俄羅斯有能力把人送到太空站上。今日，所有 NASA 太空人都在俄羅斯接受密集訓練；但遠在俄羅斯入侵烏克蘭之前，太空站飽受政治力擺佈（但想要反過來操控政治走向卻不行）的狀態就已經很明顯。從運作上來說，機組員彼此隔離，美國人與俄羅斯人各自堅守在太空站兩頭的區域中，在互動極度有限的狀態下各行其事。

促使歐巴馬取消小布希星座計畫的 2009 年奧古斯丁報告中，要求將國際太空站的壽命延長。太空站的設計與建造耗費了整整 25 年，以及將近 1 千億美元的成本；從這一點來看，當初計畫只使用 5 年就讓它墜入海中，實在沒有道理可言。

太空站的目的，至此轉變為研究載人太空飛行，好讓在太空進行長距離探索有機會成行。儘管目標依舊不夠明確，但這個夢想卻是詹森太空中心裡幾乎人人懷抱的真正目標，只是沒說出口而已。太空人、工程師和科學家整天都在討論要去火星探險，或者發展各種技術能力；等到目標確定後，不管美國決定要載送人類到達太空的哪個位置，他們就都能準備妥當。

不管最後要去哪裡，這趟太空旅程的目的會是什麼？ NASA 的根本問題是，他們所提出的載人太空探索目的，並沒有打動美國人來挹注 NASA 所需的資金。1960 年代，美國把極大部分的國內生產毛額用在登月任務；現在有什麼能再度刺激我們對太空的熱情？ 2009 年，奧古斯丁報告羅列了和過往類似的目標清單：激勵年輕人、研究其他行星、開發新科技，以及增進國際合作。這些都很棒，但是要達到這些目標的最佳方法，真的會是耗資上兆美元的火星任務嗎？

宇宙殖民有多難？

然而，奧古斯丁報告在慣例清單之後，還是提到了一個更龐大的終極目標。它以一種更偉大的信念來提及這項目標，因此有了更大的可信度：「委員會裡有很強的共識：人類探索太空時，也應該將我們的文明推向終極目標，那就是定出人類從地球擴張至太陽系的路徑。想要知道人類如何、何時才能學會在其他行星生活，目前還言之過早，但我們應該以它作為長期發展方針。」

想在地球之外成功設置殖民地，第一個關鍵是尋找可以居住的目的地。數十年來成果豐碩的無人機行星探索，提供了我們篩選目的地所需的大部分資料。除了求知欲以外別無目標的眾多科學家，他們的好奇心集結起來使知識得以累積增長。但是，如果我們決定把人類送出地球生活，那種純粹的科學將會變得極度重要；事實上，這類科學對於在外太空生存來講，是基本而必要的先備知識。

前往月球、火星和小行星的載人太空探索已經夠難了。計畫者像策畫露營旅遊那樣設計那些任務，籌備著塞得滿滿的工具和補給品包裹，以便在一段孤立的時間內生存之用。而且，這些物資一旦離開地球軌道，就無法更新與補充。事實上，這種飛行任務（sortie），在設計時是有考量回程需求的。殖民者會朝太空前進，沿途建立可以自行打造開墾工具的社區。

為了讓人類擁有一個新的家園，殖民者得要切斷與母星——地球——之間的臍帶。他們會需要一個新的、獨立的生態系統，那裡得像地球一樣，提供居住地、能源和資源，而且適合生命存續。對一個有潛力的外太空殖民地來說，如何滿足這一些綜合特質，是一個非常有挑戰性的難題。

當我們選了地球之外的選擇……

而說到居住地，新行星的環境必須要在科技干涉盡可能降到最低的情況下讓人生存，這是一個很基本的問題。只要離開地球，不管住在哪裡，人們都會需要密封的庇護所，某些環境會比其他環境來得安全且容易經營。

可生存程度的一個極端是外太空。不設防的太空完全不適合人類生存，既需要能夠適應極端溫度的加壓生活區，也需要嚴密阻擋放射線並配有人工重力。沒有大氣層的行星雖然可以提供重力和紮實的地表來蓋建築物，但放射線的危害仍在，而如果庇護屏障因為意外或微型隕石撞擊而出現裂痕，也還是有可能突然失去可供呼吸的空氣。如果行星有大氣層而且夠厚的話，就可以提供抵擋放射線和天外隕石的保護層，但溫度與大氣毒性的挑戰則依然存在。

相對地，地球的熱帶和溫帶是人類現階段所能擁有的天堂，就算沒有當代科技也能住在裡頭。至少，如果沒有氣候變遷、核戰、污染、居住地毀滅或大規模滅絕而使地球成為死寂行星的話，人們就可以在地球的熱帶和溫帶活下來。極端溫度、放射能污染、有毒空氣和無法產出食物的衰竭生物圈，這一切加起來所導致的那種，地球的黑暗未來，其中的挑戰就類似我們在太空殖民地將會遭遇的難關。

接下來是能量問題。在這個世界上，能量是我們維繫生命、產生力量的基本要素。在地球上，我們基本上是從植物的光合作用來接收能源：植物和藻類從太陽捕捉光子，並以化學方式儲存能量——例如以食物和生質燃料——並在過去的歲月中，生產了我們今日燃燒的石化燃料。

單憑植物行光合作用無法產生推動太空殖民地所需的能量，因為這樣太缺乏效率，所需的土地和日光都太多。關於這一點，本書會在後面的章節繼續提及。

但是，就算太空殖民者並不依靠一般光合作用生產能量，他們的成功還是會如同我們一樣，要仰賴從當地現產材料收成的豐富能量。從地球帶去的核能燃料或太陽能板，只能作為殖民的階段性跳板。想在外太空建立自給自足的社區，終究還是需要在當地打造推動這項工作的裝備，來替換前述的跳板能量來源。新行星上的一小群人口沒辦法馬上複製地球成熟製造業所生產的產品；只有簡單的科技最有希望：風、潮汐、地熱，或者釋放能量的化學反應（在地球上，燃燒燃料也是一種化學反應）。

資源是生命延續的基本要素。殖民者會需要水和養分供應植物、人類和動物生存所需，也需要用來打造庇護所和工具裡的建材，以及可供呼吸的氣體。初期補給可以從地球帶來，但永續的殖民地最終還是得自給自足。殖民者可以離開駐點，去尋找某些只需少量的元素——舉例來說，電子零件或營養品所需的金屬，例如鐵、銅和鋅，都可以從金屬地質的小行星採收。有了充足的能源，殖民者可以用化學方法將某些當地資源轉為所需物質，製造水、氧氣和塑膠。但如果沒有可供處理的適當原料，人類在殖民地就活不下去。

若回顧我們對太陽系「內行星」（inner planets，包括水星、金星、火星）的了解，那麼在一份針對人類宜居程度的綜合調查中，我們其實不該指望能幫太多空格打上勾勾，這不是因為我們對這些行星缺少觀察的緣故。

「好奇號」與它的同伴

火星上的「好奇號」（Curiosity）探測車，可以看見、觸摸並嗅聞火星地表狀態。許多時候它遠比一個真正的人類更厲害：上頭有 17 台相機，還有一具兩公尺的機械手臂，來移動有 5 個檢驗樣本設備的手部，其中包括一台

α 粒子 X 射線光譜儀。但這部探測車本身沒有判斷力，操作它就好像用好幾根 2 億 2 千 5 百萬公里長的線在操弄懸絲木偶。而且，它實在太珍貴、太特別了，以至於光是決定要拉哪根線以及能夠用多少力去拉，都需要每天至少上百個人來輸入才行。

以光速行進的無線電訊號，依據軌道距離的變化，需時 4 到 24 分鐘才會抵達火星，所以即時視訊並不實際。在探測車撞上障礙物之前，可能都不會在地球這端的螢幕上看到物體，閃避障礙物的指令絕對只會遲到不能再遲。相反地，駕駛探測車的科學家和工程師得一次輸入一整天的指令，讓機器自己執行這些動作，然後吸收它送回來的資訊，以決定明天的行程。如果有一個山丘或其他障礙物擋到路，探測車就只能在停下來之前走一點點路，讓鏡頭環顧四周，然後把圖像送回地球，給一個位在帕薩迪納市的團隊會議來決定明天要做什麼。

在這裡，一棟位於洛杉磯北方山坡間的不起眼建築內，就是太空探索的進行地點。令人意外的，太空探索看起來就跟一般辦公室庶務差不多……探索團隊在有一堆裝潢隔間的辦公室裡相會，無止盡地進行電話會議。賈斯汀．麥奇（Justin Maki）帶我們參觀位在帕薩迪納噴射推進實驗室（Jet Propulsion Laboratory，JPL）的「好奇號辦公室」。員工們坐在桌前用免持聽筒發言，任何時候，電話裡可能都有來自全美，甚至英國、法國、西班牙和俄羅斯人在內的 3、40 人同時上線。

辦公室的一天就從太平洋時間早上 8 點 50 分的電話開始。已度過晚餐時間的莫斯科科學家打來討論前一天的數據。而電話會議會在 10 點 15 分達到高峰，當時正要討論接下來要做什麼，科學家們會進行協商，為了讓自己的利益成為共同關注的焦點而討價還價。在兩個鐘頭之內，討論會轉為主動的計畫評估，確保明天的想法夠實際，而且能配合探測車的能力和時間。接著是科學討論，以及與工程師對話，並在電腦的火星地景 3D 模型中測試探測車被建議進行的動作。就像在電玩遊戲裡移動替身一樣地移動測試車，把明日計畫的每一步都嘗試看看。如果有需要的話，可以在噴射推進實驗室的火星園地操作一台實體仿製的探測車，來做進一步測試。最後，等到加州落日時，整套操作過程，也就是指令程序，會透過 NASA 的深空網路（Deep Space

Network），利用環繞全球間隔排列的數架天線送往火星。

每天的電話會議都持續 12 個小時，始終夾雜著熟悉的干擾——各地的狗叫聲、回音、一心多用而吵個不停的人。以前因為科學家要按照火星日（火星的「一天」，總共 24 小時又 39 分鐘，比地球多 39 分鐘。））進行觀測，導致電話到了晚上也一樣熱鬧。火星日規律地推遲他們的睡眠循環，就好像每天持續前往增加半小時時差的地方，所以團隊的工作表每 39 天才能有一次與自家生活完美重合。最後 NASA 終於因為同情這些人，要好奇號團隊改採 24 小時的地球日進行觀察。

包括被強制停止的情況，觀測車的最高速度只能讓它一天走 86 公尺，但如果你考量到它的觀看範圍有多近，就會覺得那樣的距離其實不小。想像自己坐在獨輪手推車上，用一片放大鏡觀測整個足球場。如果地平線上出現某個有趣的石頭或陰影，或者一道顏色異常的沙子，科學家就得先爭論要不要去造訪調查，並在好奇號上裝載的 12 種工具中，幫自己團隊打造的工具爭取這次的使用機會。

每個人都希望能找到化石，或者其他代表火星一度擁有生命的薄弱線索；但截至目前為止，從火星上被發現的就只有形塑那些石頭的礦物類型和風化作用，有時候有一些古代水分的痕跡。從這些細小碎片中，或許會出現一些能透露更多火星訊息的答案。但是直到現在，這些碎片都還只是逐漸證實，對包括人類在內的、所有可望登上火星的生命體來說，那就是個環境惡劣的地方。

NASA 以太空船研究火星至今已有 50 年歷史。1965 年，水手 4 號（Mariner 4）拍下的 20 張照片顯示了火星上有水存在的證據；1990 年代開始進入探測車時代，這些車輛更仔細的調查了太古河床和黏土層。

當時，NASA 正艱困地從挑戰者號的災難中復原，試圖把自己重塑成更精實、更現代化的組織。如同當時一份報告所言：「NASA 若要維持存續與信譽，必須變得更類似一般企業，重視成本和時間表一如任務成敗，並準時提交公開成本。」

「更快、更好、更便宜」

NASA 署長丹．高丁（Dan Goldin）在 1992 年針對行星科學提出了「更快、更好、更便宜」（Faster, Better, Cheaper）的倡議，採用了許多從 NASA 過往失敗經驗中學習到的管理想法：組織必須專注於具有優勢的領域，避開不必要的複雜狀態；將個人視為團隊成員來培養實力，減少官僚主義和上對下管理；採用降低成本的新科技，並促使員工達成目標而非機械式的工作。「更快、更好、更便宜」企圖複製矽谷的作風，把 NASA 從太空舊時代推往新千禧年的資訊時代。網路革命透過「定期失敗並不意外，甚至可以看做增進職涯經驗的方法」這樣的革新文化得以興起。高丁說，失敗是沒關係的。有了更多更便宜的任務，即便某些無人任務失敗，冒風險行事之後，還是會隨時間累積經驗，進而獲得獎勵。

「更快、更好、更便宜」的第一波計畫獲得了大幅的成功。在那些被遺忘許久、讓人懷念起 1990 年代網路笨拙樣貌的網頁上閱讀那些計畫，其實還挺有趣的。在馬克．羅賓森的職業生涯初期，他就曾參與過那些快速轉換的任務，包括「克萊門汀號」（Clementine），這任務的太空船使用了國防部「星戰」（Star Wars）飛彈防禦計畫時的科技，革新了我們對月亮的觀點。

「近地小行星會合」（Near Earth Asteroid Rendezvous ，NEAR）計畫花了 27 個月打造並發射，成本共 2 億 3 千 4 百萬美元（不到好奇號的十分之一）。它追上了小行星「愛神星」（Eros），從 35 公里外研究其表面。然後，出於冒險精神，雖然那艘太空船從來沒有這種設計，但還是降落在愛神星上頭。距離地球 3 億 1 千 5 百萬公里時，它緩緩落在愛神星表面上，用兩列太陽能板作為雙腳，太空船本體則當作第三個接觸點。這次突擊行動提供了異常清晰的影像，當時意外攔截到愛神星的地質特徵資訊，並在頗具影響力的期刊上發表一系列論文的研究團隊，就包括了那時正在西北大學（Northwestern University）的馬克。

「那是一種極其美妙的謀生方式，有時我甚至不太好意思跟別人說，我做這個人家還給我錢。」他說。

但是，到了那些論文發表的 2001 年，NASA 卻放棄了「更快、更好、更便宜」的經營哲學。經歷了 7 年的成功後，一連串讓人難堪的失敗讓早期成就蒙上陰影。尤其是 1998 年送往火星的氣象衛星「火星氣候探測者號」（Mars Climate Orbiter），以及翌年發射的同伴「火星極地著陸者號」（Mars Polar Lander）；這兩部探測機都因為早就應該要被抓出來的軟體瑕疵而報廢。其中，火星氣候探測者號墜毀的原因，實在簡單到令人痛心，也因而特別出名：一個軟體工程師搞混了程式裡的英制和公制單位，而讓太空船前往火星的路徑出現了小幅誤差，讓它錯失軌道而在大氣層中燒毀。

高丁口中雖然說失敗沒關係，但不是每個人心裡都這麼想。工程師們記取的一個教訓，直到今天都還在 NASA 裡傳誦：「更快、更好、更便宜」可以任選兩個，但不能三者兼得。這個概念成為對「可能」的規範，稱作「鐵三角規則」。資深管理人員會設下不實際的目標以及時間成本限制；但要達到這些目標，卻需要一些會導致太空船損失的投機取巧。某種程度上，團隊裡受過訓練的工程師和科學家就是不夠。人們往往連續幾週工作了 60 到 80 小時，卻沒有同儕能支持他們或協助檢查他們的工作成果。

雖然有以上的檢討聲浪，針對「火星氣候探測者號」的調查報告，以及當時的其它分析，都指出真正的失敗因素更為深層：NASA 完全沒有捨棄那種讓員工感到無力的上對下文化。舉例來說，高丁的管理者們對基層員工武斷地設定了時間與成本限制，實際上應該要讓任務團隊自己根據現實的可能性來設定這些範圍。

軟體錯誤難以杜絕，但只要人們有能力溝通，就可以找到關鍵錯誤並修正。科學家和工程師的困境不只是令人崩潰的工作量——畢竟任何成功的計畫都難免有這種負荷——，更包括他們被隔絕在一個成員彼此不說話的團體內，而管理階層禁止他們說出問題。調查報告指出：「計畫管理者應該建立一種『培養成員盡其必要的，以積極有力的態度提高對各項事物之顧慮……直到得以受重視』的政策，並和所有團隊成員討論。」

然而，NASA 記取的是不同思維模式的教訓。他們認為接受「更快、更好、更便宜」的革新想法，一開始就是場錯誤，從此變得更會規避風險、採取更嚴厲的管理導向。但是外部分析者從那時開始，便重新開始思考「更快、更好、更便宜」這概念的結果了；即便有時失敗，這個概念依舊成功的引起了後續效應。在這個倡議下進行的 16 次任務，包括 9 次成功和 7 次失敗，加起來比執行一次 NASA 旗艦任務還要便宜。這 9 次成功任務以低廉的成本，傳回了大量數據，並回答了許多科學問題，效率比 NASA 過往要快上許多。有些「更快、更好、更便宜」的研究結果，至今仍持續影響著我們對外太空的認知。

我們火星上做了什麼？

第一部火星探測車是小巧可愛的「旅居者號」（Sojourner）。在僅僅開發 3 年後，就在 1997 年登陸火星。原本預定工作一週就返航的旅居者號，居然撐了 3 個月，而且至今或許還能運作，只是無法透過基地站和地球連絡。在「更快、更好、更便宜」的那幾年間，約翰・卡拉斯（John Callas）在布朗大學（Brown University）獲得物理博士學位後，就立刻在 1989 年趕上噴射推進實驗室的火星任務，他的工作經歷了大起大落。2000 年他替火星探測漫遊者（Mars Exploration Rover）任務集結起一支科學團隊；3 年內，勇氣號（Spirit）與機會號（Opportunity）探測車接連發射，它們配備超越旅居者號的科技，但更為龐大、堅固，在行星上也不需要基地站。

各自以僅有 4 億美元的廉價所打造的勇氣號和機會號，並沒有裝設備用系統——只要一個焊接迴路壞了，探測車就報廢——所以 NASA 才送了兩部過去。但這兩部探測車都超乎所有人的期望，2004 年起運作的勇氣號，本來的設計就只讓它運作 3 個月，但最後它一直持續運作到 2009 年被卡住為止。至於機會號，到了 12 年後的此刻仍在運作，還能定期更新軟體。機會號行進的範圍已經超過 40 公里，它所踏過的土地表面，早就超越了所有在地球之外運作的探測車。

好奇號則是從機會號演進而來。卡拉斯的團隊只有好奇號的十分之一，而且機會號探測車更小、能力更弱，搭載的電腦只有一隻手機功能的百分之一。我們見面的那天，機會號團隊正在爭論接下來要觀察哪顆石頭。就像好奇號團隊一樣，卡拉斯的工程師們每天送出一組操作指示。到了每週五，他們會送出三天份的指令度過週末，一天移動、兩天偵查。卡拉斯每天隨時從探測車接收文字訊息以得知探測狀況。

這項任務並沒有預設結束時間。「我們不知道之後會看到什麼、會走到哪裡，也不知道最後將會發現什麼。」卡拉斯說。

火星探測漫遊者的任務，原來是設定為「追蹤水分」，機會號則是地質學家。接下來由好奇號探測車執行的「火星科學實驗室」（Mars Science Laboratory）任務，做的是地質化學研究，在火星環境中尋找有機成分。一路下來，這些研究專注的主題都是探討外星生命存在的可能性。

NASA 從 1970 年代開始尋找火星上的生命。那時，要找到任何生物的機會似乎相當低，除非古代細菌有什麼辦法在火星的地表下存活。火星的歷史是一段對生命十分惡劣、嚴苛的過程。這個行星一度有一層厚實大氣，還有大片水域及降雨。機會號找到了由水沉積下來的黏土，這些土有著適合生命開展的酸度。但那些機會終究都消逝了，探測車也發現了類似過氧化物的化學毒物，任何與已知地球生物類似的東西，都會被它破壞。

現在，NASA 正在研究火星曾經宜居的歷史，而不是生命存在的可能性。過去，火星可能是可以生存的，但現在還有任何東西活在上面嗎？那些曾經適合生物居住的條件為什麼消失了？火星上發生了什麼事？

目前，對於火星環境研究的最佳理論是將火星上死寂、無生命的情況歸咎於微弱的磁場。地球的熔岩核心由放射性物質驅動，像發電機一樣運轉，誘發了環繞我們行星的磁場，替大氣層擋掉了一部份的太陽帶電粒子。你可以把那想像成《星艦迷航記》中「企業號」（Starship Enterprise）的防護罩。阿拉斯加的冬夜裡，有時可以看見太陽風穿過防護罩的缺口撞擊大氣。在南北極，磁場把太陽粒子流向下引導，太陽離子撞擊大氣層上層，便產生扭動的極光。如果撞擊到氧原子，就會根據不同的高度而發出綠光或紅光；撞到氮原子的話則會發出藍光或紫光。

在遙遠的過去，火星可能也有過能產生磁場的炙熱核心，但當核心冷卻後，行星就卸下了防護盾，大氣便直接承受太陽光子流不間斷的轟擊。大氣開始離子化，大部分遭到剝除。當火星的大氣層厚度只剩不到地球大氣層厚度的百分之一時，能夠把任何已知生命全部殺光的太陽放射線和宇宙放射線就直接投射到火星地表上，極端溫度把水分冰凍起來或蒸發殆盡。雖然水冰還殘留在極地，但人類若想在火星上存活，除了有加壓、可抵禦放射能的庇護所之外，不可能有其他地方可以選擇。

當年那幾部探測車探索火星，是為了人類在未來可能造訪做準備。但幾十年過去，新的探測車能力也大幅進步，人類在火星上研究科學的需求，卻開始變得缺乏吸引力。今日，任何受過訓練的專業人員都比探測車聰明靈活太多，但就如卡拉斯所言，「當他們還在設法讓人類在太空保持健康時，這些探測車早就已經繼續演化了。」

儘管科學家認為太陽系的其他地方更有可能讓生命存續，但目前為止，火星研究仍消耗著 NASA 行星科學預算中的最大比例；還有一個複雜而昂貴的新火星任務正在籌備中，目標是收集火星土壤樣本，最終將之帶回地球進行檢驗。帶這樣一點點泥土回地球就要花上數十億美元，但比送太空人去那邊觀察泥土要便宜太多。

等到我們準備好進行太空殖民的時候，應該已經將火星瞭解透徹。但是，我們目前已經知道那是個很不適合居住的地方。經過半個世紀的探索以後，「我們沒在那裡找到哪些東西」反而最令人驚奇。火星上既沒有豐富資源，也不是一個能用來躲避地球環境浩劫的地方。除了靠地球比較近以外，人類實在沒有充分理由非去火星不可。

中國、印度加入戰局

2014 年，當亞曼達在土桑（Tucson）舉辦的美國天文學會（American Astronomical Society）行星科學分會（Division for Planetary Sciences）會議上發言時，一位中國科學家以一長串詳細無比的問題結束了她的時段。那些問題聽起來已經超過了對學術的興趣，更接近想要「複製」NASA 能力的慾望。在航太科學方面發展程度較低、追在美國之後的那些國家，有著能複製過去經驗邁向成功的優勢。這和 NASA 在行星科學上至今仍在做的事情——探索全新領域，或者進行前所未有的嘗試——是相當不一樣的。

這個模式是類似的：西方科技領先者做出革新，然後有著不同文化或較低成本生產力的亞洲國家，便廉價、大量的複製那些產品。上個世紀對NASA來說是尖端發明的太空船零件，如今對那些發射衛星用做通訊、GPS導航等功能的公司來說，都已是現成裝備。但知識的前鋒依舊屬於NASA、歐洲太空總署（European Space Agency）以及其他次要單位，因為「新發現」就只有一次，你沒辦法以逆向工程破解然後複製一種發現。

在土桑的會議上被如此逼問後，亞曼達聯繫一位中國同事，想知道是怎麼回事。他的猜想是，這些問題和中國政府的某些神秘規定無關，而是一位科學家冀望蒐集細節好讓自己在中國的航太計畫中更有價值所導致的結果。

事實上，太空競爭如果來自印度可能更出乎意料，但在2014年，印度太空研究組織（Indian Space Research Organisation）完全以本地技術使一個軌道飛行器繞行火星。印度總理納倫德拉．莫迪（Narendra Modi）誇口，這趟任務的成本不只比美國太空任務低，甚至還比描述太空任務的美國電影低。印度的「火星軌道探測器」（Mangalyaan，意指「火星飛船」；其正式名稱為Mars Orbiter Mission）花了7千4百萬美元，確實比包括2000年好萊塢票房失敗之作的《火星任務》（Mission to Mars）在內（譯注：拍攝成本為1億美元）的大部分太空電影成本還低；同時，印度也正在進行前往月球的計畫。

這些在航太領域較晚起步的國家之所以成績斐然，是因為它們複製了美國的太空能力，而不是因為他們即將趕過美國。印度希望把探測車送上月面，就像之前中國和俄羅斯那樣。Google也舉辦了一場競賽，獎勵第一支把探測車送上月面並傳回數據的私人團隊，目前全世界各大學的眾多隊伍都在競爭這3千萬美元的獎金。

那麼，人類將從這些任務學到什麼呢？印度火星任務的目標，是展現「印度也做得到」，對他們而言，科學目標反而次要。對於NASA已經在用能力更強的太空船所進行的工作來說，印度的成果只是錦上添花。至於中國月球計畫的科學回報，到目前為止還是稀稀落落。由於中國的數據分析能力落後，而且對於太空新發現的期望依舊模糊，所以這個計畫從技術面上來講堪稱強大，但從科學面上來說就比較空泛。

我們無法確切得知中國往太空發展的終極目的，美國政府無法輕易了解中國政府。中國政府可不是那種一板一眼回應專制命令的鐵板；相反地，中國政府內有許多大型官僚組織，在不同的勢力範圍內彼此競爭合作。一般民眾在政治裡無法出聲，不代表中國就沒有政治；事實上，中國應該是世界上「辦公室政治」數一數二發達的國家。

中國太空科學家從 1990 年代開始提倡月球計畫，但被高層官員以「缺少科學目標及慎重考量」為由，一再駁回。喬治華盛頓大學（George Washington University）的派崔克．貝沙（Patrick Besha）記錄了這個過程（譯注：她的著作有《中國的村莊民主與社會動盪》〔*Village Democracy and Social Unrest in China*〕）。2004 年，整個官僚體制總算在一個分為三個階段、耗時多年的月球探索計畫上達到共識。2007 年，隨著「嫦娥 1 號」繞月人造衛星的成功，中國也抵達了月球。

這項計畫的專注與活力，反映了投入其中的人們所感受到的普遍因素：高層官員的強力支持，以及計畫本身的年輕氣盛——就像甘迺迪的阿波羅計畫一樣。就西方觀點來說，這衛星彷彿無中生有、令人驚奇，那絕大部分是因為中國在確定人造衛星繞月成功前，是隱藏所有行動不透露給外界的。

整體來說，美國並不知道如何去理解中國的太空計畫，文化隔閡讓這件事容易受到誤解與嘲弄。2013 年，中國的「玉兔號」月球探測車在為期 14 天的月夜休眠前發生故障；當時中國官方媒體新華社相當令人費解地，以玉兔的第一人稱口述聲明來發布這個問題。玉兔表示，它可能沒辦法撐過夜晚，並希望中國人民慰問痛失親人的嫦娥 3 號基地站。（譯注：新華社原文節錄如下：「本來我也應該今早開始睡覺，但入睡前，師傅們發現我的結構控制出現異常，身體上有些部分不太聽他們的話……儘管如此，我知道，有可能熬不過這個月夜了。……希望師傅能幫助我康復，但如果真的修不好，到時候大家記得幫我安慰安慰她吧。」）

「這裡的太陽已經落下，溫度下降得真快。」探測車如此說道。「告訴大家個秘密，其實我不覺得特別難過。我只是在自己的探險故事裡，和所有的男主角一樣，也遇到了一點問題。晚安，地球。晚安，人類。」

玉兔本人透過新華社發布在月球遇險的消息以後，支持者們紛紛透過中國版的推特（微信），以充滿激勵口吻、發自內心的真誠訊息，回應瀕臨死亡的玉兔號。在美國，演員派崔克．史都華（Patrick Stewart）穿著一件仿製探測車金箔外殼的衣服，在每日秀（The Daily Show）上以戲劇化的方式朗讀玉兔號的最後遺言。一如往常地，中國政府沒有提供什麼技術細節給大眾知曉。

不過，玉兔號後來真的撐過了那一晚的危機，還超出原設計的預定壽命，至今仍在運作。2014 年，作為「再入返回飛行試驗器」計畫的一部份，中國展現了把繞月衛星帶回地球的能力，而中國太空人已經靠著長征火箭裝載的神舟號太空船去過兩次太空。從這一點來看，中國的確有可能按照目標，在 2025 年讓太空人登陸月球。

未來／

當中國突然宣布載人太空任務起飛並前往月球、自阿波羅計畫以來首度有人再度從地球飛出近地軌道時，美國的深夜檔喜劇演員還在嘲弄中國的太空計畫。中國暗中發展著航太計畫，快速學習新技能，逐漸提升能力直到讓人類回到月球時，那些笑話還在嘲諷中國如何精通 1960 年代的科技，而在此刻終於進入了二十世紀的太空時代。美國媒體採取的觀點，是把中國當小弟弟，正在經歷美國早就通過的發育階段。

當中國太空人登陸月球說著美國人聽不懂的語言時，笑聲就停住了。1957 年，蘇聯曾靠著史上第一個人造衛星史波尼克，嚇壞了美國人、震驚了政客，並開啟了太空競賽。當中國把人送上月球時，那群美國人的曾孫們也感受到同一種情緒，這種成就完全不是老掉牙的東西。中國做到了某種美國似乎已經不敢去做的事情：全力專注科技目標，投資成本，並使其成真。

從外部來看，中國的航太計畫似乎以驚人速度進展。事實上，這計畫祕密發展了幾十年，極其詳盡，過程得力於非民主政治的齊一心志。政府花了不少時間下決心推行月球任務，一旦通過計畫就不改其志。當不可避免的錯誤和意外發生時，官方並不會因為難堪和公眾批判而畏縮喪志，因為所有失誤都是秘密。全世界永遠不會曉得，中國每一次沒能成功的月球任務，究竟是怎麼回事。

發現自己屈居人下的震撼，讓美國領袖更願意把風險和花費都推到極限。國際競爭過去曾是載人太空飛行的最強動力，這回也依然如此。華盛頓只需要幾周就可以選出一種比中國太空任務更艱難的目標，撥下第一筆款項，然後針對風險和探索講出一番堂皇論調。就這樣，美國即將前往火星（月球已經有人去過了，而且還不只美國人去得了）。

就在美國展開打造火星太空船的緊急計畫時，中國持續把更多太空人送往月球，打造居住地，從永久陰影地帶的古代水冰中收集水分，並期望取得礦物。但就如二十世紀的阿波羅任務模式，民眾的興奮之情會隨著工作越來越尋常而衰退。中國科學家報告了月球的有趣事實，但無法振興股市。月球探索沒有經濟動機，而太空人也沒有不從地球補給就待在月球的實際方法。這個居住所就像是搭在月面的太空站，而太空站早就有人蓋過了。月球的有趣事實也不足以吸引足夠的投資，中國政府也開始縮減這些資訊。

NASA 眼見這些結果，並回顧人類藉由軌道飛行器、登陸器和探測車探索火星的漫長歷史，而決定設計一趟火星任務，前去收集一些石頭，然後返回。這是一趟展現美國太空優勢的出擊任務。計畫者也設計了有名無實的科學目標，但其實早就沒什麼火星科學大哉問，是探測車和登陸器還沒解決的。任務網站上提出過去火星上有沒有海洋這類的疑問，儘管從 1965 年以來早就重複不知幾次，「偵測火星水分」聽起來仍然是個可以放在宣傳資料裡的有趣研究目標。

把人丟上火星、重新給予補給，以及打造殖民地所需的更高成本，要等待未來的決策和投資。等到人們決定替永久火星前哨站支付所需費用時，政治領袖又會要求投資回本。把人放到那邊除了活下去以外什麼都不做，這樣的成本實在太高。沒人發現過能在火星獲利的方式，而火星看起來也不像個可以躲開任何地球災難的避難所。瀕臨末日的地球都比火星安全。就算地球被放射線籠罩、大氣充滿毒害，又沒了維生資源，**火星還是比較糟**。

在可以預見的未來裡，看不出在火星上居住有什麼比在月球上居住還好的理由。你可以把人帶到月球，然後用太空船從地球運送補給。那會比較像在後院露營，而不是離開此地前往新世界打造家園。

所以中國人征服了月球，蓋好了營地，然後回來。美國則想在火星做一樣的事。未來將成為太空殖民者的人，研究了這些人的工作成果，並思考著把這些成果運用於挑戰性遠高過此的永久脫離地球計畫。

當前／

NASA 在太空時代的黎明期，開始將探測機送往其他星球，一部份因素是為了搜索類似地球的行星。NASA 成立還沒多久，卡爾．薩根（Carl Sagan）就遊說 NASA 派一艘太空船前往金星，而水手 2 號（Mariner 2）在 1962 年辦到了。它發現那裡的大氣層比烤爐還熱。金星地表的平均溫度是攝氏 465 度，熱到可以熔化鉛。其後還有超過 30 架太空船繼續替人們補齊這顆有時號稱「地球孿生姐妹星」的全貌。

在探測機收集讀數之前，金星一度看起來像是人類的好去處。它的大小和重力都和地球接近，它是最鄰近地球的行星，而它厚實的大氣應該會保護地表免於放射線傷害。但它的大氣實在太厚、太熱，包含了腐蝕性硫酸，而高海拔處的風又極其強烈。地表上，大氣的重量有如地球深海，甚至連最輕柔的風都像海流一樣推動物體。蘇聯曾試圖把一系列探測機降到金星上，那些下降後還能在煉獄大氣層中倖存的機器，只在地表上挺住了一下子，人類不可能到那邊生存。

但像歐洲太空總署「金星特快車」（Venus Express）之類的任務，倒是發現了一些證據，證明與現在相比，過去的金星可能跟地球有更多相似之處。金星的微弱磁場，讓太陽風在行星生成的頭十億年，就奪走了上面絕大部分的水分。地球和金星擁有的二氧化碳量到現在還是差不多，但在地球上，海洋已經把這些二氧化碳吸收，並轉化為石灰岩和其它地層沉積物。在金星上，因為沒有水能進行這個步驟，二氧化碳會留在大氣中。金星接收的日照和地球也差不多，但二氧化碳佔了 97% 的大氣層，產生一個讓熱量無法散逸的隔熱罩，把星球烤乾了。整個二十世紀，人類都在把地球弄得像金星一樣，把地層中的二氧化碳放回大氣中，並讓地球急速加溫（儘管我們的大氣層內，還是只有四百分之一是二氧化碳）。

4 個類地行星中最少被研究的水星（另外 3 個就是地球、火星和金星），是當中最奇怪，也最不令人嚮往的行星。水星很小，缺乏大氣層，而且因為距離太陽太近而深受掌控。其中一面炙熱，另一面嚴寒。從地球出發的造訪者，因為要對抗太陽的重力，其回程將十分艱辛。NASA 在 1973 年將水手 10 號（Mariner 10）探測機送往水星，2004 年則是派出「信使號」（MESSENGER），在 2015 功成身退，墜落在水星上。

數十年來對太空的探索，已經讓我們知道了殖民內太陽系的大部分須知事項。以現行的科技，人類想在內太陽系任何天體上繁衍的前途都十分渺茫，除非我們可以把火星或月亮轉為可居住環境。這個想法在 1970 年代由薩根首度提出，並在 1980 年代藉著克里斯．麥凱（Chris McKay）撰寫的一篇論文，被以「地球化」（terraforming）這個詞彙寫進了科學文獻之中，如今麥凱是 NASA「艾姆斯研究中心」（Ames Research Center）的行星科學家。

「地球化」的必要

就像許多和太空有關的點子一樣，大眾文化把「地球化」變成一種遠比實際可行狀況要簡單太多的想像過程。麥凱駁斥了其中一種概念——以核武爆擊火星冰冠，使其蒸發產生大氣層。麥凱說，全世界所有核武的能量，加起來也只能比擬火星在不到 5 小時內接收的太陽能量，而那些核能絕大部分還會在巨大爆發中散失。想產生變化，要花的能量和時間都遠比前述多上太多。

但麥凱的點子確實仰賴創造大氣層。他打算在火星上挖礦，生產氟氯碳化物（Chlorofluorocarbon，CFCs，又稱氯氟烴）這種超強力溫室氣體，這種氣體會像在地球上那樣，做為溫室氣體蓋住地球，使地表暖化以融化冰蓋。融化過程釋放的二氧化碳會進一步增加暖化。要產生這種規模的氟氯碳化物，需要以大量能源推動大型工業產製流程——得是過去全球每年氟氯碳化物產量的 2 萬 5 千倍以上。而這流程大約要花上 1 百年才會讓火星暖化並產生二氧化碳大氣層。那之後，把整個行星種滿森林和田地，就可以在 10 萬年後產生可供呼吸的氧氣。

想像這些點子很有樂趣，但所需時間及成本都龐大到不可能認真考慮。我們十分懷疑，人類真的會選擇在終生都無法創造可居住殖民地的外星上，投資興建發電廠、自動礦場和工廠，我們也不保證火星必定能長出任何東西。而且在大氣層能保護人類不受放射線侵害之前，人們到火星都只能短程拜訪，或者在地下生活，得由機器人來負責所有的工作。

如果促使我們前往火星的理由是惡化的地球環境，那麼把這些財富、能源科技和技術革新都拿來修補地球，可能是比較合理的做法。不論技術上還是經濟上，修補地球這個任務都比較簡單。

至今，我們已將地球以外的內行星，都排除在人類可以永久殖民的範圍之外。半個世紀的探索帶給我們這項資訊，但它給的遠不只這些。這些探索為 NASA 以及其它太空機構打造了革新與追求新型知識的能力。載人飛行雖然失速墜落，行星科學卻成長茁壯。走筆至此的同時，地球上正有幾十個活躍的太空任務在進行，每年還會有更多陸續起飛。

這些太空探索的經驗正引領我們前往更有野心、目標更遠的新任務；這些任務期望在內太陽系之外，發現能讓人類打造新家園的地方。

CHAPTER 3

「外太陽系的家園」

亞曼達知道太空中有個可以殖民的地方，正繞著土星轉。其他人也喜歡那個地方。她所操作的卡西尼號探測機（Cassini）設備，在土星的衛星——「泰坦」上的湖泊裡，偵測到液態甲烷存在的跡象，而現在有希望送一艘船或者潛艇，去研究湖泊深處的狀況。或許在那裡面會有以甲烷為生存基礎的魚類泅泳其中。

亞曼達的太空搜索始於 7 歲那年，她坐在父親的福斯（VW，Volkswagen）貨車上橫越莫哈維沙漠時，看見了無瑕夜空裡無盡的漆黑與炫目星光。她忘不了那無邊、輝煌的景象所帶給她的感動，她想到太空的「另一頭」去。三年級時，有位叫做荷莉（Holly）的年輕實習教師，用一堂關於太陽系的課程引領她踏上太空之路。亞曼達把自己對荷莉與行星的喜愛結合在一起，她用史特萊德萊特（Stride Rite）牌的鞋盒，做了一個太陽系的立體模型；至今她仍然把這套用繩子吊起彩繪黏土星球（還包括了冥王星）的模型當成寶物。

那一年，NASA 將維京登陸器送達火星，這是第一艘平安降落其他行星的太空船。在報紙頭條上，亞曼達看到了火星紅色的天空，地表上的岩石和沙子，還有地平線——這代表另一顆可以探索的行星。她開始專注於太空，希望能前往那裡，或至少在打造太空船的噴射推進實驗室工作。那地方離她家所在的帕薩迪納不遠，但十分神秘，在她以前，她家從未有人走過太空研究之路。

青少年時，亞曼達開始開著媽媽的車到加州理工學院（Caltech）和帕薩迪納市立學院（Pasadena City College）旁聽科學討論。高中時，她已經計畫要在太空相關領域取得博士學位。她在 1986 年 1 月造訪加州理工學院，參加航海家 2 號（Voyager 2）飛越天王星的公開活動（就在挑戰者號失事的幾天前）。

我們應該在哪裡落腳？

航海家任務於 1977 年發射，計畫飛經木星與土星，也包括了土星的衛星泰坦；這個任務計畫為期 5 年，但也抱著讓探測機盡量飛遠一些的希望。當時 4 顆外行星（木星、土星、天王星、海王星）恰好排成一直線，下一次有這種機會要等到 175 年後。因此，NASA 將任務延長到了土星之外，到達天王星和海王星。1989 年，它們飛出了冥王星的軌道；兩台航海家探測機至今仍在飛行，航海家 1 號（Voyager 1）已在太陽系以外的星際空間中遨遊，而航海家 2 號也將追隨其後。它們還是會陸續送回探測數據，只是每個光速行進的信號來回地球都要花上超過一天的時間。

這些航海家探測機至少在未來 4 萬年內都不會抵達另一個行星系統（航海家 1 號朝著小熊座〔Ursa Minor〕的一顆恆星前進；航海家 2 號則朝著仙女座〔Andromeda〕前進）。卡爾．薩根主持了一場國際委員會，目標是編輯一段訊息並由探測機搭載，好傳遞給繞行其它恆星的外星人。有一個世代的觀眾可以在回憶中看見薩根身上那件高領襯衫，並聽見他的聲音激勵我們，讓我們期待航海家號可以把這些訊息帶到幾億、幾兆公里外。目前為止，它們已經走了兩百億公里。

接著造訪木星的是伽利略探測機（Galileo）。要打造前往外太陽系的探測機非常困難，它們得花很長時間抵達，失去挑戰者號又使計畫延宕了更久。所以，等到伽利略探測機上路時，亞曼達不只念完高中，也已經大學畢業，正在科羅拉多大學（University of Colorado）尋覓博士學位論文主題。賈斯汀．麥奇是她同學，當時已經在研究火星，並建議她聯絡該校教授查爾斯．巴爾斯博士（Dr. Charles Barth）—— 1959 年起他就在噴射推進實驗室開始了太空科學生涯，曾經操作過前往火星的水手 6 號、7 號和 9 號上的紫外線成像儀；當時，他正著手於裝設伽利略號的紫外線成像儀。巴爾斯説：「過來吧，我們用得到妳。」

巴爾斯向亞曼達展示水手 4 號在 1965 年傳回來的第一份影像。水手 3 號失敗了，而 NASA 的理查．葛拉姆（Richard Grumm）迫不及待想知道水手 4 號的系統是否運作成功，便決定把二進制的數據傳回來，在收報機紙條上列印出來，把紙條釘在牆上，用他在帕薩迪納某間美術社挑選的粉彩顏料，以按照數字填色的風格來上色（*那套顏料如今陳列在博物館裡*）。這個作法成功了，而那張圖像所在的牆面後來被直接切下來保存，也成為史上第一張由地球外載具所拍攝的圖像。

巴爾斯給亞曼達的科學計畫比那更複雜一點。正往木星前進的伽利略號，在行經月球時曾將它的紫外線對準月球，但沒人分析過那份數據。紫外線絕大部分被用來觀察大氣層而非地表，所以這份數據的價值尚不得而知。要理解它，就得知道如何轉譯來自月球表面的光譜標誌。亞曼達把那些光譜線條和實驗室裡一份觀測樣本而得出的彎曲線條做比較，就可以辨認出成像儀在月球表面觀測到了什麼元素。因為紫外線不會穿過地表，測得的數據因此特別適合用來觀察太空放射線是如何地改變月球的砂質土壤。

伽利略號還在飛往木星的半路時，這項工作的成效就已經顯露。早在亞曼達個人職涯開始前的任務計畫階段，任務設計者就假設了紫外線成像儀無法在歐羅巴（Europa，*又稱木衛二，木星的一顆衛星*）周遭的高放射能環境中工作。但亞曼達和同事們不相信。靠著她的博士學位，她被派往研究這顆冰質地殼衛星的科學家在布朗大學召開的會議，去推銷自己使用紫外線成像儀觀察歐羅巴的提案。她的提案使她必須槓上伽利略號上其他每件儀器的研究團隊，他們都希望自己的調查可以佔用探測機稀少而珍貴的數據收集時間。伽利略號飛越歐羅巴的過程中只有幾個小時可做觀察，而它的高增益天線已經故障，又壓縮了記錄與傳送數據的能力。

這樣的競爭是非常緊張激烈的。亞曼達還記得，自己當時完全沒有心理準備去面對這麼激烈的攻擊，她覺得自己被那些挑戰者打垮了。但會議主席聽到了她的聲音，紫外線成像儀獲得了使用時數許可，而它確實在 1997 年 12 月第一次飛過歐羅巴時，收集到了有價值的數據資料。結果發現，歐羅巴是一個很古怪的地方，是一顆仔細觀察後，會發覺表面就像一片冰凍湖泊的巨大冰球。

卡西尼號的冒險

隨後，卡西尼號太空船也追隨了航海家號的發現，前往土星而非木星。卡西尼號在 1980 年代初期開始被構思，於 1997 年發射，並在 2004 年抵達土星。當時亞曼達已經是成熟的科學家，也是紫外線設備的共同調查員，在帕薩迪納噴射推進實驗室那沒有窗戶的太空飛行操作設施（Space Flight Operations Facility）裡工作——如今她所屬單位的簡稱，噴射推進實驗室裡的「SFOF」，可說是太空探索中無所不在的縮寫（JPL，*原名* Jet Propulsion Laboratory）。

當亞曼達在伽利略任務期間造訪噴射推進實驗室時，賈斯汀．麥奇帶她見識了一整座隔間迷宮。迷宮裡的眾多科學家和工程師們策劃著火星拓荒者號（Mars Pathfinder）的觀測程序。十年後當她回頭著手卡西尼號的工作時，她又看到了一樣的隔間迷宮，只是走道有所變更而讓迷宮重組。土星和卡西尼號的圖表、畫作從天花板一路垂掛下來，蓋滿了牆壁和隔間，那裡可說是卡西尼號樂園。在那裡，連平素容易被視為阿宅的工程師們都變得帥氣起來，整個辦公室被星際大戰和其他流行文化的奇幻元素裝飾著。

一位好的行星科學家該是團隊作戰者與樂觀主義者，並且在延遲滿足這點上懷有天份。前往外太陽系的任務，需要幾十年籌畫、設計，而且當資助和優先事項改變時，還得重新籌畫或重新設計，最終才能上到發射台——那還是指能走到這一步的狀態。亞曼達和同事們已經投入了多年的努力、想像力和希望，在那些從來沒能被打造、在發射台上爆炸、在太空中迷航停止通訊，或者在其他行星上墜毀的諸多太空船上。

當太空船面臨危機，就代表每位科學家投入的漫長生涯可能付之一炬，因此那些時刻也成了眾多同事之間共享的痛苦。卡西尼號在 2004 年抵達土星時就是這種情況。每個人都在 SFOF 一樓的任務控制室附近聚集，同時在附近的帕薩迪納市立學院，還有大量的群眾湧入校內的巨大禮堂。發光的螢幕以五顏六色的數字及影像切開控制室的黑暗，並顯示出實驗室裡每艘太空船和追蹤天線的狀態。為了讓卡西尼號的飛行速度減緩以進入土星軌道，它得要繞行土星，飛到無線電通訊範圍外，發動其上的大型火箭，並穿過土星環的平面——裡面含有可以將它毀掉的眾多微粒。

在這樣的情況下，無線電的沉默可能會持續近 1 小時。這段期間裡，除了等待卡西尼號訊號重現之外，沒有任何辦法知道飛行是否成功。如果沒有回應的話，就代表幾十年來上百位科學家的辛苦和希望都在太空中付諸東流。對許多人來說，一輩子頂多能完成兩趟任務的個人生涯，就這樣沒了一半。當 1 小時過去，卡西尼號傳來平安進入軌道的訊息，人們如釋重負的歡欣慶祝簡直無與倫比。

相較於那樣的熱鬧時刻，重大發現出現的瞬間，反而是偷偷地出現在噴射推進實驗室眾人面前。亞曼達曾經徹底地投入觀測土星衛星，並在世界頂尖期刊上撰寫一系列有關她觀察發現的文章。當她看見了一些有趣的東西，消息從實驗室走廊上慢慢傳開，並在整棟大樓還有全球各機構研究者們的電子郵件間來回穿梭——這個團隊是虛擬的，總是靠著電話和線上會議連結起來。為了避免搶先洩漏消息，沒有誰會公開說些什麼，但私底下每個人都會感受到一股因為新發現而帶來的震撼與興奮。

在卡西尼號抵達以前，土星衛星「泰坦」的橘色大氣層讓人們始終見不到它的地表，只有雷達和某些紅外線波長可以穿透整片迷霧。科學家推測它們可能會找到乙烷或甲烷（像地球天然氣那樣的碳氫化合物，但因為太冷而呈現液態）組成的海洋；但卡西尼號抵達後，卻沒有找到任何像那樣的東西。它把惠更斯號（Huygens）探測機拋到地表上（卡西尼號和惠更斯這兩台探測機，都是以十七世紀發現土星衛星的天文學家所命名）；惠更斯號被設計成浮在空中測量土星大氣波動的大小，但它卻掉在佈滿卵石狀大塊水冰的潮濕柔軟地表上。

然而，當卡西尼號飄過泰坦的極區上空時，雷達卻發現了某些看起來很平滑的東西，就像湖泊一樣。平滑範圍的邊緣繞著一圈分岔的形狀，看起來就像地球上海峽、海灘和海岸線構成的海灣。卡西尼號上的另一個設備可以測量反射日光量。在正確時間點，當日光從那面可能的湖泊表面反彈過來時，卡西尼號便待在預期會閃爍液體光芒的位置上觀測。令亞曼達十分高興的是，觀測結果完全就像地球上從湖面反射過來的午後陽光。

除了地球以外，太陽系上所有的星球中只有泰坦的表面還有液體。這個巨大的湖泊中所擁有的碳氫化合物，比地球上至今被發現的還要多上數倍。卡西尼號的重力測量顯示泰坦上有一片泥濘的海洋，但其地表上的雲、雨、河、湖都是液態乙烷和甲烷，就跟那種液態天然氣油罐車裡頭裝的一樣。泰坦有天氣、海灘和潮汐，但比酷寒更冷；它的環境令人頗感熟悉，卻又十分詭異。

要研究的東西還很多。當亞曼達或其他同事發展了一個想法——關於泰坦的假說——他可以向團隊提議讓卡西尼號飛過去看一看，但這需要耐心和樂觀。如果測量尚未排入太空船的行程，科學家和工程師就得集合起來思考燃料成本，並在行動風險與獲得資料價值之間權衡輕重。

從地球發出一個指令到卡西尼號，要花上 1 個半小時。如果指令有誤，這個錯誤就沒辦法立刻修正，甚至完全不能修正。任何一項測量的進行被通過，就代表其中的每條指令都得在地球上事先模擬，以檢查這項測量行動對太空船是否安全。從一位科學家發想開始，到測量數據回傳為止，至少會花掉幾個月，有時甚至要花上幾年。

這個過程十分緩慢，但隨著時間過去，漸漸有了成效。木星、土星以及眾衛星們令人驚訝的詳細面貌已慢慢浮現。那是一個怪異的小園地，是太陽系至今最容易令人產生研究興趣的地方。歐羅巴的冰層包含了液態水，科學家藉著測量木星磁場感應發生的電流，發現了隱藏著的海洋。土星的恩克拉多斯（Enceladus，又稱土衛二）會從南極向太空噴出一道巨大的水汽泉，加上木星的埃歐（Io，又稱木衛一）和蓋尼米德（Ganymede，又稱木衛三），這些衛星上都有因為木星和土星之間強大重力場而引發的潮汐力，這股力量持續屈伸，讓衛星們的內部產生熱源。

就這樣，對太陽系的既有知識讓我們開始向外太空探求，希冀在這些衛星上尋找可以殖民的地方。

歐羅巴是個好選擇嗎？

太陽系的行星們誕生在環繞太陽的一片盤狀塵埃與氣體之中；當它們還能自由飄浮時，比較重的元素在接近整個太陽系中央較溫暖的區域凝裡結壓縮。當行星像濃湯裡的塊狀物般逐漸凝聚起來時，那些從靠近太陽的地點吸納構成原素的行星就會以岩石和金屬構成。外太陽系的行星因為吸納了較輕的元素，大部分是由冰和氣體構成的。

在遠離太陽的地方，因為放射線威力較弱，水氣比較能夠被保存下來；在比較近太陽的火星和金星，太陽風把星球上的水氣都剝除了。土星和木星的衛星有岩石構成的核心，但水在這些衛星上所占的體積比率，比起岩石構成的內行星要大上許多。舉例來説，泰坦比水星大，更有比月球大上 50% 的半徑，但它的密度卻比這水星和月球都小，重力也因此較弱；畢竟水的密度比不上岩石和金屬。

木星有 67 顆衛星，其中 4 顆是由天文學家伽利略（Galileo Galilei）所發現，而且大到能夠考慮當做地球的殖民地：蓋尼米德、卡利斯多（Callisto，又稱木衛二）、埃歐和歐羅巴。科學家相信這 4 顆星球當中最小的歐羅巴因為有液態地下海洋，是太陽系裡最有可能找到生命的地方。那裡應該相當陰暗，所以不是由太陽光來推動生命，就跟地球上所有陽光照不到的地方一樣。但地球上有少數幾種生命是從太陽光以外的來源吸收能量，能在永恆黑暗的深海與地底繁衍，以此類推，這種事也可能在歐羅巴發生。

那麼，歐羅巴的冰層究竟有多厚，我們有沒有辦法穿過去看看是否有生命體在那底下泅泳呢？從伽利略號的數據來看，科學家相信結凍層有 10 到 100 公里厚，但似乎也有些地方冰山就在表面，顯示冰層較薄，而且有些區域甚至可能有溫水熱液流穿透冰層。地處聖安東尼奧（San Antonio）的一個美國西南研究院（Southwest Research Institute）研究團隊，利用哈伯太空望遠鏡（Hubble Space Telescope）從歐羅巴上取得紫外線數據，發現有疑似熱液流湧出，如果這是真的，就會比較容易得知在歐羅巴地底發生什麼事。但是，這項結果尚未經過研究確認，而且有爭議。

2014 年，NASA 提案進行一項進一步了解歐羅巴的任務，包括調查熱液流。亞曼達和（*她開啟職涯的*）科羅拉多大學「大氣及太空物理實驗室」（Laboratory for Atmospheric and Space Physics）組織了研究團隊，準備打造歐羅巴探測機的紫外線成像儀。由於僅有 90 天來完成科學論證、設計儀器並籌畫成本預算細節，這份工作因此成了與眾多研究機構的科學家、工程師之間一團匆忙的電話會議。也有其他團隊想把自己的偵測儀器與相機放在有望打造出來的探測機上，因此亞曼達他們也得和這些團隊競爭。

泰坦的可能？

在行星科學界，激烈的競爭從未止息：存在於任務之間、任務要安裝的儀器間，也存在於抵達目的地後運作儀器的時數上。當 NASA 內部運行的載人太空飛行器已經失速多年，而行星科學依舊持續開展時，可以論斷這種競爭似乎有其效用。

有一些管理科學的想法從 NASA 1990 年代的「更快、更好、更便宜」倡議中倖存下來；NASA 讓大學與外部團體互相競爭，來打造並運作一些比 NASA 署內計畫更小、更便宜且能夠更快發射的任務：低成本的發現計畫（Discovery Program）和中程的新疆界計畫（New Frontiers Program）。各學院競相運作低於預設預算限制的任務，使目標保持實際可行性。噴射推進實驗室參與其中許多競爭，他們成立一支有名望且冷酷無情的內部團體「X 小隊」（Team X），仔細審視任務的每一個面向，從導航路徑到科學目標到數據下載，透過強力、嚴苛的分析來磨練每一個提案。

NASA 本身仍在開發並運行數十億美元的大型任務，例如維京、航海家、近期的火星計畫，以及伽利略和卡西尼號的外太陽系任務等。這些探測機都攜帶著透過外部提案而開發出來的設備，任務被稱作旗艦任務，幾乎每十幾二十年才發射一次。不打造規格如此高的旗艦任務的話，太空船便很難抵達木星或火星。每艘太空船都需要高精細度才能進行至少為期 7 年的旅程，而且因為任務航道離太陽太遠，陽光黯淡到無法使用太陽能電池，太空船所需要的內部能源得由一塊鈽元素來提供。

有好幾種觀測泰坦的計畫與想法有機會揭開它的橘色雲層，找出它複雜的天氣和地理是怎麼形成的，也能分析人類長居其上的難易度，以及星球上是否已有生命。所有關於泰坦的事情都既奇怪又熟悉：構成那個世界的碳氫化合物，就對應著我們所熟知的世界裡的水分。雨、季節、海浪、沙丘、基岩，這些東西泰坦上都有，但其中的化學成分都異於地球上所有能相比擬的東西。光是基本的好奇心，就能讓我們想把泰坦與地球做比較，想知道在那裡發生了哪些事。

關於探索泰坦，率先被提出的想法是打造一艘大而複雜的太空船，稱做「泰坦土星系統任務」（Titan Saturn System Mission，TSSM）。其中包括一台帶著 8 種儀器的軌道飛行器，一個在泰坦大氣層中飄浮的汽球，上面帶著另外 8 種儀器；還有一艘浮在星球北方湖泊中的船隻，搭載著 5 種儀器。汽球和太空船本身會使用核能，靠鈽元素的熱能和電力推動。但這趟任務會以一種全新的科技抵達泰坦——由太陽能推動的電動馬達，稱做「霍爾推進器」（Hall thruster）。

另外還有一個只有船隻的提案，稱作「泰坦海探測」（Titan Mare Explorer），這個探索計畫如果執行起來會節省很多費用。還有一個需要一系列登陸器的計畫，在泰坦神秘而多樣的氣候和地質區內觀察地表。

這些計畫沒有哪個有稍微成真的跡象，而且顯然不可能每個計畫都進行。巨大複雜的任務變得更大更複雜，直到它得按比例縮減、重新設計或遭到取消。這個過程是政治化的、官僚主義的、競爭的，而且難以確定。但在某個地方，工程師們正在發展新想法，並使它們離現實再近一些。

「我們一直都知道這部分競爭激烈。」設計泰坦用汽球的朱莉安．諾特（Julian Nott）表示。「你的想法會獲選成為泰坦任務嗎？答案是：大概有十分之一的機會，機率並不大。但或許你提出的想法，也可以成為別人的靈感來源。」

現在，卡西尼號仍舊持續送回有價值的資料，並將持續運作至 2017 年。曾經有希望在 2023 年發射的卡西尼號後續任務，但現在看來已經不切實際。如果這樣的太空船在 2030 年發射，它要到 2037 年才會抵達（除非有更先進的火箭讓旅程更快）。到時候，從航海家號那時起就以研究生身份展開生涯的科學家們都要退休了。不過，那時候亞曼達應該還在崗位上，而她現在仍期待著 20 年後數據會告訴人們什樣的訊息，前提是那趟未來任務真的能成功。

就 NASA 目前的進度來說，地球環境惡化速度遠比發現宜於人居的新家園速度快得太多。但這種速度不受科學控制，就像 NASA 載人任務的往事一樣，1960 和 1970 年代，NASA 在行星科學上的進程較快，也花了較多的預算，發射任務也比較頻繁。為了加快進展，我們需要更多的錢和野心：探索計畫可以以數年，而不是以數十年為頻率進行；新的任務可以在上一個任務抵達目標前就先發射出去。一個更積極的世界可以加速現有的任務流程，更快獲得泰坦謎題的解答。

泰坦的地貌下埋藏著我們可以收集並燃燒的燃料，而且收集這些燃料所需的技術其實不會比典型的美國居家用品——煤氣爐——先進多少，這一點在太陽系裡絕無僅有。地球上的天然氣絕大部分是甲烷，就和泰坦的湖海成分一樣。在泰坦上，環繞那些海岸線的沙丘也都是碳氫化合物，大部分都是比較重而複雜的有機物質「多環芳香烴」（polycyclic aromatic hydrocarbons，PAHs）。因為有泰坦這座大氣碳氫化合物工廠加上低溫，這些現象都顯得十分合理。

那麼，在泰坦上為什麼不會每當有人點火就爆炸呢？因為那裡沒有氧氣。在地球，我們在飽含碳的燃料和氧氣的混合物上，添加熱能或火花來燃燒化石燃料；原本從太陽儲存的能量，以燃燒或爆炸的形式釋放出來，並產生二氧化碳及水。泰坦的大氣層則幾乎都是氮，和地球一樣，可是沒有氧氣。

不過，在泰坦的碳氫化合物表層之下——或許就在下方不遠處，也可能在一百公里深處——會有構成行星大部分質量的水冰或泥水。水中就含有大量的氧。讓水通過電場的簡單電解過程，就可以釋放氧氣。國際太空站就用電解來產生呼吸用的氧氣，殖民者也可以這樣呼吸，並用氧氣來燃燒甲烷，就能提供大量能量來持續進展。

探索者可以先靠自己的能源（例如小型的核子反應爐）前往泰坦，並把挖掘地下水源以及電解生氧當做第一優先。燃燒甲烷和氧所取得的能量，不管是要推動進一步的水冰挖掘、電解和加熱環境，或者其他建立殖民地的必要工作，絕對都綽綽有餘。

有了靠碳氫化合物燃料運作的泰坦發電廠，殖民者就可以興建巨大、有照明的溫室來培育食物，還能把消耗燃料所產生的二氧化碳廢氣重新處理成氧氣。有了這些材料，他們就可以用塑膠打造絕大多數物品。至於營養或電子儀器所需的金屬和其他較重元素，殖民地可以派太空船去挖掘其他小行星。有了無限供應的能量和獲取資源的管道，殖民者最終便能打造湖畔家園、去划船，還可以駕駛私人飛機。

許多科學家想像過住在泰坦是什麼樣子，因為似乎頗為簡單。約翰．霍普金斯大學應用物理實驗室（Johns Hopkins Applied Physics Laboratory）的勞爾夫．羅倫茲（Ralph Lorenz）寫了幾本關於泰坦的書。他提出各種不同的探索任務，包括像是浮圈形狀的船，以及一組氣象站。而且當我們討論書中想法時，他還正設想著一艘潛水艇：「地球上沒有一種交通工具，是絕不可能在泰坦某處使用的」羅倫茲說。

羅倫茲指出，人類不用太空裝就可以活在泰坦上，四處行走時也只要穿著保暖衣物和氧氣罩即可，住所也不用加壓。站在泰坦怪異橘色地景上（就像惠更斯號接觸的那種潮濕柔軟地面，還遍布著堅硬的卵石狀冰塊）那種感覺，其實不難想像。溫度大約是零下 180 度左右，但具備厚實隔層或加溫原料的衣服，就能讓你保持舒適。只要沒凍僵，衣服上多一條裂縫也不至於死人。你不需要那種太空人在月球或太空真空狀態中穿的笨重加壓服。

要打造在泰坦的居所，可以使用類似地球極地環境的建築設計，也就是利用眾多的氣密隔熱層和底柱，來避免室內熱量把構成地基的冰凍水及碳氫化合物融化。簡單的雙層門就可以避免氧氣外漏。居所有漏洞就得找人去修，但這不會有立即危險；在妥善修復前，一段膠帶就足以暫時處理漏洞問題。隨處可見的碳氫化合物含有許多致癌因子，所以進門脫下戶外裝備時，清潔工作就變得非常重要。

如何在泰坦生存？

總體而言，泰坦和南極有一些相似之處。在這兩個地方生存都需要技術，最重要的是獲得熱量。兩個環境都需要儘可能取得所有可得的補給，要在缺少支援的條件下永久居留，你會需要能源和室內食物生產技術。南極可能有不少化石燃料，儘管任何挖礦或鑽油都得先穿過厚冰。泰坦的話，燃料在地表就很普遍，但氧氣供給就得靠挖掘或鑽入地底才能取得。不管在南極或者泰坦，出門都得穿上妥當的衣著。話說回來，雖然泰坦的室外氣溫太低，天氣倒是比南極溫和許多。

南極和泰坦的一大差異，是能否自由呼吸空氣。地球的大氣層由大約 80% 的氮和 20% 的氧組成；泰坦則是 95% 的氮和 5% 的甲烷。雖說我們沒有氧氣可呼吸就無法存活，但泰坦的空氣也並不會立即致命。大氣中有足夠的氰化物讓人嚴重頭痛，而氮氣則會造成麻醉效果，就跟深海潛水者遭遇的狀況一樣，而這是種類似酒醉的可回復狀況。如果你在泰坦上失去了呼吸裝備，會在 1 分鐘內昏迷，但只要及時提供氧氣，就可以復甦。

泰坦的大氣壓力比地球大 50%。大氣層防禦起放射線或微型隕石更是綽綽有餘。因為低溫，空氣密度也是地球的 4 倍。這會產生兩個奇特的邊際效應：一個是天氣穩定、變化小；另一個是人類可以輕鬆在泰坦的低重力環境中飛行。

泰坦的重力只有地球的 14%，甚至比月球（地球的 17%）還低（泰坦比月球大許多，但月球有比較多的岩石成分，所以月球製造重力的質量遠比主要由水構成的泰坦大上許多）。在月球的低重力中，阿波羅號太空人是用跳躍方式四處移動，看起來就像派對裡的汽球沿著地板慢動作彈跳。在泰坦上騰空時，除了抓住人的重力更加微弱，人們還能夠受益於厚厚的大氣層：靠著有翅膀的衣服，人們甚至可以不費力地長途滑翔。

只要加上一點推進力，人類就可以在泰坦上飛翔。你可以拍動裝在手臂上的翅膀，或者用腳踏船那樣的系統來推動螺旋槳。電動螺旋槳會比較實用舒適，因為在沉重隔熱裝備下進行跳躍，會悶熱到受不了。如果翅膀脫落，飛行者會以每小時 15 英哩（24 公里）的速度飄向地面。泰坦的終端速度——

物體在大氣層中掉落的最大速度——是地球的十分之一。

南極生活和泰坦生活另一個更大的差異，是再度返家的能力；人體在適應泰坦的環境後，大概就很難重新回到地球生活。

重力決定了我們的身體強度。在地球上生活的跑者因為雙腳撞擊地面，會發展出更強健的骨骼。長期臥床的住院病患會失去肌肉強度，最後弱化到無法站立。NASA 有想到如何在國際太空站上鍛練太空人的方法，好幫助他們在 6 個月的無重力飛行中維持肌肉質量和骨質密度，但一天也得花上兩小時在特製機械上，才能完成那套例行訓練。泰坦殖民者能持續例行健身的程度，恐怕還比不上那些擁有健身房會員資格卻不去運動的一般地球居民。他們很可能隨著在低重力下失去身體強度，導致他們過於柔弱而無法回到地球生活。

泰坦殖民者也必須仰賴人工光源。在極北緯度住過的人都知道，天然的日夜循環會影響人的生活作息、情緒以及所有生活能力，不管是在室內或戶外。在地球的極地，太陽整個夏天都掛在天上（永晝），冬天則是整片黑暗。除了研究者之外沒人住在極地，但住在北極略南的北方居民，還是得靠自身和科技幫助，來調整自己以配合日照變化。原住民在冬天就會降低活動量，並仰賴海洋哺乳類油脂和內臟等食物，獲得溫帶居民從日光就能生成的維生素 D。到了夏天，北方居民變得忙碌而活躍，在白日漫長的時光裡儲備食物。

現代的極地居民仰賴室內光源，來維持每日的清醒與睡眠循環。他們食用提供維生素 D 的加工食品（儘管通常含量不足）；然而缺乏規律的每日循環、充足的光照與維生素 D，讓許多人變得抑鬱，在秋天白日縮短時開始出現冬季憂鬱。

在泰坦，室內照明和適當的飲食將會是一年到頭的需求。畢竟我們對當地自然的日夜循環全然陌生。身為土星的衛星，泰坦會因潮汐力而被行星固定，有一側始終對準土星。然而，橘色的大氣有可能擋住任何清晰的星空視野（無論任何情況之下，泰坦和土星環都處在同一平面，所以沒辦法在泰坦上看到那些環）。在泰坦面對土星的那一側，也就是必然會被選擇打造為殖民地的那一側，持續不斷的土星反射光，可能會讓天空整日微微發光，只有泰坦接近土星陰影的時候例外。白日會持續 16 個地球日，因此，有幾個星期太陽會增添微弱的光芒，接著地表將持續黯淡兩個星期。泰坦年是 29 個地球年，所以每一季大約都有 7 年長。卡西尼號已經研究泰坦將近半個泰坦年，從南半球的夏天開始，目前正移往北半球的夏天，但我們僅僅才剛開始瞭解泰坦季節對天氣的影響而已。

我們目前還不算真正了解泰坦。但我們確實知道，如果到得了那裡，我們就可以在那裡生活。

未來／

全球各地隨著氣候危機越演越烈，有了激烈的爭辨與討論，也出現了永無止境的猜測。大家都在猜，到底有多少人可以真的離開地球，殖民到其他地方。電視 24 小時不間斷地播放海岸災難新聞與沙漠遷移系列報導，通常還會請來一、兩位專家，大談人類在土星和木星衛星上的生存能力。

決定殖民目的地的部長級會議終於在日內瓦召開。一個颶風才剛毀滅了紐澤西州與北卡羅萊納州僅剩的幾個美國東岸堰洲島，並讓大浪掃進內陸城鎮。在紐約，巨浪淹過尚未完工的布魯克林大堤，毀了康尼島（Coney Island）和布萊頓海灘（Brighton Beach）附近的街區，並淹沒了地鐵 B 線、D 線和 Q 線；對於這樣的災難，人們已習以為常，新聞報導聚焦於日內瓦那場看似露出一線曙光的會議。

華美大廳裡的每個人都很清楚有哪些選擇，但已經沒有悠閒聽取簡報的餘地了。不公開的新數據從外太陽系傳送回來，不管數據怎麼出人意表，都將在這次會議上揭曉。畢竟行星優先化國際委員會（International Commission on Planetary Prioritization，ICPP，譯注：此為虛構組織）一直是暗中運作的。

主持 ICPP 科技委員會的教授走往講台時，掩不住臉上自得的笑意。身為知名天才、諾貝爾獎得主，又因擅長惡毒玩笑而深受媒體寵愛，他有著充分的地位和自負，能以那種對一整班大學生講課的傲慢氣勢，站在整排的各國強權領導人面前。

教授打算藉著回顧在場每一位領導者、秘書和總統科學顧問都已熟悉的背景資訊，來拉長他在聚光燈下的時間。他提醒他們，委員會的指示是要尋找一個能滿足下列四重考驗的新世界：一、殖民地必須能讓家庭得以生活，且能平安地繁殖；二、殖民不能有發生滅絕災難事件的風險；三、作為長期投資，殖民地必須有經濟實用性；四、殖民地若與地球失去聯絡，必須能自給自足。

「我認為我們都已經知道在火星和月球上都不適合打造自給自足的殖民地。」他說，「它們的優勢在於靠近地球且受到充分認識，我們是到得了，但沒有人氣，我們永遠都只能住在防護罩或地底下的加壓居所裡頭。就如我們已知的，這種密閉物只要有一個穿孔就會導致毀滅性災難，而穿著太空衣的短程行動始終會複雜危險。」

「就算我們克服這些難題，我們的社會科學家所提供的證據仍舊指出，人類不想永遠身處在地底。在地球上我們可以做到這點；我們看過替某些超級富豪打造、用來抵擋氣候與放射能災難的地下小空間，那些設施到頭來通常被棄置不用。」

「月球上有水，但不僅有限，而且不容易收集。中國人打造了一座設施來從月球極地掘冰，並以太陽能電解產生氫和氧，但該設施的用途僅限支援他們自己的月球任務；火星上的水也同樣難以收集。」

「在月球能量生產的部分，我們和中國基地這種較大型設施有著共同利益，可以使用太陽能板產生能運回地球的高濃度燃料。至於我們的經濟能力是否支持這種想法，或者整個流程中，在軌道上進行並用雷射或微波將能源射回基地是否較為合理，我們還不確定。無論如何，地球的能源還是太便宜，使得這種投資在可見的未來裡依舊缺乏可行性。」

「月球表面也有稱做『氦 3』（helium-3）的氦同位素，十分有希望被用於核融合反應爐。可惜的是，要打造產能比耗能還高的商業性核融合反應爐，我們的技術目前仍然落後數年；而且我們已知如何打造的反應爐，不但太大技術上也十分困難。它們短期內不可能啟動，如果我們真能讓核融合成功，我們就能在可獲利的前提下，開採氦 3 並從月球帶回來。」

「但那只能滿足我們的眾多標準之一。如果開採資源確實成為月球的有效財務模式，那可能就無法導出月球殖民化的結果。以這種 3 天往返的航程來說，只送工作人員到月球，遠比把他們全家都搬到月球生活要簡單多了。而且，我們始終看不出月球基地有任何能夠自給自足的希望。」

「火星有許多冰凍水，但缺乏生命證據這點讓人很頭疼。我們很確定，火星有充分的理由會是不毛之地。此外，我們也沒在火星發現可用能源。就算用上最好的形容詞，火星也不會比月球更具吸引力，而且，就我們從 NASA 載人任務計畫的發現看來，人類想到達火星的難度也比到達月球高上許多。

「下一個相對較近的可能殖民目的地是金星。最近一次把探測機送達金星已經是幾十年前的事情了。那裡有充足的大氣。事實上，那裡的大氣壓力等同於地球海底 3 千英呎（914 公尺）深處的壓力。此外，金星大氣也被酸物毒化，還熱到可以融化鉛塊。」

「你們之中正參與全球暖化論戰的人，或許會有興趣知道為什麼金星那麼熱：那裡的大氣是厚重的二氧化碳。金星被失控的溫室效應烤熟，就跟我們地球正在經歷的現象走到最後一樣。」

教授現在讀著一張由公眾事務組交給他的卡片，聲音裡帶著虛偽的嚴肅：

「然而，我獲得指示要在此強調，我們還不知道目前為止我們消耗化石燃料所排放的二氧化碳，足不足以使地球像金星那樣無法生存，這還需要更多研究。」

他回到他的話題：

「另一個殖民地的選擇在更遠處，也就是外太陽系。太陽在那一頭更顯黯淡，行星則由氣體構成。我們不能在木星或土星上打造太空站，因為那些行星沒有可以在上頭蓋東西的堅實地面。它們比較像是不夠大所以無法點亮的太陽：全部都是大氣層。」

「我們針對在土星或木星大氣層建立殖民地的想法做了一些研究。只要有浮力正確的居所，在這兩個氣體行星上都可以像船一樣，飄在預設的水平大氣層上，提供適當的重力和穩定的生活平台。」

「這想法滿足了我們絕大部分的行星選擇標準：免於放射線和微型隕石傷害、來自外部的氣壓，也因此沒有爆炸性減壓的危機；可以提供某些所需材料的大氣層。我們在那裡可以跟在月球一樣採收氦3，所以那是未來可以預期的好處。但我們在那邊也無法擁有現成的能源和較重的原料。」

坐在前排的美國國務卿，放聲清了一下喉嚨：

「麻煩教授直接往下講。沒有人想要住在木星船上，我們就直接進入報告正題吧：土星和木星的衛星。」

教授停了一下，然後點開投影機。來自薩根探測機（**過去稱作泰坦土星系統任務**）栩栩如生的快速影像，顯示土星以及其衛星高速飛過。影像本身就說明了一切，教授還是口述補充。恩克拉多斯的裡側很有意思，外側看起來則像一個冰做的撞球母球；歐羅巴探測機看到的也是一樣的情形。沒有大氣層，有許多水，但也就這樣而已。很難想像人類住在那裡的樣子。

「我們設計這些太空船時是想尋找生命。」教授說。「當時尋找殖民地點不是優先目標。我們並沒準備好要針對搜尋生命作詳細說明，但我們可以說，這些衛星從人類居住觀點而言太奇怪，而我們不認為有誰可以真的住在那裡。」

畫面上，太空中一顆朦朧的橘色星球現身、拉近，直到占滿螢幕。

「然而，泰坦是另一回事。」教授說，「如果我們可以帶著最原始的材料平安抵達，這個地方就會符合所有我們尋找殖民地的標準。」

螢幕上的影像切換到一片在鏡頭下平緩退去的橘紅地景，海岸線上，陰暗的波浪輕柔地拍著沙與卵石混雜的海灘。

「我們已經在泰坦的數個不同地帶觀察過眾多類型的表面物質。我們現在可以精確描述，那是由碳氫化合物構成的土壤，而那些底岩則是水冰與一些氨混合而成。大氣層由氮組成，裡頭的雨雪成分是炭與氫；也就是說，那些都是甲烷，CH4，以及乙烷，C2H6。沒有氧氣，就只有結凍 H2O 裡的氧原子。」

「所以這是一個地貌像地球的地方，有湖和山丘、海灘和沼澤，但所有東西都是不同材質形成的。地球有一個鐵核心，泰坦則是岩石核心。地球有岩石地函，泰坦則是飽含水份的泥濘地函。地球有礦物和有機物混合的土壤，泰坦的土壤全是有機物。」

房間後側傳來人聲：「恐龍去哪兒了？沒有恐龍的話，怎麼會有有機土壤和化石燃料？」

「啊對。」教授說，「外行人。」

「所以，我們一直都知道，碳氫化合物會在外太陽系裡，從現有的元素以及 9 天文單位外——抱歉，就是從地球與太陽距離的 9 倍外的溫度裡凝結出來。在泰坦的上層大氣中，太陽的放射線也會促使更複雜的碳氫化合物分子產生，形成這層橘霧。儘管惠更斯登陸機在地表上有 45 公尺的可見距離，但它一路向下探測時都只見到這團橘霧。你們美國人就會說 50 碼；我們在實驗室裡，藉著用紫外線照射甲烷或乙烷，也就是會發生在泰坦大氣層上端的變化，來創造這些黏稠的、深褐色的托林（譯注：Tholin，專指存在於遠離恆星的寒冷星體上，以上述條件產生的物質）聚合體。」

教授以一個狡猾的微笑暫停。

「但我看得出來我有讓你煩悶到……」他說，「你問的是恐龍。」

此時，教授投影出泰坦湖面下的動態影像。「這影像來自我們的可潛航浮圈。這些影像一直是我們的高級機密，你們是第一批看到影像的圈外人。我們不確定要怎麼稱呼這些在影像邊緣飛奔的物體，牠們似乎自主地移動著。你們都曉得，這片海洋大約有蘇必略湖（Lake Superior）那麼大，基本上由甲烷、乙烷和乙炔構成。沒有水，所以我們不確定要怎麼稱呼那些生物。用『魚』的話就意指水也存在泰坦上了。」

整個房間轟然炸開，教授咧嘴大笑。

「是的，我們在泰坦發現了一種不靠水維繫的生命形式。」他在一片喧鬧中嚴正說明，「而且，我要加上一句，我們在『泰坦是人類殖民的適合居住地』確認表上得打個星號，泰坦確實能滿足委員會要求檢查的所有標準。但我們沒有提出過考量與上面既有生命發生衝突的可能。」

當前

在泰坦上，生命可以基於和地球生命截然不同的化學成分而存在，甚至也已經有證據證明確實如此。

在地球，來自太陽的能量透過二氧化碳、氧和水的化學作用來推動生命。植物和藻類利用太陽能把水與二氧化碳結合，釋放氧氣並儲存糖分。動物、真菌在燃燒過程中，都把植物儲存的糖分與氧氣重新結合來消耗，利用其中的能量並放出水和二氧化碳。自古以來，碳原本在光合作用和呼吸作用的相對平衡中來回傳遞，直到像人類這樣的智能物種出現的今日，我們大量燃燒古代光合作用產物轉化而來的化石燃料後，加速碳的釋放，造成這種系統失去平衡。

在泰坦上就沒辦法這樣，這是因為不存在氣體氧，而水分又全部凍結的緣故。但如果生命的關鍵是一套能把能量傳給生物的可更新化學循環，那麼這種循環的確就存在。上層大氣裡的碳氫化合物，在化學鍵裡儲存了來自太陽的能量，並以降雨方式來到星球上。動物能夠收集這些能量嗎？在地球上，有些怪異的細菌確實是從碳氫化合物的化學鍵中吸取養分。在泰坦上，蒸發與降雨的循環，補充了由太陽轉變來的碳氫化合物供應量，那可以成為甲烷基礎生物的持續性能源。

在泰坦上，水冰取代了地球的岩石，液態甲烷則取代了水。地球上的動物是由碳和水構成。泰坦湖海則可以包含由碳和甲烷構成的生物。牠們可以處理乙炔（C_2H_2）和氫（H_2）以釋放能量，並產生甲烷（CH_4）。

泰坦的上層大氣層會產生乙炔。卡爾・薩根的想法有助我們發現這作用如何進行。他假設碳氫化合物可能存在的地方，就是其要素（也就是普遍輕元素）在太空中飄浮且持續被太陽紫外放射線轟炸的地方。1970 年代，他和同事在實驗室裡重新製造了外太陽系的條件，並產生了一批由各種碳氫化合物形成的糊狀物。他們把這團黏東西稱作「托林」，但也叫它「星塔」（star-tar，譯注：應是取自「塔塔醬」的英文 Tartar）。

星際殖民的跳級

薩根也思考了如何辨識和我們截然不同生命體的方法。1990 年，當伽利略號在前往木星的路上經過地球時（為了加速，它在地球和金星一帶做了彈射式的重力助推），薩根利用這機會，試圖偵測我們自己行星的生命。在這篇半假設「地球生命的存在為未知數」的論文中，研究檢測了太空船儀器在孤立無援下尋找生命的能力，其結果針對「應該如何轉譯卡西尼號從泰坦送回來的數據」提出了建議。

伽利略號的影像儀器並沒有在地球上找到明確的生命證據：它隨機拍下的影像正好是南極洲和澳洲沙漠。薩根算出了要以這方法找到生命的極低機率。另一方面，來自廣播天線的、有組織的電磁信號則提供了無可置疑的生命證據。但那種尋找生命的方法，只會在尋找那種會蓋廣播電台的智慧生命時才有效。

觀察其他行星時最可能有用的資訊，來自於大氣層化學。行星是一個大型的化學實驗。如果沒有生命改變混合狀態的話，一顆行星應該會根據它與太陽的距離、磁場、地質和其他可測量的參數，產生可預測的大氣層氣體組合。薩根的論文指出，地球的大氣層包含了太多氧、甲烷和一氧化二氮。這種失衡的成分組成，還不是以直接證明生命必然存在。因為行星上也可能有其他的化學作用可以造成這樣的結果。不過他最後還是依據測量結果主張，地球上有沒有生命存在，應該進一步調查。

NASA 艾姆斯研究中心的克里斯・麥凱以及其他科學家曾指出，如果以甲烷為基礎的生命存在於泰坦上，我們應該能看到類似的失衡。但以甲烷為基礎的生命所留下的化學標識，會和以水為基礎的生命截然不同。薩根的伽利略號測量結果之所以在地球發現太多氧、甲烷和一氧化二氮，是因為動植物會處理二氧化碳和水。在泰坦上，大氣層頂端的紫外線化學作用會擔任地球植物的工作，捕捉從太陽來的能量。降雨會把那些分子——乙炔和氫——帶到動物可以攝取生命能源並產生甲烷的地表。

就像伽利略號觀察地球一樣，卡西尼號確實在泰坦上看到了符合預測的化學失衡，也就是缺少乙炔和氫，就好像有甲烷基礎生命正在地表上吃著那些分子一樣。地表上應該會缺少乙炔，而卡西尼號也發現確實如此；泰坦上應該要有氫從上層大氣層向下流動，並在地表出現短缺，而那似乎真的在發生，有個模型就解釋了這是怎麼發生的。

有生物正在用盡泰坦上的乙炔和氫嗎？或者它的地表上有某種我們不知道的化學觸媒，讓這些化學物質在沒有生命的情況下起了連鎖反應？化學家還沒找到這種觸媒，但天體生物學家表示，這種解釋是最有可能的。地球的情形可說與泰坦一樣，薩根表示，未知的化學作用最能解釋伽利略號在我們大氣層發現的失衡狀況，不是生命。當然，有時候最不可能的解釋才是最正確的，但無論如何，就地外生命而言，我們現有最好的主張，就是泰坦的化學失衡。

泰坦可以是從地球出發，到星際殖民用的跳板，如果這一跳不算太遠的話；目前的科技還無法讓我們順利到達。事實上，人們光是從泰坦的古怪大氣層和碳氫化合物構成的地貌來學到一些知識，就已經花了數十年，一方面是因為這趟單程旅行就得花上 7 年，也因為贊助金額並無法讓任務太頻繁的升空。以目前的花錢速度和科技發展速度，我們、或者我們孩子的有生之年，恐怕都無法讓人類登陸泰坦，而建立殖民地更是遙遙無期、沒辦法預測。

NASA 的預算在 1966 年達到高峰，佔全美經濟的 1%。我們永遠無法從阿波羅號的光榮成功中回過神來。而要把一個殖民地弄到泰坦，需要的是比阿波羅計畫，甚至比我們曾嘗試達到的任何成果都還要大上太多的東西。我們會需要一班滿載貨物的太空班機，而不是只送一個脆弱的小膠囊到泰坦而已。這項重大的工業建設，會比政府至今花在科學上的經費還要多上太多。

　　但是，到了那個時候，讓我們抵達泰坦的，或許已經不會是政府了。

CHAPTER 4

「快速打造火箭」

運動場大小的明亮房間裡，太空探索科技公司（SpaceX）的員工四處忙碌著，他們多半是穿著隨性的年輕人，在大小如客機的火箭上，進行各種不同階段的組裝。一面牆上，裝在火箭第一節的一套腿狀機翼已經準備妥當，這種火箭在把酬載物送進太空後，將可垂直降落回地球。天花板上吊著一個用來把一組太空人帶上軌道的密閉艙原型。幾位裁縫師正在縫製看起來如同電影道具服的太空裝。這些讓我想起「丁丁歷險記」（*Tintin*）系列漫畫裡的其中一本，有如任何人都可以用想像力構思出的太空中心。

帶領我們參觀的導覽員潔米．哈夫曼（Jamie Huffman）說：「第一道規矩是功能性。第二道規矩和第一道幾乎一樣重要，就是炫酷程度。」

我說，潔米的工作應該相當酷。她回答：「我的老天啊！」

但我當時還沒察覺到這份工作究竟有多酷，因為我以為潔米的工作就是導覽員而已。當時 25 歲的她，是一畢業就直接來到 SpaceX，而且她有擔任導覽員的熱情。這樣的參觀行程實際上是相當搶手的（亞曼達得從一個認識公司老闆伊隆．馬斯克的同事開始，透過朋友的朋友幫忙才一路排到這趟行程），不過，潔米其實負責掌管把酬載物送上太空的第二節火箭（所以她不是導覽員）。她邊向我們展示一個成品邊解釋：

「所有在這節火箭上發生的事我都得做決定」，她說。

那時，潔米已經經歷了 5 次獵鷹 9 號運載火箭（Falcon 9）發射，5 次嘗試都成功，其中包括前往國際太空站的重新補給任務，還帶回了血液樣本和實驗鼠，她的自信達到頂點。然而，她和我們遇過的、絕大多數那種身居高位的科學家與工程師有個不同的地方，就是她對自己的重要性或偉大成就可說毫無所覺。她講起這些就好像一個小孩在講她的 Xbox 手把還是《鋼鐵人》（Iron Man）系列電影似的（順帶一提，《鋼鐵人》第一集有些片段就是在 SpaceX 拍的）。當我問她太空人在獵鷹 9 號上是否令她緊張，她說：「其實不會。我知道我這節火箭沒問題，我清清楚楚知道火箭的每一點都沒問題，如果有問題的話，我會把它修好。」

伊隆．馬斯克與他的 SpaceX

就是這段對話，讓我們確信太空殖民是真實可行的，而且會比多數人所認為的還要更快到來。伊隆．馬斯克的 SpaceX 已經找到了關鍵。關鍵倒不在科技——當然他們也的確在打造神奇的新科技——而是在於革新精神、隨著革新而來的樂趣，以及年輕人的世界觀。SpaceX 的每個人幾乎都跟潔米同年，也沒人限制他們不能快速、可靠、便宜地發明新火箭，並馬上讓火箭飛到太空中。他們還處在夢想沒被打破的年紀，甚至不知道真正的失敗嚐起來是什麼滋味。

前一天我們都待在洛杉磯另一頭的 NASA 噴射推進實驗室。亞曼達曾在那邊工作了 12 年，但嚴苛的新安全規則令她感到猶豫，因此把案子與補助金都轉到了非營利的行星科學研究所（Planetary Science Institute），行星科學研究所也讓她能夠在家工作。這次轉換除了一個不便之處以外，都算是相當正面：還在噴射推進實驗室的同事所構成的安全網，從此不能再庇護著她。當她出席一場與卡西尼團隊在噴射推進實驗室講堂進行的科學會議時，她便了解到，一旦跳出這張安全網，你在人群中消失得會有多快。有人忘記把她列進出席名單；當保全察覺到她在現場，就有警官把她從觀眾席中拉出來，並將她趕出加州理工學院的校園。

拜訪那邊的感覺十分詭異。即便公共事務組檢查過，保全也給了徽章，又在訪客中心等待過，訪客還是不能單獨行動，連在餐廳也不行。員工如果沒有理由和許可，也不能隨意前往其他大樓。這地方就有如學院，但又比哪個校園都來得安靜許多。

一位年輕開朗的機器人調節工程師包羅．尤尼斯（Paulo Younse）和我們在餐廳見面，準備帶我們前往打造下一代火星探測車的實驗室。那是間有趣的工作室，裡頭有電腦、打造裝備的工作台，還有一大片可以用來測試小探測車的砂堆；火星探測車的原型就是在這裡打造的，但這裡的氣氛相當輕鬆，沒有其他人在場。旁邊房間裡流洩出音樂，那是包羅的同事們在午餐休息時間練習管樂合奏。

火星 2020 計畫（Mars 2020 project）將把好奇號的複製品送到火星。這台探測車有著與好奇號相同的電子設備和電腦，但裝備新的儀器以尋找過往生命的證據，並收集土壤樣本，可是這些儀器都會留在行星地表上；而採集到的樣本要怎麼運回地球，至今尚未決定。屆時，可能會有另一個任務把這些樣本帶回來，但那是個還沒獲得預算、尚未設計，甚至連時程表都沒排出來的任務。包羅的工作就是設計一組容納筒和密封器，不管太空船多久以後才能到，在那之前都可以好好保存樣本。

包羅在噴射推進實驗室待了 8 年。一開始他沉浸在各種工程師希望科學家採用的各類機器人設計構思中。噴射推進實驗室打造過垂降式機器人、挖洞式機器人和跳躍式機器人，但最終被採用的是車行式機器人。3 年後，他直接轉去做技術的開發工作：「我過去幾年都專注於研究蒐集樣本並放入筒中的方法，直到現在」，他說。

我們問包羅，他設計的東西有沒有哪個真的上了太空。他稍微思考了片刻說，好奇號機械手臂末端一個鑽子的彈簧可以算在他頭上。他的工作協助釐清了那個彈簧的所需條件，並決定了彈簧在火星環境中的正確剛度（編注：材料力學當中的名詞，在這裡指機械零件抵抗變形的能力）。他參與了材料選擇，寫下規格、測試彈簧，並把它裝接在機械手臂上，這件事花了好幾年。「我沒在那裡頭看到我的彈簧，但身為團隊的一員，就能獲得一點滿足。」

第二天，在 SpaceX，我們拿同一個問題問潔米．哈夫曼——妳設計的東西有哪個進到太空了？她聽不懂我們在問什麼。她已經跟我們說過「她的」那節火箭飛到國際太空站的事情。不久前，她才剛替火箭換上另一種她覺得效果比較好的活門。所以我們改問，把一個新想法付諸實行並裝上火箭，要花多少時間。她說，「你想的話，當天就可以啊。」

NASA 的問題在哪裡？

SpaceX 的設計團隊跟打造太空船的人待在同一層樓。當潔米給他們一個想法，他們就在電腦上設計出來，並用 3D 列印機做出比機械加工零件更精準的金屬零件。組裝人員把這些零件裝上火箭，一支規模比任何公司內部團隊都大上 1 倍的品管團隊會檢查成果。有了運作良好的基礎火箭，便能輕易地進行改進並複製到下一艘成品中。

傳統上來說，仰賴政府合約的航太公司得把工作轉發給在各選區設廠的承包商。改裝過房子的人都知道，每增加一個承包商，就可能增加更多延誤、糾紛，以及更多在出錯時要被大家責怪的人。但在 SpaceX，所有可能的事都只會在一個房間發生。他們會盡量由單一供應商提供絕大部分的零件現貨，包括電腦在內。至於特殊零件，從頭負責設計的人會和負責把零件裝上火箭的人並肩工作。在這群使命感強烈、價值觀一致的團隊成員間，責任和所有權更加清楚、分明。

SpaceX 的另一個概念是強調簡單性。公司把這個概念設計在火箭的生產過程中，就和車輛或其它大規模工業產品的生產者會考量產量來設計產品，是同樣的道理。每一具獵鷹火箭在洛杉磯郡霍桑市（Hawthorne）的前 747 組裝廠打造完成後，會在德州進行全工作時間點火測試，然後在佛羅里達州發射。在美國境內搬運這巨大的第一節火箭，可能會需要特殊的交通工具，但 SpaceX 的工程師就只是把輪子和拖車掛鉤裝在火箭上，然後在州際公路上像開卡車那樣到處開著走。他們也想到了橫向組裝火箭的方法，所以整個組裝廠不用高到能裝進 70 公尺的火箭，組裝工作也不必離地面太遠。

隨著每架火箭的可靠度獲得確認，下一個模型便從中延伸，所以已經證明有效的裝備就可以常規生產，不用重新設計並以手工打造。預計將在 2016 年起飛（譯注：目前預計延至 2017 年發射）的全新「獵鷹重型運載火箭」（Falcon Heavy），其實就只是把獵鷹 9 號的引擎核心數量增加 3 倍，而增加了動力和容量而已。它看起來就像 3 架火箭卡在一起，其實也真的就是這樣。它將會是全世界最強力的火箭，酬載能力比 NASA 競賽活動中的最大火箭還要多 1 倍以上，能夠把 53 公噸的物體送上軌道，已經接近 737 噴射客機滿載的重量；而且，獵鷹重型運載火箭的宣傳影片超炫，30 秒的火箭離地動畫配上震耳欲聾的重金屬，沒有旁白。要說它是公司宣傳片，還比較像引人注目的極限運動紀錄片。

平心而論，SpaceX 採用的絕大部分科技，原先都是 NASA 開發出來的。SpaceX 最重要的革新其實是降低成本。政府的發射執行公司過去都是「聯合發射同盟」（United Launch Alliance），這是洛克希德．馬丁（Lockheed Martin）和波音的合資企業，使用的是三角洲（Delta）和擎天神（Atlas）兩種火箭系列，也是 NASA 50 多年前首輪發射的同樣兩種系列。美國政府光是要聯合發射同盟備妥軍方和 NASA 的發射活動，每年就要付給該公司 10 億美元，此外還有使平均發射成本超過 4 億元的高額獨家供應合約。SpaceX 直接在網頁上公告價碼：獵鷹 9 號 6 千 1 百萬、獵鷹重型 8 千 5 百萬；而且 SpaceX 目前已在獲利中。

在這個領域中也有其他公司投入。波音和 SpaceX 都有送太空人前往國際太空站的合約。聯合發射同盟正著手於更新技術的新火箭引擎。其他公司也有自己的打算。例如一家由亞馬遜（Amazon）公司億萬富翁傑夫．貝佐斯（Jeff Bezos）擁有的「藍色起源」（Blue Origin），就在 2015 年發射了次軌道火箭，未來並將開始裝運酬載。2013 年，貝佐斯花錢從大西洋海底 1 萬 4 千英呎（4,267 公尺）深處，把 9 噸重的農神 5 號火箭引擎的一些部分拖起——其中可能包含當年把尼爾．阿姆斯壯（Neil Armstrong）帶往月球的幾具引擎——就好像把失落巨人世界的遺物重新出土一樣。在農神五 5 之後，人類再也沒打造過那麼強大的引擎，儘管獵鷹重型運載火箭即將成為最接近的火箭（而且也可以作月球或火星任務之用）。

同時，NASA 也正著手於自己的大型火箭上，這種比農神 5 號還要大而強力的火箭稱作「太空發射系統」（Space Launch System），包括一個稱作「獵戶座」（Orion）的載人艙，已在 2014 年進行了無人測試。此計畫承續了小布希總統 2004 年發起、後來被取消的星座計畫，而 NASA 計畫在 2017 或 2018 年進行首次飛行。雖然 NASA 推薦改由 SpaceX 或聯合發射同盟來執行這項工作（馬斯克已經受託用較低的成本打造更大的火箭），但美國國會仍試圖推銷著較昂貴的自製模型，據說是著眼於製造議員們自家選區的工作機會。

位於拉斯維加斯的畢格羅宇宙航空公司（Bigelow Aerospace），計畫打造太空居住地和軌道旅館。它有一個預定要與國際太空站連接測試的小型充氣式居住地，會透過 SpaceX 獵鷹火箭升空抵達，並以每人 5 千 1 百萬美元的費用，提供渡假者在預定完成的私人太空站上，度過為期兩個月的行程。還有其他眾多投資者與業餘太空愛好者發表的計畫，有些算得上實際，有些則十分令人質疑，包括一個旅行團推出了大概是由捐款和電視廣告收入支撐的低價自殺式火星任務，有 20 萬人申請參加這趟旅程。

目前為止，政府的大合約只給過大型航太公司以及 SpaceX，另外還要加上「軌道科學公司」（Orbital Sciences，現在經合併稱為軌道 ATK〔Orbital ATK〕）；這間公司是由和 NASA 保持不錯關係的前員工所成立。2008 年，NASA 把重新補給國際太空站的合約發給 SpaceX 和軌道公司，其中 SpaceX 以 16 億美元完成 12 趟飛行，軌道公司則要以 19 億美元完成 8 趟飛行。SpaceX 的獵鷹 9 號火箭和天龍號太空船在兩年後成功抵達太空站，到 2015 年 1 月為止，又再跑了 5 趟運送行程。軌道公司的火箭僅有一半酬載量，而且缺少 SpaceX 那種將酬載運回地球能力，它們花了 5 年才讓測試用酬載物抵達國際太空站，而且才完成兩次任務，所使用的安塔瑞斯（Antares）火箭就在 2014 年 10 月發生了發射爆炸意外。

軌道公司並沒有打造自己的引擎，而是購買蘇聯在 1960 年代計畫過但從未成功發射（但已修復）的登月火箭機械，年紀跟貝佐斯從海底撈起來的引擎差不多。這些老爺爺級引擎上有些裂縫，據《洛杉磯時報》（Los Angeles Times）報導，其中一條裂縫在測試噴火時造成爆炸。該公司一位前 NASA 太空人表示，出於對這些老引擎的擔憂，商業客戶不會想使用這種火箭，但 NASA 還是硬著頭皮用了。等到發生爆炸時，NASA 已經把軌道公司合約中的 19 億付了 13 億出去，合約甚至還保證即便發射失敗，NASA 也會支付多達 80% 的金額。安塔瑞斯火箭爆炸後，NASA 讓軌道公司自行調查問題，並給予追加合約。同時，相隔不過 1 個月，SpaceX 又把代用酬載送到了國際太空站上。

目前，SpaceX 已經對軍方與 NASA 之間的獨家供應合約提出了抗議和訴訟，挑戰它們靠聯合發射同盟獨占的發射利益以及其他優先業務關係。馬斯克本人譴責了遊說活動、採購官員與大型航太公司間的裙帶關係，以及前者對後者的職缺期望。客觀來講，我們很難看出為何政府抗拒使用較新、較不昂貴的科技。在 SpaceX 的獵鷹 9 號完成高達兩百頁申請書的驗證流程之前，五角大廈都不讓 SpaceX 與聯合發射同盟競標。空軍花了將近兩年才審核完申請書，而 SpaceX 從起步到成功抵達國際太空站，也不過就兩年而已；而且，空軍估計審核書面報告的成本是 1 億美元，這比 SpaceX 一次發射的收費還高—— SpaceX 的費用裡還已經含了保險。

當空軍還在思考認證問題時，SpaceX 的發射已經接連成功，並開發了可以讓第一節火箭重新著陸、重複使用的能力。2015 年 1 月，當獵鷹 9 號重新帶著軌道科學公司炸掉的酬載升空時，它也試圖把第一節火箭弄回地表。那枚火箭預計要利用之前在 1 千公尺高度成功過的技術，盤旋下降到一個飄浮在大西洋上的著陸用接駁船上。但它以某個過快下降的角度進場，因而炸成碎片。SpaceX 擁有者伊隆．馬斯克把影片貼到了推特（Twitter）上，還自己調侃了這次敗筆，稱它為全面 RUD（rapid unscheduled disassembly，急速非預期分解）。他是有本錢開這玩笑，畢竟 NASA 交代的任務部分圓滿成功，反正本來第一節火箭就要丟掉。而且它其實也頗接近成功——至少它有撞在接駁船上。

另一次更嚴重的失敗也在該年發生，一架攜帶酬載物前往國際太空站的獵鷹 9 號在太空中爆炸；那是第二節火箭，就是潔米．哈夫曼的寶貝。馬斯克將這次爆炸稱作「對 SpaceX 的重擊」，但調查顯示，失敗起因於有瑕疵的鋼桿支架，而不是設計瑕疵。而且這問題是在 18 次連續成功發射後才發生的。未來，SpaceX 打算分別測試火箭中的每一片金屬。

換個理由失敗

現在 SpaceX 處在令人稱羨的狀態：營運上產生了正向的資金，同時又打造著將能讓成本大幅滑落的全新技術。工程師發現，第一節火箭在駁船上降落失敗，是因為操作尾翼的液壓液體用盡，而無法減速及操縱下降動作。他們不斷嘗試（馬斯克又發了一條推特：「至少下次得換個理由爆炸」）。2015 年 12 月，SpaceX 成功地把第一節火箭降落在地面上。翌年一月，又有一節火箭撞毀在駁船上。

2015 年 11 月，貝佐斯的藍色起源以新雪帕德火箭（New Shepard）在德州完成史上首次火箭垂直著陸，比 SpaceX 早了一個月。貝佐斯和馬斯克透過推特，針對彼此的競爭關係互噴了一些垃圾話。但就商業競爭角度來說，貝佐斯的公司比較威脅到的是布蘭森的維珍星際，畢竟新雪帕德火箭的設計目標只是稍稍突破大氣層，帶觀光客進行短暫的 4 分鐘無重力航程，而不是把沉重的酬載物帶到軌道上。然而新雪帕德火箭也不是布蘭森那種可使用機場跑道的太空飛機，它的酬載艙使用降落傘返回地表。

一旦 SpaceX 可以不斷順利著陸並重複使用第一段火箭，發射成本便會再次下降。火箭會變得更像飛機：降下來、重新加油，然後再度升空。發射獵鷹 9 號的燃料要價 20 萬美元（*波音 747 加滿油也是這個價位*），每次發射的大部分成本，會落在得要丟棄的推進器上。第二節火箭還是只能單次使用，但設計出能在太空中回頭並平安返抵地球的第一節火箭，會是神奇的科技成就兼巨大商機。

在 SpaceX 廠房，潔米．哈夫曼享受著讓火箭降落的點子，她說：「真希望我們成功，因為那實在太狂了。」

太空科學的歷史性成就往往有一段冗長的過程，這或許可以解釋人們為何對每每需要花費數十年的科技進展保持耐心——或許該說是過度的耐心。潔米說，幾乎每個與她共事的人，都是學校畢業後就直接來到這邊的。他們從來沒沾染那種一邊等待改變、一邊融入大官僚組織的陋習，他們來上班的目的只有一個：就是要製造火箭。

對這些年輕人來說，SpaceX 正在發生的事情看起來一點也不奇怪，也不算野心過頭，這些工作的總體目標也是如此。那是潔米一開始就告訴我們的事情之一：火星殖民地的運輸工作，就是這整個企業的終極目標。

「火星是伊隆的夢想。」她說。

太空飛機能迎合旅客，是因為商務旅遊中行經無重力地帶的行程可以帶給他們尊榮與便捷；也因為單張機票就可以合乎一份高階核銷帳目。但重載量的火箭，就算是可以重複使用的版本，也要面對大規模市場的挑戰。這種火箭上了太空之後，得要有個很多人都想到的目的地。即便商業太空產業已經降價，它們的商業模式多年來還是維持傳統：把人造衛星、NASA 設計的探測機和探索任務送上太空。

從太空防衛美國的可能

但戰爭會推動科技發展。美軍買下了有武器的太空飛機，以對抗恐怖主義和四處崛起的反抗者。這些飛機可以在通知後的數小時內，把突擊隊員或無人載具送達全球任一地點。敘利亞和伊拉克等地的伊斯蘭國恐怖份子也獲得了太空飛機，並在一場驚心動魄的突擊中，把聖戰士（jihadi）突擊隊員送上了美國高爾夫名人錦標賽（Masters golf tournament）的球道上，果嶺瞬時成為戰場。日夜連播的新聞報導，推測著敵人能放置炸彈甚至派遣恐怖分子的所有地方。這種太空飛機速度太快，空軍無法有效利用地面起降的戰鬥機攔截，防禦太空攻擊變成了緊急優先事項。

五角大廈推薦最昂貴的解決方案：美國必須打造全新軍種。太空站將從軌道防衛美國，放行營運安全旅遊的太空飛機、保護人造衛星，並攔截敵對飛機。我們將需要全新的太空海軍，就像我們需要戰艦來防衛領海一樣。打造國際太空站花了超過 20 年及 1 千億美元，但靠著私人企業低成本軌道火箭所送上來的材料，計算成本時便可以輕易地少一個零。只要花大約等同航空母艦造價的 120 億美元，就可以打造出戰鬥用太空站。

比較便宜、靈活、可重複使用的運輸工具，讓那種不可能整組送上太空、也不可能存在於重力環境的大型架構，能直接在地球軌道上組裝起來。軍事科技的領頭工程師，設計出一般人不用花幾個月訓練也能在上頭工作的太空站。能夠旋轉的結構，可以透過離心力產生的相似現象，在無重力太空中製造人工重力。這個直徑 440 公尺的圓形太空站只要每 30 秒轉一圈，就能在外圈再現地球表面重力。往太空站中央靠近，人工重力就會減弱，在邊緣與中心的中間點，重力就會是地球的一半；到了旋轉中軸上，則不會有重力。

太空站中央的無重力狀態，讓工作者組裝巨大物體時用不到地球上所需的幾成力量，但這種建造過程需要一些難以開發的特殊技巧，重力還是造成阻力的主因。在太空中，使用電鑽的人如果不把自己固定在要鑽的東西上，那麼會被轉動的就不是鑽頭而是他本人。打造有人工重力的巨大太空站就可以利用這種差異，將工作安置在離旋轉軸心不同的距離上，以獲得最適於工作的重力環境。

組裝的第一步，是由有擔任太空人經驗、穿著太空裝的工人，將堅固的桁條和碳纜線連接起來，形成整個輪狀物的中心軸和輻條。太空站的旋轉力量會試圖把這結構分離，所以輻條得要把太空站本身的材質和任何裝在其外輻上的材質都牢牢固定在一起。牢固的連結物構成了太空站的環狀外圍，預先施工的居住區零件飄到了它們在環和輻條上的指定位置。當居住和工作區域就位，組件內的火箭就會讓整個太空站開始旋轉，產生重力。

現在抵達的工作團隊，將只會在前往太空站的路上體驗無重力狀態。一旦抵達，他們就會在一般重力環境下，完成眾多讓太空站正常運轉並持續建造的工作。他們不需要接受太空人訓練，處理大質量物體的工作，會在輻條靠近中央的低重力處完成。最沉重的工作在中央的分隔艙裡持續進行，在那太空船塢裡可以組裝新的太空船以及太空站的組件，然後巨大的太空船塢開始複製更多太空站。

繼美國之後，中國隨即也把軍事基地送上太空，不過幾年時間，這兩大強國就都有太空站在天上運行了。恐怖分子並沒有打太空飛機攻擊的主意——它們持續革新更便宜的方法來傷害西方國家。但太空海軍隨著中美兩國劍拔弩張的情勢而持續成長。雙方的軌道戰鬥站各自發射了自動太空戰鬥機，以探測飛行測試彼此的能力。這些都展示了從中國宣示在南中國海打造人工島嶼以來，美中兩國持續至今的角力。

接下來，打造武器和太空船塢的承包商，把他們的知識、裝備和新生的財富，都轉化為進一步的商業太空發展。

更「天龍」的選擇

第一個成功的太空渡假村，販售著具有舒適人工重力的太空景色，以及太空旅遊的刺激感。客房搭載在渡假村的旋轉環形上，但訪客可以搭電梯抵達無重力的中軸體驗樂趣。他們在那兒飄浮，就好像在地球的渡假村泳池閒晃一樣，透過巨大窗戶看著腳下的地球，並透過塑膠袋啜飲雞尾酒。更活躍的客人玩起像是手球的立體遊戲，他們穿戴著頭盔和防護墊，在與球場上其他飛來飛去的玩家對撞時保護自己。

對於在太空中出現的嘔吐感，每個人的忍受程度各自不同。當人們覺得不舒服時，會回到有重力的房間去。餐廳位在環圈上，這樣餐飲才會乖乖待在杯盤裡。浴室也都在那頭，讓低流量淋浴設備與馬桶都不需要真空管線。

每個人都想加入「千哩高俱樂部」（thousand-mile-high club，譯注：原本「一哩高俱樂部」〔mile high club〕意指在飛機飛行中發生性行為者，在作者想像中，若能在太空站上發生性行為，便可加入「千哩高俱樂部」）。但我們已知在無重力狀態下的性行為會十分掃興。因為在零重力環境中，任何「抽送」的動作都只會往反方向移動。情侶都會想試一回，但通常都在完事前就會放棄，因為各種纏繞扭抱的動作，會讓人頻繁遭到肘擊或腳踢。情侶們就算能維持一丁點正經來完事，後續清理工作的挑戰，也將讓顏面蕩然無存。渡假村必須發放那種寵物店用來撈魚的網子，讓人們像捕蝶一樣奮力追捕四散空中的精液或其它體液。

最受歡迎的性愛場所反而是低重力地帶，渡假村的夜店在輻條貼近中心軸處占了一個艙位。體重只剩原本幾分之一的舞者可以展現神技，女人也不再需要胸罩抬高胸脯。情侶在那邊開房間要以鐘點計費。當體重只有六分之一時，每個男人都強壯無比，而女人都輕的像羽毛一樣。

軌道旅館和按時計費的房間都運作良好，但這個產業沒辦法以此為方向永久成長。新科技開始變得無聊老套，開發得越快就越早令人厭煩。就跟之前的電腦和汽車一樣，當技術細節從一開始的大眾熱門話題轉為那種愛車狂或宅男的鑽研主題時，太空渡假就算是達到了成熟。大受歡迎的實境秀《太空千金求鑽石》（Spacestation Bachelorette）讓大眾的興趣稍稍復甦，但太空遊艇仍然不過是另一種渡假選擇而已。

然而，作為離開地球的一步，商業太空港的開發仍舊充滿了令人興奮的可能性。這種事業創造了一種機會，能夠打造不需從地球發射升空的大型太空船。從現在開始，星際太空船可以在太空中打造並啟航。

當前

伊隆．馬斯克的簡短用詞和下沉聲調，顯露那種和電腦相伴比較自在的技術人員會有的孤僻風格。當要說出他得說的大事時，使用那種聲調會嚇到他的聽眾，迫使人們的心思自動降轉到力道較強的低速檔。他說，把人員降落到火星上，對他來說不是個值得滿足的目標。這並不夠，因為這無法避免人類滅絕。

「長期的願望，是發展出可將大量人類與貨物送往火星以發展自給自足文明的必要科技。這就是為什麼我要開這家公司。」馬斯克在 SpaceX 組裝大樓裡，對一位 CNN 記者這麼說。

在 2002 年開始投資 SpaceX 之前，馬斯克已經靠著幾間網際網路公司，在 20 幾歲的那幾年賺了不少錢。「我當時思考著在 PayPal 之後要做什麼，而我也一直都對太空有興趣，但我覺得一個人在太空做不了什麼——這似乎是一個大型政府單位的職責。我開始深入研究，並到 NASA 網站想知道我們何時會去火星。很明顯地，這好像是登陸月球之後的下一件大事，但我什麼都沒找到。」

當時，有技術天分的年輕人正做出許多離經叛道的東西，而馬斯克想要成立火箭公司前往火星的想法，看起來就像另一個因為快速成功而冒出的虛幻妄想。現在，從發射人造衛星到幫 NASA 把人員物資帶到國際太空站，SpaceX 擁有了所有能掌控的生意。當他提及把 1 百萬人帶到火星——這是他認為產生自給自足人口的必要人數——記者們並沒有笑，反而接著問他打算先完成哪一部分。他已成為世界頂尖知名科技富豪史蒂夫·賈伯斯（Steve Jobs）的後繼者，還有粉絲把他的每一句公開評論都做好分類整理。

馬斯克滔滔不絕地發表預測，並像任何一個跩到不行的矽谷科幻狂一樣，恣意猛批他的競爭者。他用驚人的成功替自己撐腰，但那不代表他的預測正確。2009 年他表示，SpaceX 到了 2014 年就會把觀光客帶到月球，但該公司至今連有訓練的太空人都還沒帶過。獵鷹重型運載火箭的發射比進度表晚了 4 年。他還曾說，電動車將會廣受歡迎，並一路把內燃機引擎的普及度壓到像蒸汽引擎和馬車一樣普遍。然而，電動車目前仍困守一個僅限菁英的極小市場。

馬斯克預測的影響力不是來自正確性，而是那些預言如何反覆地促使他做出成功的大膽行動。藉著他手上各種新創公司，他一把掌握了航太、汽車和能源產業，挑戰經濟圈最大、最根深蒂固且資本最密集的生意。在每個案例中，他都獲勝了。技術顯然是獲勝的重大因素，但要成真還是得靠環境。馬斯克的眼光，使他察覺了那些看似無敵的巨人的弱點，也使他招攬到最聰明且無懼的革新者。當我們看著潔米·哈夫曼打造火箭，我們從沒想到要問她這樣能賺多少錢。她和 SpaceX 的其他年輕人會努力工作，是因為她們準備要前往火星。

這一切是怎麼發生的？當然，馬斯克是天才，但光是這一點並不足以讓世界的命運落在他肩膀上。他成長於一個游離南非各處的離異家庭，幼年孤獨的他常被其他小孩作弄，還被取了綽號叫「麝鼠」（Muskrat，此名稱正好結合了「馬斯克」與「老鼠」兩詞）。他沉迷在《基地三部曲》（The Foundation Trilogy）和《魔戒》（The Lord of the Rings）之中；後來他和《紐約客》（New Yorker）的一位作者說，那些故事裡的主角都察覺到一股拯救世界的使命感。11 歲時，他跟母親說要搬到另一個城市和父親住，希望自己可以說服父親前往等同於科技和自由的美國。12 歲時他賣出了第一個軟體，是一款電腦遊戲。17 歲時，他自己搬到了加拿大，以各處的沙發為床，靠著一大堆熱狗和柳橙維生。

1995 年，馬斯克抵達加州攻讀史丹佛大學（Stanford）博士學位，但當他發覺那裡發生什麼事之後就立刻輟學：隨著網際網路誕生，史上最偉大的生財時刻到來。7 年後他已經創辦了兩家新創公司，並因為將 PayPal 賣給 eBay 而獲得 1 億 6 千萬美元的淨利。

除了這樣的成長背景與獲利外，他更有一種獨特的觀看世界方式。說到孩子，他希望有很多，好幫助抵消素質較低者的繁殖（據《紐約客》報導，他建議每位可生育的女性員工至少都要有 2.1 個孩子）。說到聯邦政府對大航太公司的反競爭關係，他一開始的想法是把賽局理論（game theory）運用到這情況中。當一位記者問到他自己會不會去火星，他想了好一陣子然後說，只有當確信 SpaceX 不再需要他的時候，他才會去確認整個殖民地是否成功。

兩種極端的夢想

人是裝不出這種態度的，而證據又支持了「賺錢並非馬斯克的動機」的這種印象。在同時開展太空發射和汽車產業的重大賭局上，他幾乎失去了所有的財產。幾十年來，沒有人敢挑戰這種同時持有政府簽發的成本補償合約，又有驚人昂貴技術的大型航太公司。頭幾年 SpaceX 炸掉了一大串火箭，幾乎瀕臨失敗。馬斯克一度把他 90% 的淨資本，都拿去給公司和電動車新創公司「特斯拉」（Tesla）擔保。

但結果證實，那些仗著企業本身規模和固有支援而占優勢的美國巨大工業公司，簡直是不堪一擊。它們的科技早已陳腐，運作方式顢頇而僵化。太空發射公司靠著遊說活動和良好的政府關係，獲得過度誇大的獨家供應合約而獲利。負擔遺留成本的汽車公司，只會生產過時的產品。

開一家新的汽車公司，似乎是唯一一個比開一家新航太公司更瘋狂的舉動。2006 年，馬斯克想要打造電動車，以協助這個世界因應氣候變遷。同樣地，頭幾年十分艱難，開發時間延長又超過預期成本，還有接近崩盤的難熬時期。但革新的敏捷度和競爭本身的脆弱幫了大忙。

各家汽車製造大廠並不了解鋰電池這種新技術，因此出於了解不足和缺乏消費者吸引力等因素，放棄了電動車。當 2008 年的經濟危機使它們瀕臨倒閉時，特斯拉汽車推出了一種行車距離充足且性能優異的電動車。它的碳製車身帶了一顆由上千個筆記型電腦電池組成的半噸重結構，這可以讓車子在 4 秒內從時速 0 英哩加速到 60 英哩（97 公里）。有一票電影明星買下了初期型號車，緊接而來的就是好評如潮。

到了 2015 年，特斯拉汽車每年生產了大約 5 萬輛高檔車。其市場價值超約了克萊斯勒（Chrysler），並比通用汽車（GM）的一半要多。這是相當優異的成功跡象，但不是馬斯克要的那種。他承認，評價是基於預測未來的巨大成長而定，而不是當前銷售。電動車接管市場這件事，發生得還不夠快。2014 年 6 月，他宣布特斯拉將把所有的專利開放給其他汽車廠商使用。

馬斯克在自己部落格上，故意模仿了一句電動玩具名言，以「我們所有的專利是屬於你們」（All Our Patent Are Belong To You，譯注：「你們所有的基地是屬於我們」〔All Your Base Are Belong to Us〕是一款日本電子遊戲中文法錯誤的英文台詞，一度在網路上流行）為標題，發布了這項消息。他解釋道，「特斯拉汽車的誕生，是為了加速進展永續運輸。如果我們打通了一條邁向優質電動交通工具的道路，卻立刻在身後佈下智慧財產權地雷來阻擋他人，那我們的行為就和這目標相違背。特斯拉不會對任何抱持善意、希望使用我們技術的人發起專利訴訟。」

不出幾個月，其他公司就陸續接受了特斯拉的好意。但特斯拉的價值反而持續上漲。特斯拉總值根據股價，在 250 億至 350 億之間浮動，而馬斯克擁有特斯拉 23% 的股份。馬斯克也擁有 SpaceX 不明比率的股份，但因為他擔心投資者對他的火星目標缺乏足夠耐心，所以這些股份並不在股市交易。SpaceX 有 10% 的股份在 2015 年初以 10 億元賣給了 Google 和富達投資（Fidelity Investments），讓公司總值達到 1 百億。

媒體大幅報導馬斯克就是東尼．史塔克（Tony Stark）——小勞勃．道尼（Robert Downey Jr.）在《鋼鐵人》電影系列中飾演的億萬科技富翁。但兩人的相似性只是表面而已。史塔克個性衝動而自私，他利用自己的才華，成為另一位會使用其力量面對危機的超級英雄。馬斯克看起來比較像以前普利托利亞（Pretoria）老家那個小男孩的長大版，他讀著艾西莫夫（Isaac Asimov）的小說，並像《基地三部曲》裡面的角色們一樣，計算著能讓他預測出未來的歷史法則，這完全是冷靜規劃的結果，和東尼．史塔克的衝動個性截然不同。

對真實生活中的地球來說，需要拯救的地方主要來自大氣層中累積的二氧化碳。這激勵馬斯克成立特斯拉，以及和另兩位表兄弟成立了太陽城（SolarCity）這間太陽能裝置公司。太陽城公司想找出有效裝置太陽能電池並隨時間供給資金的方法，而能讓屋主可以在自己的能源費用上看到立即省下的淨值。這是一個能夠動員市場力量對抗氣候變遷的絕妙想法。但如果氣候問題未能解決，SpaceX 就成了備案，屆時只好把人送出地球了。

馬斯克曾和數位雜誌《萬古》（Aeon）的作者說：「關於使生命存在於多個行星，好保障人類萬一在某些毀滅災難發生後存續一事，有著很激烈的人道主義爭論。」

未來

為了反擊逐漸升高的海平面和大風暴，海港城市在海堤、洪水管制，以及提高街道、鐵軌、公用事業和建築上花費了上兆美元：紐約、孟買、阿姆斯特丹、東京和廣州都是如此。其他海岸城市，已經被大風暴毀壞到連保險業和政府都跟不上風暴加重的重建成本，它們便慢慢「淹死」在水中。休士頓的詹森太空中心和佛羅里達的甘迺迪太空中心，因為地勢太低且太容易受颶風損害，已經廢棄任由海洋處置。

當已開發國家因為風暴、海平面上升、熱浪、乾旱、洪水、瘟疫和異常氣候的連綿重擊而搖搖欲墜時，開發中與未開發國家的窮人們則在挨餓。在非洲，玉米、高粱、花生等主食作物一年年在熱浪和乾旱中歉收。有時光是一次熱浪就足以毀滅整片農田。大規模遷徙使飢餓的人們蔓延到鄰近國家。政府崩潰，軍閥和幫派為了控制權而互鬥。囚禁上百萬無國籍窮人的永久難民營，成為險惡恐怖行動的溫床，將宗教仇恨聚焦於那些因財富而比較能居住的國家。

一枚「髒彈」在喀布爾（Kabul）爆炸——這種炸彈是把普通爆裂物和醫療器材中輕易撿取到的低濃度放射性物質包在一起所製成。新聞報導顯示，記者行經此地帶時放射性讀數會逐漸升高。雖然低濃度，但恐懼感就跟核彈一樣。然後，又有一枚髒彈在開羅引爆。

世界上的有錢人也開始遷徙，從暴風侵襲的海岸和乾旱肆虐的城市撤退，躲進山邊和過去農地上蓋起的高牆大院，在那些地方他們就能控管安全並囤積資源，好對抗瘟疫和放射線。但保護這些有錢人的要塞也囚禁了他們，加上他們對疑似有放射線空氣的畏懼，監禁效果就更好了。儘管專家們堅稱空氣和食物補給都安全，但專家不受信任，就和以前他們讚揚兒童疫苗接種、基改生物或核能的時候一樣不受信任。

有錢才不會留在地球

從一開始，氣候問題就是權力問題。那些有能力控制資源的人就能適應氣候。他們可能會後悔失去生態系統和一些特殊地帶——國家公園、滑雪場、海邊——但有了財富，他們總是還能搬家、吃飽喝足，並保護家人不受上述因素侵擾。富有的國家可以豢養大批軍隊來保護自己不受窮人侵害。

隨著對恐怖主義、瘟疫、放射能落塵的擔憂日漸升高，聯絡的窗口也永遠關閉了。已開發國家的文化早已轉變成一個由網路空間定義的現實。過去幾十年中，人們越來越少花時間出門，每個世代越來越習慣螢幕勝過戶外。單日往返行程就是在家裡車庫和公司、賣場、學校的密閉車庫之間來回。運動只在有螢幕的健身房裡進行。孩子們在室內遊樂場，用模擬出玩具、球和攀登架的手持控制器進行休閒，完全不會有受傷或曝露在未過濾空氣中的風險。好人家才不會讓孩子跑去外頭。

但他們確實去了太空。每個家庭都至少去過一次太空站渡假村。搭上載客火箭、感受起飛的強 G 力對孩子來說很刺激，但大人們在倒數時只會打盹或看東西，忽視了慣例的安全簡報。對有錢人來說，地球軌道變成了又一個坐在金屬管裡就會抵達的地方，就跟以前的夏威夷或倫敦一樣。

處在太空密閉居住所裡的「地外生命」，不會和地球上密閉大宅裡的生命有什麼不同。地外搞不好還比較安全，畢竟那裡擺脫了恐怖的窮人威脅。

當前

「歷史在時間與地點的細節下，潛伏著重複的結構與模式。」一輩子研究古代貝殼上演化紀錄的失明科學家席拉特・沃梅（Geerat Vermeij）如此寫道。將生命故事放在地球的悠遠時間衡量之後，他在每個生態系統中都發現了模式，一種競爭、資源限制及機會的模式，一種「支持某些特定的適應與改變方向，因此讓人類及非人類領域的歷史都能夠預測」的模式。

不論小如一滴水裡的生態系統，或者大如太平洋的生態系統，生物都會像遵循一套遊戲規則那樣繁殖、交換能量、成長並死亡。生物不用知道規則是什麼就會受它們支配，甚至不是生物也行。當簡單的程式互動起來時，類似的模式也會出現在電腦化的生態系統中。就像是數學不管是誰來算，在任何地方都成立一樣，個體對有限資源的競爭也遵循著同樣的途徑，不論個體是什麼組成，或者他們競爭的是什麼資源。

從發源自那些系統的規則中，我們能夠預測，隨著生物為了支配而考驗彼此，競爭將如何從中演化出更高的強度和能力。我們也能預測，宰制方的物種將如何因為掃光有限資源而崩潰。我們可以算出任何大小的生態系統會在何時達到臨界點，並轉變為一種新的功能狀態；屆時將有著新的互動關係與豐富狀態，能顛覆過往的力量和支配秩序。

地球是一個有限的生態系統。一個主宰的物種，也就是我們自己，曾經取代過其他生物。沃梅敏感的手指從有著 5 億年歷史的貝殼上讀出的故事正再次反覆運行。人類似乎正走在耗盡生態系統的路上。雖然人類使用能源與資源的效率有著大幅技術進展，但我們的胃口和人口增長都快上更多。我們一直挖掘著能支撐我們一段時日的生物圈，而許多生態系統已經接近臨界點，或者接近狀態轉移，準備進入多樣性與生產力都低落的永久降階運作狀態。

如果這整個世界就是我們的生態系統，那狀態轉移也會降臨整個星球。2012 年，一支由包括沃梅在內的地球科學家組成的國際團隊，在《自然》雜誌做出了這個預測。針對區域生態系統的研究以及電腦模擬一併顯示，當 50% 的地球陸地生態系統都因人類轉變為新狀態時（目前是 43%），地球會到達臨界點。我們預計會在 2025 年，當人口達到 82 億時抵達 50% 的門檻。

文章指出：「儘管改變生物多樣性和物種組成的終極效果尚未明瞭，但如果生態系服務（ecosystem services）抵達報酬遞減的關鍵門檻，是在全球大範圍內發生，且與全球需求增加同時發生的話（30 年內人口再增加 20 億的話就會發生），將會導致廣泛的社會動盪、經濟不穩和人員喪生。」

比宇宙殖民便宜的方案

我們人類的特質，是有可能讓我們立即停止毀滅自己的生命支持系統。我們有能力感受威脅並以行動避免，至少就個人來說是做得到。人類不像自然世界中的其他物種，我們確實能為了地球著想而做出某些決定，放棄本來可以消費的權力和財富，例如做出違反經濟原則的決定，以節省能源、回收物資，或保護自然環境。

但整體來說，我們留下的紀錄實在不怎樣。過去 10 年美國人就個人而言開車量減少了，但增長的人口和經濟，代表總體交通里程數並沒有減少。馬斯克的電動車技術反而被拿來打造人們並不真正需要的跑車。

就算我決定不把海裡最後一條魚吃掉，難道別人就不會去吃嗎？

面對環境而產生的基本衝突，存在於自由和集體行動之間。我們不知道能不能兩者兼得。已經快要沒有好好嘗試的時間了。戰爭頻仍，大部分是由宗教、種族和國籍所推動。如果慘重的資源問題蓋過了那些衝突，我們可能會失去集體表達真正願望的能力。

我們在此使用「我們的真正願望」這個詞，是因為沒有誰打從心裡會因為可以去火星而比較想放棄地球。舉例來說，大刀闊斧處理氣候變遷的成本，和在另一個星球上打造殖民地的大幅花費相比，其實很小（搞不好還有財務淨收入）。而且，藉由維持地球得以居住，我們便有機會拯救所有人，而不只是可以帶著自體基因登上火箭的少數幸運兒。在地球上我們可以拯救所有人、所有動植物、空氣和土壤，以及造就我們的所有回憶和精神。

就彷彿我們正躺在診療室而且剛被診斷嚇了一跳，立刻戒菸、正常飲食運動；不然，就等著再來看病，搞不好就這麼掛了。又或者還有一絲機會，動了場艱難的手術，結果一條生命永遠消失或是得仰賴科技維持機能。有些人真的改變了生活習慣，再也沒有心臟病發；有些人不改變，最後就只能以科技來處理。目前為止，我們似乎走在後面這條路上。

伊隆．馬斯克同時投資兩個項目：除了電動車跟太陽能，還有他的火星殖民地運輸想法，後者會像方舟一樣，把活人 DNA 的取樣送離地球，不管眼前可能有什麼災難都盡量遠離受害可能。當他承擔這份工作時，他察覺自己正在挑戰的其實超乎企業文化。他正在嘗試的事情，可能放眼銀河系都還沒有成功過。

「費米悖論」的疑問

馬斯克高瞻遠矚，眼光極其宏大。他思考著，其他的宇宙穿梭文化都在哪兒？別人都沒想到這步嗎？或者有什麼阻止了它們？這個所謂的「費米悖論」（Fermi paradox），困擾著許多未來學家。

「我們的地球是生命在宇宙中的唯一家園」，這種想法已經不再可信。大量的行星繞著其他的太陽，其中一大部分繞行在液態水能在表面流動的適當軌道上。天文學家發表了預測，認為銀河系有數十億個地方能發展類似我們的生物。而且生命也不一定非要液態水不可。化學家發現了好幾種使用多樣元素的不同方法，都可以用來產生類似我們 DNA 的自我複製分子系統。

一旦生命起步，沃梅就會期望，主宰地球生命的那股力量也會在其他地方引導生命進展。演化會發生是因為生命的型態能存活、繁殖，而生命會有如此型態，是因為沒有那個目的的話，生命就不會延續。生命可以出現一百萬次都毫無進展。但只要第一百萬零一次嘗試時，生命能存續並繁殖，它就會蔓延、競爭、演化。演化模式的上述事實並不仰賴特定地點或特定化學，所以演化應該是放諸宇宙皆準的。

外星生命和我們可能長得不像，但沃梅預期它們應該與我們有類似的感覺和能力。演化遵循著同樣的途徑週而復始，從不同的方向重複地解決問題。針對地球上的生物，沃梅從演化各種分支產生的物種中，分出了 53 種演化出同種方式的型態案例——在某些案例中，幾十種譜系的生物在殼部細節或其他功能要點上有著趨同結果。而這還沒包括演化中常發現的、使用不同物理型態達到相似功能結果的情形。舉例來說，提供交配優勢的隔熱外層，就包括了羽毛、毛髮和各種昆蟲外殼這幾種不同形式。

智能也在地球上多種譜系中被演化出來，像是大象、烏鴉和章魚這些關連較遠的動物，都具有極高的智慧；即便牠們彼此之間的生存環境和需求差異，可能和不同行星之間的差異一樣大。不管哪種生命，只要有機會蓬勃發展，應該都有可能出現智能。就如沃梅在一封電子郵件中說的：「智能，就像其他眾多特性一樣，是『吸引力的匯流處』，這種東西在太多環境下都太有用，以至於實際上最終必定會演化出來。」

馬斯克已思考過這些，並複誦著費米令人煩擾的問題：為什麼地球人都沒收到來自其他星球居民的消息？如果銀河系到處都是可居住行星，那來自那些行星的宇宙飛行旅客去哪了，最少要有無線電波廣播吧？一顆可居住的行星可能離我們不到 9 光年，那麼它們現在應該要在地球無線電波上發現泰勒絲（Taylor Swift，譯注：美國知名歌手，第一張個人專輯於 2006 年發行）了吧。

除了「眾星無聲」的謎團外，費米悖論還加上了時間因素。目前認為宇宙誕生至今已超過 130 億年，但帶我們抵達出走地球門檻的人類科技，至今只有幾百萬年且僅以指數進展。我們 1 萬年前才發明金工，1 千年前才把零當成數字，1 百年前才做出可調節的無線電波，10 年前才開始看 YouTube 並拿起 iPhone。人類已經成功離開過地球，如果不發生大災難的話，未來將會成為真正的太空穿梭物種。

「以我們目前的科技成長速度來說，在自身能力這點上，人類正一路邁向接近神的存在。」馬斯克這麼告訴《萬古》的作者。「如果一個先進文明能存在於銀河系任一處，能存在於過去 138 億年中的任一時刻，那為什麼沒有隨時隨處都存在呢？就算那文明進展得再緩慢，它只需要宇宙壽命的百分之零點零一那麼少的時間，就可以擴散到每一處。那麼，為什麼它們沒有四處存在呢？」

自我毀滅的基因

產生這問題的連番推論——推斷出生態與演化帶來的教訓——也提出了一個答案。答案可能是，每一智能物種的消亡，已經內建在我們發展的過程裡。宰制行星的物種，可能總是在大步邁進至下一個行星生態系統之前，就已經先自我毀滅。或許我們今日看來無止盡的成長進步，只是興衰循環的上升面，就像大量繁殖野兔一度看似滿據了整個郊野，後來數量卻不可免地大幅衰減一樣。我們的歷史，根本還沒久到能真正看出整個興衰模式。

但整個宇宙的歷史就夠久了。

「顯然文明是會發生什麼不尋常的事，我指的是不好的那種不尋常。」馬斯克說。「可能其實有一大堆僅存於單一行星，而且已經滅亡的文明。」

對馬斯克這個將拯救世界的男人來說，挑戰似乎比改變我們開的車種，或者比給我們永續的太陽能還要大。他將達成（他認為）銀河系史上都沒有別人著手過的事：讓我們人類成為逃出母星並散布於諸星間的物種。

但，各種證據都顯示，如果人類想要度過難關並及時發射逃過地球大難的方舟，我們最好蓋快一點；同時，最好盡全力阻止毀滅性洪水來臨。

CHAPTER 5

「太空深處的健康問題」

到了 2008 年 9 月中整個城市淨空時，海瑟．阿楚萊塔（Heather Archuletta）已經在加爾維斯敦醫院（Galveston hospital）的病床上躺了 7 個星期，雙腳抬起 6 度並高過頭部，以模擬無重力狀態效應。她的臉部腫脹，鼻竇長期充血，眼淚無預警地流出眼睛。背部的劇痛已經沒了，但她的頸部始終僵硬，而且手臂開始衰弱，長期書寫變得不容易。她腦中一片模糊，難以維持警覺，而且難以專心閱讀。

「枕空人」

當實驗開始，而海瑟動筆寫起「枕空人」（pillownaut）部落格時，她在網路上逐漸有了名氣，並接受全球新聞機構採訪。她是一位太空熱愛者——會穿劇中制服的《星艦迷航記》粉絲——並有一種宛如真正太空人的堅毅正面態度。她在福斯新聞頻道（Fox News）上解釋自己和其他幾名年輕受試對象，要如何連續 90 天把頭壓低，要怎麼用便盆代替馬桶，以及用整個計畫裡唯一能給她幾分鐘私人空間的那面帷幕擋住，然後躺在特製的輪床上淋浴——而頭部還是得保持壓低。NASA 會付給每名參與者大約 1 萬 7 千美元的補助金。

海瑟就這樣邊開「躺著賺」的玩笑邊持續受試，但身為馬拉松跑者，她把一段生命犧牲奉獻給躺著不動的時光，接受劇烈痛苦以及未必能完全痊癒的健康損害。備受關注也不足以補償這段消逝的時光。媒體很快就在莎拉．裴琳

（Sarah Palin，譯注：前阿拉斯加州州長，2008 年曾代表共和黨競選副總統，一時備受矚目，但未能當選）、金融危機、俄羅斯與喬治亞的戰爭等事件中遺忘了海瑟。日子就在她用即時通訊軟體和閨密們聊職業冰球，以及嘲笑另一個她暱稱「挖苦」（Sarcasmo）的實驗對象中慢慢過去。躺在床上 3 個月之所以值得，就只是因為這項實驗可以幫助人們更加順利地抵達火星而已。

然而，颶風艾克（Ike）摧毀了、至少暫時中止了這個偉大的夢想。同時也強調了無重力感可以使人體如何地不適應地球。我們的身體構造是以垂直運作為目的，我們的循環系統持續運作，好將體液移出我們的雙腳並送進頭頂；我們的骨骼和肌肉透過持續的抗力來維持功能。NASA 的研究設計本來要求的復原步驟，是先進行一套 3 天流程讓受試者漸漸下床，接著是為期兩周的恢復期，好開始回復他們的正常生活能力。但由於颶風艾克的威脅，海瑟和一起受試長達兩個月的新朋友們，只有 3 個小時的時間可以讓自己回復直立。

當醫院因撤離的混亂而鬧成一片時，枕空人們仍奮力地想要站直；他們既頭暈又虛弱，雙腳與小腿肚腫脹，而且傳來陣陣刀割般的劇痛。海瑟在餐廳裡崩潰了。她的血壓高到一個危險程度。救護車把其中 3 個待在床上最久的人送到奧斯汀（Austin）的醫院，他們的痛苦、虛弱和僵硬後來又持續了好幾天。他們的腦部忘記了視覺深度感知能力，使他們走路時撞上牆。海瑟的視覺再也沒有完全復原，而得開始一直戴眼鏡（儘管那可能只是巧合，畢竟她也 38 歲了）。過了 5 周，當她回家後，仍會在早上感到各種疼痛，而且還是沒辦法像以前那樣持續跑步。

「最糟的就是疲勞感。」她在部落格上寫道，「事實上，甚至根本不該說是『疲勞』……這是一種我從來沒體會過的無力感，連一直得流感都沒有過這種感覺。我現在睡得都很沉，也能打瞌睡（現在就行喔！）但三不五時就會有一種結合了昏昏欲睡和肌肉疲勞的極度虛弱感。有時候它突然就發生了，我就得趕快坐下來或者躺下來。我的體適能目標是想在身心上都變得比以前更強壯，但有時候疲勞感會自己跑來干擾我……我只是想試著不要讓這種情況每隔幾個鐘頭就發生一次！」

長期處在無重力狀態，會導致體內喪失液體量、貧血、神經變化、肌肉萎縮，並失去有氧適能（aerobic fitness）及骨質密度。大部分的太空人著陸時覺得自己有如果凍，且沒辦法平衡身體四處走動，就像枕空人一樣。頭腦被恢復重力的現象弄糊塗了。水手有時候會在長途航程後感受到類似的效應，下船後一開始會覺得街道像甲板一樣在搖晃。太空人的感受也類似這樣，但更為劇烈，而且要花上好幾天才會消除。有些太空人在返回地球好幾周內，都還會瞬間暈眩或失去方向感。

從太空飛行踏上歸途時會伴隨嚴重的口渴。太空人通常快速喝下大量的水，以補充流失的體液。但要挺過貧血——也就是要長出更多紅血球——要花上 1 個月到 6 個星期。重新恢復肌肉力量則還要更長時間、恢復骨質密度更慢。在地球上，骨骼一直抵抗著重力，並因為撞擊而強化（所以跑步會讓骨骼強壯）。在無重力狀態下，骨骼每個月都流失 1% 的質量。經歷多長時間的無重力感，身體在地球上就得花上兩倍的時間才能恢復骨骼原狀。也就是說，從 6 個月的太空飛行回到地球，骨骼質量就需要 1 年的恢復期。有些延長太空行程的人，骨質密度和肌肉質量再也沒有恢復過了。

太空人兼飛行醫官麥克．巴拉特（Mike Barratt）表示，當他飛了 6 個月回來踏上地表時，感覺就像一塊冰箱上的磁鐵。但就跟所有太空人一樣，他還是想回太空。連枕空人阿楚萊塔都還維持著正面態度，並在她與加爾維斯敦醫院都恢復原狀後，回頭再次參加臥床實驗。

她休養的醫院——德克薩斯大學醫學分部（University of Texas Medical Branch）在颶風中淹水，1 年內都沒能重啟實驗。州政府曾討論過把醫院移到內陸的安全地點，但最終決定花 10 億美元原址重建，安裝防水門並在 1 樓使用防洪材質，企圖使該院更能抵擋日漸升高的水位。這就是人類適應新環境的方法。我們可以在地球任一處生存。我們可以在離岸沙洲上蓋醫院，讓它適應升高的海面，前提是此刻我們還有錢做這些事。

為了適應環境，我們的體能可能有去無回；但若是適應太空環境的話，走下去會比回頭要簡單。

是「退化」還是「進化」？

太空人醫生巴拉特表示，抵達國際太空站之後最奇妙的一件事，就是觀察他和同事們的身體怎麼適應新環境。作嘔和頭痛持續了幾天（就跟阿楚萊塔在床上的情況一樣）然後開始有所變化。在太空中，動靜脈變得更容易滲透，使循環系統將體液擴散入組織中。脾臟分解掉紅血球，降低了血量。隨著器官上飄至胸腔上側的全新位置、重量從關節上釋放開來，身體也開始變形。太空人長高了，腰部縮小、胸腔擴張。腦部則是各器官中最靈活的，它重新改編自己，在這個沒有上下區別的三次元移動環境中，產生了專屬自己的參照座標。

「我們有點變成外星人了。」麥克說，「在那裡過了6到8周後，你開始覺得自己像超人。你是一個生理變異、適應零重力、三次元導向的生物，在太空中運作效能良好。誰想過我們會達成這一點？你知道，第一次有人進入零重力地帶之前，人們曾經很擔心自己能不能在上頭呼吸、消化，完成排尿之類的簡單工作，如此這般。而那還只是冰山一角，但到頭來我們做這些全都不成問題。不過，身體居然能做出這所有的改變，甚至因為這些改變而在零重力中變得更實用，這就實在是太神奇了。」

所有的太空人都很聰明，但巴拉特似乎比一些力求完美的美國太空船總舵手要來得更有人味，他並沒有在5歲時就立定志向上太空。一開始，麥克是海洋熱愛者，儘管NASA的工作使他不得不住在休士頓（太太在當地任職兒科醫生），他至今仍將為時不長的空閒，拿來修理那艘讓他遨遊西北太平洋的帆船。醫學院學生時期，他偶然發現一本令他著迷的期刊而選擇了航空醫學。要等到他接近中年，已經針對如何讓太空人在長途旅程中保持健康研究了一陣子之後，他才決定去嘗試當太空人。所以他既是實驗鼠本人，也是研究受試對象的科學家。

國際太空站本身也成為一個以瞭解長途太空飛行醫療結果為主要目標的實驗室。其中一項經歷多年試誤研究後得到的重大成功，就是解決了造成太空人落地後四肢難行的大部分身體不適。現在，每個美國太空人每天都必須在跑步機、腳踏車和阻力運動器材上奮力運動兩小時。這些例行運動提供了骨骼和肌肉維持形狀所需的抗力和壓力，骨質重建得以趕上流失速度。運動到了太空中成了一筆花費不少時間與精力的重大投資，但太空人總是欣然接受。巴拉特同意，太空觀光客恐怕無法忍受這種比大部分馬拉松運動員 1 周訓練量還要多的體格鍛鍊。

加爾維斯敦醫院的臥床研究團隊測試了設備，想辦法讓運動器材在太空中更有效率且體積更小，包括受試對象即便躺平也能使用的跑步機和推蹬機。計畫主持者羅妮塔．克倫威爾（Ronita Cromwell）表示，這些裝置得要更結實，才能裝進前往月球或火星的太空船。阿楚萊塔等多位枕空人，以及其他國家類似研究單位的測試對象們，都在每一步驟協助解決了這些問題。在德國，有一台巨大的離心機產生多種重力。在俄羅斯，受試對象被裝在一個像水床一樣的子宮裡，以徹底剝奪他們屬於「地球」的感官知覺。

但這些計畫只處理了 NASA 人類研究計畫（Human Research Program）所研究的 32 種太空飛行風險中的少數幾種；NASA 的計畫研究範圍更廣，包括了因為搭乘火箭導致的聽力喪失，或者暴露在滲透進登月艇的有毒月球塵埃內，或者免疫系統問題（可能導致了太空人常見的皮疹），還有腎結石，一部分是因為骨質流失滲出了鈣，使結石在無重力狀態下生成。其中有些項目當前並沒有解決方法，那些問題就成了阻止人類前往其他星球的最大難題。

巴拉特一口氣說出 5 個最大難題，就好像他腦中一直都在想著似的：骨質與肌肉喪失、放射線、心理、自主醫療照顧、視覺損害。這些問題目前都還沒有徹底被解決，有些甚至隨著研究變得更糟。2009 年，太空中的視覺問題有一部分也體現於麥克自己的眼睛上。

是宇宙的問題，還是年紀的問題？

麥克是在國際太空站上發覺自己的視力變差，對這個現象他早就習以為常，以至於 NASA 很久以前就開始替在地球上不用戴眼鏡的太空人準備眼鏡。這個問題還沒有被深入研究，反正許多太空人也是在開始得戴眼鏡的年紀上太空的。

「我和包柏．瑟斯克（Bob Thirsk，另一位加拿大太空人）兩個人都察覺到自己在進行一些工作步驟時需要度數高一點的放大鏡。因為我們都是醫生，就用檢眼鏡替對方檢查了眼睛；我們打從心底覺得，彼此都有看到一點視盤水腫。」這代表巴拉特和瑟斯克兩人視神經與眼球相會的地方都有腫脹。NASA 多送了一台成像裝備上太空想知道發生了什麼事，透過新的器材，兩人達成了幾十年來太空醫學研究的最大發現。

「當我們替彼此做超音波檢查的那一刻，才真正豁然開朗。」麥克說，「很明顯地，我的腦袋裡面出大事了。」

影像顯示，他的視神經腫脹成正常的兩倍，而他的眼球變平了。其他科學家的後續研究檢視了許多太空人，發現每個人都有一堆眼壓相關的眼部疾病警訊，是所有去過太空的人都有的獨特病徵。大部分人沒有視盤水腫，而且回到地球後腫脹狀態都解除了，但曾長途飛行的太空人中，有 60% 發現視覺銳利度下降或者出現盲點。根據湯瑪斯．梅德（Thomas Mader）2011 年的論文指出，其中有些人的視覺問題並沒有在回到地球後改善，甚至多年過去後也一樣。

腦袋裡出了什麼事？

這個難題既複雜又未能徹底解決。無重力狀態導致腦中液壓持續增加似乎是主因，而太空船的高濃度二氧化碳又使問題加重（二氧化碳可讓血管舒張）。太空醫生克利斯提安．奧圖（Christian Otto）解釋，在地球上，若不處理過多的液壓，隨著腫脹處阻止葡萄糖和氧氣進入細胞，患者最終會失去視神經纖維。但克利斯提安說，就算處在上太空才會體驗的腫脹程度下，神經細胞還是要 6 個月以上才會壞死。大部分的國際太空站太空人一次都只飛 6 個月。進行為期 1 年的任務時，面臨的風險就大上許多，而一趟 3 年的火星任務則可能會導致部分失明。

人類在太空面臨的視覺問題也帶出了另一個疑問：無重力狀態影響液體運動的這種現象，還可能在腦中造成什麼影響？克利斯提安說，腦脊髓液沒有重力就不會正常循環。在地球上，這種液體會把廢物帶離腦部，一般認為缺少循環會促發失智症。NASA 還沒探討這問題，但飛行醫生們希望能在太空人飛行後測量他們的脊髓液，檢測導致失智症的病兆標記，並希望讓太空人接受高水準認知測試，觀察他們是否因為任務而出現任何智能損傷的徵兆（雖然乍看之下是沒有損傷）。

即便還沒完全了解問題，NASA 已在尋找解決方法，並稱之為「對策」。太空人史考特．凱利（Scott Kelly）在國際太空站待了 1 年後，於 2016 年 3 月返回地球，希望眼部問題可以藉由一條俄羅斯製的真空吸力褲而好轉。這種奇特發明的目標是把血液拉回下半身底端，但這並不是實用的長期方案。對於那些在太空中航行多年的人來說，他們可能會需要人工重力來回復視力。

身為人類研究計畫的領導，巴拉特組織了一個工作坊，重振「如何旋轉太空船，產生如同重力的離心力」的研究。這並不容易，整個研究過去了 15 年，也沒有什麼大幅進展。

麥克認為只需一點點重力就足以保護視神經，所以造訪月球或火星將阻止神經繼續受損，但我們不知是否真能如此。臥床研究永遠不可能產生國際太空站遇到的視覺問題。克倫威爾在加爾維斯敦醫院的團隊展開了實驗，藉著把患者以某個角度安置在床上，讓雙腳比頭部略低，來觀察低重力狀態的情形。她的研究團隊藉由測試概念，在肌肉骨骼上重現了月球上的六分之一重力。但科學家不保證實驗中的體液轉移是不是正確的；若沒有來自月球或其他低重力場合的比對數據，也無法確認此地的結果是否符合。接著，總統歐巴馬取消了登月計畫，整個工作遭到棄置。

這整個問題顯現出我們對外太空生活實在太缺乏了解。我們到現在都還能找到證明太空飛行很危險的新理由，其實不是個好兆頭。如果不是巴拉特和瑟斯克在國際太空站上動了好奇心，我們可能會等到太空人在前往火星途中、離地球幾百萬英哩時失明，才知道視神經損害問題對人類探索太空的嚴重損害。

「我們真的不知道長期結果會是什麼，因為你改變的是腦部和視神經，是至關緊要的解剖結構。」麥克說。「從機械結構上來說我們不知道有什麼正在發生，而且你真的沒辦法找到你先前並沒在找的東西。所以有沒有可能出現長期視覺改變，或者腦部白質退化，或者認知問題？我們不知道，因為我們沒觀察過。」

「可能有很多東西明明在你眼前卻都錯過了。5 年前，還沒有人知道太空旅行後會有這個症狀，現在這是我們的最大危機之一。我們會知道，就只是因為我們累積了飛行經驗，然後有把工具送上船，才察覺了這個症狀。誰知道還有什麼沒被找出來？」

當恆星以超新星狀態爆炸，便會以接近光的速度把物質向宇宙發射。這些星系宇宙射線（galactic cosmic rays，GCRs）的一小部分放射物中，包括了恆星內部深處形成的較重元素「HZE 粒子」（HZE particle），主要是碳、氧、矽和鐵。一個鐵原子核——也就是一個剝除了電子的鐵原子——是一個超電離劑（superionizer），帶著 26 正電荷，能在行經原子時搶走它的電子，破壞活體細胞和其他物質的分子結構。在這種速度下，這種重離子和其他物質相撞時也會帶來異常的物理衝擊。人們曾測量出 HZE 粒子（就一個原子核）攜帶了等同於大聯盟快速球的能量。

這些 HZE 粒子是讓人不敢離開地球的宇宙怪獸。大氣層能保護我們，是因為其成分等同我們頭頂有 10 公尺深的水擋著，足以吸收這種粒子的衝擊力。要擋住這種重粒子所需的物質量，取決於純物理——沒有其他捷徑。氫的效能最好，這就是為什麼水如此有效，也是聚乙烯（polyethylene，C2H4）塑膠有用的理由，因為這物質中每一個碳原子就會搭上兩個氫原子。但對任何可預見的太空載具來說，這些物質的需要量都不實際。兩公尺的水就足夠擋住一半的宇宙放射線。而一立方公尺的水就有一公噸重。

在早些日子裡，太陽放射線比較容易對太空人造成危險，因為這比上述的粒子要多太多。1972 年 8 月，當阿波羅 16 號返回地球，而阿波羅 17 號準備要出發時，一股強大的太陽閃焰帶著強度致命的質子風暴擊中月球。如果當時太空人在月球表面，他們可能會接收到致死劑量。但如果在繞行月球的指揮艙裡，他們就應該能在風暴後倖存，一部分是被太空艙的鋁製壁板保護，讓他們僅僅接收可能導致非致命放射疾病的劑量，而出現嘔吐、疲倦以及紅血球數量下降，但不會死亡（不過他們日後罹癌的風險可能會提高）。

NASA 從 1972 年的太陽風暴中僥倖脫險，也展現了解決問題的方法。太陽的放射能有一部分可以預測，也比較容易避開或擋住。NASA 新的「獵戶座」座艙就設計有暫時抵擋太陽風暴的庇護處，太空人可以和補給品、備用裝備、飲水、食物一起躲在這個能擋住放射線來襲的場所。國際太空站以塑膠防護並繞行地球磁場內，太陽放出的低質量粒子大部分都能靠這磁場偏離方向。鄰近太空站的地球也會把該方向的放射線阻擋下來。

讓我們在這裡思考一下阿波羅任務期間，星系宇宙線增加，而太空人全面接收 HZE 粒子曝射的情形（或者當巨大離子打中太空船，促使船體放出一陣原子粒子自由散射的這種二度放射）：太空人會在漆黑中看到閃光。在接收 HZE 粒子數量有宇宙深處三分之一的國際太空站上，縝密的研究證明了這些閃光是個別離子撕扯太空人視神經所造成的。

因為一趟登月任務頂多 12 天，人們認為太空人暴露在放射能的量是可以被接受的。但 30 年後的研究發現，那些遇上太空放射線的太空人發生白內障的機率都提高了，而且會較早罹患這項疾病。任務時間越長，白內障發病年紀就越輕。在廣島、長崎兩地的原子彈生還者身上，或者某些使用放射能治療的癌症患者身上，都看到了類似的效應。

沒有人知道進行為期 1 年火星任務的太空人在離開地球保護之後會發生什麼事。但法蘭西斯・庫奇諾塔（Francis Cucinotta）幾乎比任何人都清楚。

庫奇諾塔的朋友都叫他「法蘭克」。他在 1983 年以研究生身分第一次來到 NASA。1989 年 3 月，當發現號太空梭被一股強到讓魁北克（Quebec）大停電的太陽風撞上時，他就在地面指揮中心工作，並他在 1997 年加入人類研究計畫。早年他就開始著手於防護工作，包括讓國際太空站更加安全。但防護工作並不是個有趣的研究主題，相關的物理學早就已經解決了。所以他把目標轉移到星系宇宙射線對太空人造成的健康風險。

當法蘭克在詹森太空中心的人類研究計畫中心找到工作時，美國國家科學研究委員會（National Research Council）才剛發布報告，要求針對 HZE 粒子的風險展開一項徹底的研究計畫。委員會估計，在為期 1 年的火星行程之間，HZE 粒子將會以人類頭髮的直徑為間距，通過太空人身上的每一個細胞，造成的風險包括罹患癌症以及損害中央神經系統，甚至有可能影響太空人在整趟任務期間的心智能力。委員會要求進行 10 至 15 年的密集計畫，以了解並估計風險程度，以及當此資訊使 NASA 得以在沒有重大未知因素下為此改製太空船結構時，NASA 預期能在 1 千次行動中拿回的金額多寡。

法蘭克開始了那項工作，起而領導 NASA 的放射線計畫，監督打造一具位在紐約州長島（Long Island）布魯克黑文國家實驗室（Brookhaven National

Laboratory）內進行 HZE 相關實驗的設備，但 1996 年報告中要求的徹底計畫從來沒有被實現。報告作者曾經警告過，若不更加專注焦點的話，就算 20 年過去都可能不會有解答，而這是他們無法接受的方向。現在，20 年確實過去了，當時丟出的關鍵研究問題，仍然是今日最主要的未解問題。在 2 至 3 個推測因素中，接觸 HZE 粒子的罹癌風險依舊不明，這還不包括無法量化的其他重大不確定性。

法蘭克認為 NASA 的領導者還是沒能明白這件事有多嚴重，包括 NASA 現在的署長，前太空人兼美國海軍陸戰隊退役少將，查爾斯．伯爾登（Charles Bolden）。法蘭克說：「你還是會聽到伯爾登先生說，我們需要找到正確的防護材質。不曉得是誰用什麼方法跟他說問題都在使用的材質上。但我們早在三、四十年前就了解那些材質了。除非他們有辦法多送一大堆到太空中，不然還是沒辦法徹底解決這問題。」

法蘭克外貌英俊而有氣質，有著濃厚的眉毛，說話用詞謹慎。他輕柔的聲音仍帶有一點紐澤西腔調，承襲自他在格拉瓦河隔著費城的對岸（譯注：俗稱南澤西〔South Jersey〕）度過的童年。他就和其他人一樣被阿波羅任務所激勵，但阿波羅任務的成果中真正令他興奮的，是建立風險模型的數學。他活在一個由次原子粒子和個別細胞組成的世界，在那裡，對物質互動方式的細節若有更精準了解，將會決定太空人的生死。

自始至終，法蘭克的挑戰都是針對 HZE 粒子強加於活體組織的損害收集客觀數據，好讓風險模型能夠更加精準；這件事做起來沒有捷徑，因為地球上沒有HZE粒子。科學家研究的對象是原子彈轟炸倖存者、接受放射能治療的患者，以及車諾比（Chernobyl）核電廠事故，但那些都不是同一種放射能。科學家可以在粒子加速器中製造 HZE 粒子，機器中使用巨大磁鐵，將粒子在環狀地下隧道中繞行加速，但人類無法曝露其下。

位於布魯克黑文的 NASA 太空放射能實驗室（NASA Space Radiation Laboratory）成立於 2003 年。在一間用厚重水泥牆與迷宮般入口限制游離放射線的房間裡，他們把老鼠放在 HZE 粒子束下照射。研究者為了調查問題的補助金撰寫報告，老鼠為了實驗而繁殖並被曝露在 HZE 粒子束下，老鼠活完牠們 3 年的壽命，研究者分析數據並發表論文。整個流程花了 6 年，產出的論文看似解決問題，同時卻又產生了新的問題。

法蘭克表示，一個成本 5 億至 10 億美元、為時 10 年的計畫，可以得到客觀結果。NASA 將加速研究分析，快速轉移至下一個僅有單一承包者的實驗，而不是從頭再來。

儘管法蘭克的計畫有可能得到客觀答案，這答案卻未必是人們想要的。研究有可能告訴我們，風險實在太高，沒有辦法以當前或近未來的科技加以緩和。事實上，NASA 的爭論比較集中於「多大的風險是可以被接受的」，而不是實際測量風險大小。

隨著壞消息越積越多，NASA 向美國國家科學院要求倫理上的支持，希望國家科學院同意讓 NASA 為了探索任務而降低安全標準。一個美國醫學學院（Institute of Medicine）的專家小組在 2013 年開會時，考量了一種想法：如果在太空人知情且同意的狀況下，評估了他們將要面對的風險以後，NASA 可以把他們送往風險較高的探索任務，或者（因為危機未知而有可能）風險無上限的任務。為期 3 年的火星任務目前超過了 NASA 的風險忍受度，在 NASA 的 32 個太空飛行健康問題綜合評估中，火星將在其中 9 個問題上展現無法被接受的風險，並在另外 6 個問題上有著未知程度的風險。

放射能危害是潛在的嚴重威脅。布魯克黑文的老鼠研究顯示，HZE 粒子造成了早發而快速轉移的惡性腫瘤。2014 年，庫奇諾塔發表了一份研究報告指出，太空人待在國際太空站上的時間應該受限，男性應少於兩年，女性則應少於 18 個月（乳癌、卵巢癌及〔有較高機率會出現的〕肺癌，都使女性更容易受放射線影響）。而這還沒有把太空人原本會比一般人低的罹癌風險算進去，畢竟他們會被挑選出來，就已算是特別健康的人。為了遵守 NASA 現有的癌症風險限制，根據太空人出發的日期，他們在地球軌道上繞行的時間可能必須縮短至兩百天。前往火星的圓周旅程，以目前技術而言，卻要花上 4 百至 6 百天的行程。

要推估 HZE 粒子對中樞神經系統造成的風險，比起上述風險要難上太多。老鼠研究顯示，HZE 粒子有可能會因撞擊產生氧化壓力（oxidative stress），或者因為加速堆積而損害神經系統的突觸。太空中的腦部損害會影響短期記憶、執行功能和行為，與太空人的心智狀態一起威脅任務，而他們返回地球後，罹患阿茲海默症的風險也可能增加。2015 年發表的研究結果顯示，只要接受的粒子劑量接近於太空中，老鼠的認知能力就會受到影響；但把老鼠和人類的腦部直接類比可能不恰當。並沒有一種明確的方式可以知道這種損害會如何影響人類的思考模式，而且，什麼範圍才是太空人腦部受損的可接受風險呢？

美國國家科學院的小組否決了「只改變健康標準而讓風險變得可接受」或者「面對未知而徹底放棄限制」的想法。

有些太空人不喜歡這個回答。許多人認為 NASA 過度排斥風險，就跟整個美國社會一樣。其他國家的放射線限制就比美國高，如果他們有辦法和資金，或許就可以在現有的規則下，派人前往火星。

麥克・巴拉特表示：「我可以保證，中國不會因為那種限制而停下來。所以我們現在有的就是一種特別保守的、只符合美國人的放射能限制，而其他國家可以直接跳過這套，前往火星。」

許多美國太空狂熱者即便冒著必死的風險也願意去火星。就算在最理想的條件之下，擔任第一批火星旅行者也要具備極大的勇氣。

「發射上軌道、從軌道下來著陸都死過人。」麥克說，「我們損失過不少人，俄羅斯那邊也是。而在一個像火星那麼遙遠的地方起飛和著陸，可能會十分危險。」

「然後，當你來看看其他那些風險，沒錯，它們確實存在，但我認為和發射與著陸的風險相比，它們（放射能罹癌風險）距離我們極其遙遠。」他說，「你或許增加了和總體人口平均相比並不存在的、3% 的癌症死亡風險，而且就現況來說，太空人已經比總體人口平均活得更久，所以如果你把發射和著陸兩件事再從中排除的話，你對一個太空人的風險預測有做出什麼真正的改變？你並沒有改善它，但造成的影響也沒有像你想的那麼大。」

但是，法蘭克 ・ 庫奇諾塔挑戰了這種想法。3% 的罹癌死亡風險，就是三十三分之一的死亡機會；這代表一個在 40 歲達到放射線曝射極限的太空人，平均來說會在 60 歲死去。一個 45 歲的太空人將賠上平均 12 至 16 年的性命損失。飛行風險估計遠比這個還低，目前來說是兩百分之一，而且可以預期的還會改善。甚至連太空梭的紀錄都還比較優秀，135 次任務中，只有 2 次以事故收尾，死亡風險則是六十六分之一。

巴拉特反駁，在所有的風險推測中都有眾多未知數。當太空船墜毀時，那並不是當初用來做風險估計的預期原因。他說法蘭克的計算是對的，但他拿來做風險估計的數據是模糊的。太空旅行一直都充滿風險，而太空人有無數種出乎意料的死法。

「得要有願意冒那些風險的人。」麥克說，「而且得要有一個計畫，和一群準備接受可能的失敗，也能了解失敗後果的人們，而不是讓失敗風險凍結計畫、讓失敗風險阻止他們前進。」

但是，法蘭克也說，「有些人把太空人看做英雄和殉道者。其他人把太空人看做卡車司機，只是把科學酬載送上天而已。所以有各種不同的對照。我看過有人把它們比做消防員或軍人。但消防員和軍人的陣亡率遠比三十三分之一要低。」

是我們想去，還是必需去？

我們在還不知道這兩人曾經共事的情況下，分別訪問了他們。但他們也曾經直接爭辯過這些問題。麥克．巴拉特曾在2012及2013年領導人類研究計畫，儘管他既不是法蘭克．庫奇諾塔的頂頭上司，也曾表示他從沒質疑過法蘭克的工作。法蘭克現在是內華達大學拉斯維加斯分校（University of Nevada, Las Vegas）的教授。他說他會離開光鮮的NASA工作，是因為他所感受到的否定是直接針對癌症風險問題，並衝著他個人而來的。

「他們為了（風險）設限的事情來煩我，我覺得很奇怪，因為我在NASA又沒做什麼和制定政策相關的事。」法蘭克說，「只因為我寫了論文，管理階層就有人整天為了這件事煩我，我受夠了。」

美國醫學研究所在法蘭克還在NASA時，就已開始研究風險限制的倫理學。發表出來的成果，大部分支持法蘭克的觀點；但它也替NASA留了一扇後門，一個用來評估規則「單次例外」的倫理框架。報告提到，在其他積極經營的領域中，如果目標關鍵重要、時間至關重要，如果一位知識充足的英雄自告奮勇，且完全沒有其他替代方案的話——「犧牲」在倫理上就有了正當性。就好像衝進起火的建築物搶救生還者，或者在戰鬥中發起自殺任務。

但火星之旅不符合這些條件。我們去火星是因為我們想去，而不是非去不可。

如果美國國會肯砸錢打造運輸工具，我們現在就可以出發去火星，NASA甚至可能偷偷規避當前的癌症風險限制。任務計畫者有好幾種選擇，可以把數字調降到勉強符合現有標準、可以挑選遺傳性癌症罹患率低的太空人、等太陽黑子活躍，趁太陽極大期稍稍降低星系宇宙射線時起飛、或者計畫一趟較短的任務。

但我們必須思考：只是為了去趟火星，這樣值得嗎？一個如此高風險而困難的事業，應該要比說「我們做到了」還要能做更多。成功應該要導致一些新東西和新目標出現；而光是紮紮實實地、帶著一種能給未來多點信心和清晰眼界的能力踏上火星，從基礎知識開始，就將花多上太多工夫。

時間是很充裕的。在可以預見的未來裡，美國還不會在前往火星一事上花夠多的資源，而研究機會非常的多。舉例來說，巴拉特表示 NASA 都不替退休太空人的太空飛行健康風險做長期監控。其他單位，例如美國能源部和國防部，都會替核物質相關工作退休者做癌症檢查。國會並沒有把這項職權給予 NASA，所以法蘭克模型中所主張的癌症風險，就沒能經由被曝於放射線者的癌症篩檢結果證實。

要得到答案，NASA 現在就應該優先面對這些問題。法蘭克指出，在生物學這類快速發展的領域中，花上數十年的研究在發現任何答案之前就有可能已經過時。事實上，新風險冒出來的速度，比舊風險被解決的速度還要快。

同時，時間的流逝也逐漸打消了太空人在火星上步行的希望，機器人將可以做到原先太空人的工作。美國醫學研究所的倫理標準表示，高風險任務只有在別無選擇時才有正當性。等到太空健康風險達到合理水準時，機器人搞不好已經抵達任務終點了。

中國月球基地的英雄們在遊行車隊上向群眾揮手，但他們都沒有接受訪問，也沒有當眾演說或前往科學研討會。在月球基地廢棄前，他們在那待了好幾年，成為國際名人。但這群太空人回來之後，都只透過電子郵件或即時通訊軟體和媒體及專業人士聯絡，沒流出過任何影音。他們從來沒離開過太空機構替他們造的繭，他們從來沒回家過。每位英雄都搬進由中國國家航天局興建的全新私人宅院裡，連親朋好友都不能來訪。

西方評論員假設，這種保密只是再次反映了又一種讓他們不解的中式怪異科學文化面向。網路陰謀理論家發展出複雜的情節，有些說月球隊員被外星人劫持並取代，其他人說他們從來都不曾存在過，因為整個任務都是唬人的。NASA 專注於美國的火星任務，急切地向前推進，因而無暇關注中國。由兩對億萬富翁資助的私人火星任務恐怕要率先抵達目的地，而 NASA 希望能贏得比賽。

但領導 NASA 人類研究計畫的醫生，仍舊擔心著火星旅行者將面臨的巨大醫療問題，以及缺乏時間解決的急迫。他持續等待中國發表科學論文來緩和他的擔憂，並納悶為什麼月球任務的文獻從來都沒出現。有禮貌的詢問都被有禮貌地退回了。

在他的指導下，NASA 針對太空健康問題舉辦了國際科學會議，並邀請中方出席。正式報告中沒有什麼大事，但在飯店酒吧裡，NASA 的醫生遇見了中國國家航天局的同路人，兩人喝了幾杯後一見如故。他們相似處不少：兩人都是航空軍醫，從各自祖國的空軍出身。他們交換了在無知官僚體系下工作的趣事。

深夜時分，在酒保都下班之後，中國科學家承認他很驚慌。他說NASA應該放慢火星計畫，並在發射前替那些懸而未決的問題找到答案，同時暗示：如果在沒有更多醫療知識的情況下貿然把太空人送去進行3年任務，每個人都會後悔。

「劉醫師，你知道我無權放慢計畫。」這個美國人說，「我得知道發生什麼事。」

兩個月後，一封請帖寄來，邀請他前往甘肅省酒泉發射中心附近的祕密太空城，造訪中國太空人的宅院。本次會面將徹底保密。只有這兩位醫生與月球任務的領導人對坐。幾句閒聊後大家展開了面談，其後不尋常地延長了好一陣子。那位太空人笑容可掬，對所有評論點頭，但只回一、兩個字。終於，在回答一個直接而詳細的、關於他回到地球後經歷的醫療問題時，他再度微笑並說：「是」。

帶著接近天才般智商離開地球的太空人，如今只能被診斷為智能障礙。中國政府不讓人知曉這災難的一絲一毫。但後來NASA的醫師和NASA主管直接與總統會面。在沒有公開聲明下，火星任務的時間表悄悄推遲了。沒有人起疑，畢竟依照傳統，按時間表進行還比較嚇人。同時，總統要求在人類研究計畫上追加數十億美元，支付每年針對太空飛行所造成的認知問題所進行的徹底研究。

自行打造火星任務的億萬富翁們則沒有放慢腳步，他們從來不相信政府能快速邁進，也不認真聽取NASA官員的含糊警告。火星環繞太陽的時間幾乎是地球的兩倍，所以發射的時機每26個月才會出現一次。政府沒趕上發射窗口（譯注：launch window，指適合發射的時機），私人任務可不想重蹈覆轍。到頭來，他們雖然錯過，但打算進行更長的旅程，畢竟對他們來說，再等兩年實在難以接受。

私人任務的贊助者們都不太清楚太空。愛德華多（Eduardo）大學時的反社會天才室友設計了一個應用軟體叫席拉諾（Cyrano，譯注：《大鼻子情聖》主角名），這個人工智能代理人，能讓每個阿宅都成為社群媒體及網路約會大師，而讓愛德華多賺到了第一個 10 億元。習慣於在媒體前語出驚人的他，開著自己的太空飛機並擁有一個私人軌道太空站，因為舉辦糜爛的影星派對而惡名昭彰。另一位創辦人拉吉（Raj）是對沖基金巨擘，靠著一層巨大智能網路收集內線投資訊息來持續增添財富。他藉著躲藏來集中注意力，只偶爾讓人一窺他的面貌與帝王級生活。他們的火星任務若能率先成功，不管從哪方面來說都會成為他偉大威望的象徵。

為了讓他們的影響力最大化，兩位億萬富翁直到準備好出發的幾個月前，都還讓這計畫徹底保密，然後才讓宣傳機器火力全開。任務的直播廣告權以數十億元賣出。太空人的身分在一場於好萊塢戲院進行的晚間盛宴中揭露；浮華招搖的愛德華多走近玻璃講台前介紹他們：

「在我們人類向上尋求新家時，我要向各位介紹這對先驅者，新人類的先鋒，我們的開拓者路易斯與克拉克，我們的亞當和夏娃！」一對夫妻從帷幕後現身，牽著彼此，穿著貼身的連身衣。他們看起來合宜、煥發又有才華——人類中的完美樣品。億萬富翁拉高他們的手，召喚全場不停的掌聲。

太空船比 NASA 任務正在打造的要更小，能力也較差，有著類似阿波羅任務的設計。這對伴侶將住在一個盡量縮小的火星繞行指揮艙，還有一個火星登陸器能將他們送到火星表面，並成為他們幾個月內在火星上的住所。直播攝影機顯示，當火箭把太空人送上路時，他們正被起飛的 G 力推進椅子裡，畫面周圍還有百事、Google 和利清爽（Depend）成人紙尿褲的商標。

這趟任務成為收視率奇蹟，是幾十年未見的一場直播秀。觀眾整天看著畫面，用推特和部落格討論他們看到的那兩人在做什麼。一週週一月月過去，故事逐漸開展。進行來回通話的能力，隨著太空船與地球之間的訊號延遲時間增加而中止。但直播仍在繼續，播映太空船上幾分鐘前發生的事。延遲逐漸增加到每天 15 分鐘。指揮中心送出影像訊息，然後會在半小時後觀看太空船的影訊回覆，或者有時候直接遭到忽略。

觀眾察覺到緊張氣氛逐漸蔓延。丈夫看起來怒而不言，絕大多數時間不願溝通並翹掉了必要的運動時間。他開始擋住攝影機。太太持續傳訊給指揮中心，但她似乎緊張而思緒不清，她的回應不會每次都和她收到的訊息合拍。

現在，這對伴侶處在孤獨的世界裡，這個世界看起來怪異又不舒適。大眾媒體著迷於他們之間的每一個交流，試圖判斷他們的親密和疏離。科學家爭論是心理還是生理問題導致行為變化，但無從得知。兩名太空人都不是醫生，他們看起來也沒辦法遵訊詳細指示來進行檢驗。

1 年後，指揮艙和登陸器進入火星軌道。太空人們看起來已經不像剛離開地球時，容光煥發的那兩個人了。他們動作緩慢，好像飄在一團霧裡，而他們的居住清潔和儀容都已不堪入目。空掉的食物包裝和骯髒的襪子在居住區內四處飄浮。指揮中心命令他們搭上登陸艇，開始分離程序前往火星表面，但太空人們不理這道訊息，他們完全不為所動。

接著，畫面暗了下來。通訊頻道仍舊開著，但指揮艙沒傳來任何訊息。兩天沒有消息。在地球上，指揮中心計畫了一套指揮艙緊急接管流程，有著新的航程計畫和推進燃燒流程，好把太空船送回地球。

毫無預警之下，來自指揮艙的遠端感測，顯示太空人們下了一連串的古怪指令。等到最後的信號抵達地球時，已經來不及反應，信號顯示太空船發動了主要火箭，進行了火星墜毀航程。再也沒有來自太空船的訊息，它最後的影像來自一台太空望遠鏡，它拍下了殘骸在火星表面的一張照片。

私人火星任務的慘重失敗，激發出對太空科學前所未有的公眾支持。普通人曾經假想離開地球很簡單。幾十年來，軟性新聞片段吹捧太空工作的成功，教導每個人只要搭乘神奇的行星探測機，就能抵達其他星球；或看著勇敢的太空人返回地球，到小學去演講。太空什麼的都太理所當然，當人類需要到其他星球時，人們可以假想那種能力早就準備妥當了。但火星事故告訴大家，實際上並不行。如果連把兩個人平安送到火星都沒辦法，我們怎麼可能把整個殖民地送到泰坦呢？

沒有人知道火星太空船為什麼消失，但每個人都有自己的理論。很明顯地，太空人的腦袋出了問題，生理或心理都有可能，或者是兩者結合所導致。國家運輸安全委員會（National Transportation Safety Board）及一個國會特別委員會都展開調查。

焦點很快轉移到從月球返回、但至今仍未露面的中國太空人身上。知道那次向總統進行中國事故簡報的人已經夠多，而無法讓這件事情壓下來，但白宮確實還是嘗試著要掩蓋問題。這種掩蓋行為讓總統看似有罪，但他唯一的罪名就是未能阻止私人任務出發。當整件事藉由戲劇化的公開聲明曝光後，情況就變得有如政治力害了太空人，毀滅了太空殖民的機會。總統所屬政黨支持度崩盤，眾多候選人競相針對載人太空飛行提出最誇大的投資承諾。

但現在，那些承諾不只繞著速度問題，更繞著安全問題轉。針對離開地球的挑戰所作的真實報導，向公民提醒了太空飛行的健康問題。這項工作非常困難——在移動的太空船上創造人工重力並處理放射線問題——而且會花很長的時間。更快的太空船，也會藉由把乘客快點送到目的地，減少曝露於危害中，而降低太空中的危險。但要發明能以快上許多的速度推動巨大太空船的新推進系統，就是巨大的科技挑戰。

同時，探索還是得繼續進行；但這有個解決方法。在長距離太空船可以又大又快又安全以前，不需要這些防護措施的地球代表——機器人，可以率先出發。它們可以更快準備好，也幾乎可以做到太空人所能做的每件事。

CHAPTER 6

「機器人在太空」

機器人通常看起來不像機器人。在匹茲堡（Pittsburgh），打造最頂尖機器人的卡內基美隆大學（Carnegie Mellon University）機器人學學院裡，年輕工程師們裝修著電腦、線路和可能用來做任何東西的金屬零件。但沒有別的東西像機器人那樣激發大家的想像力：一台裝了感應器、於 2007 年在國防部舉辦的自動駕駛「城市挑戰賽」（Urban Challenge）中，獲得 200 萬獎金的雪佛蘭塔赫（Chevy Tahoe）運動休旅車；參加 Google 月球 X 大獎的月球機器人的一部分；還有在院長辦公室裡的充氣式機器人──迪士尼《大英雄天團》（Big Hero 6）的主角「杯麵」（Baymax），就是根據學院自行打造的它而發想出來的。

機器人在我們身邊四處可見，擴展了我們各方面的能力；當初電影工作者創造那種讓演員身穿金屬裝的超僵硬機器人時，恐怕沒預測到機器人工業能像今日這樣開展。真實世界中的機器人不太像《綠野仙蹤》裡的錫人那樣活靈活現，但所長麥特．梅森（Matt Mason）表示，那是因為我們不清楚自己看著的是什麼。

「如果你把機器人和人類相比，看起來進展好像很慢；但你如果把它和去年或 10 年前的機型相比，就會看見高速的進化。現在有成千上萬的人從事機器人研究，如此龐大的規模實在驚人。而且，這些研究都正創造著巨大進展，他們在打造各種機器，人們都說機器人研發正處在高點。龐大的資金正傾注其中，機器人有許多應用面向，更有許多神奇的進展。舉例來說，你會舉 iPhone，或者智慧型手機，以及那些東西的所有功能為科技進步的例子；

其實呢，那些功能有些就是來自於機器人學。」

當機器人不在太空時……

手機拍照對焦時，可以從景物中分辨出臉孔，它們「看得出來」；它們可以了解話語，它們「聽得出來」。當一台連接網路的電腦可以聽或看之後，它突然就能做出沒有人能做到的事，好比從隨便幾個小節就辨認出一段音樂，或者從人臉資料庫中指認出某人。

電腦也可以思考，並且做出決定。在尋找地址、科學文獻或建立個人化電台時，人工智慧都在替我們尋找資訊。智慧代理人一邊了解我們，一邊持續拉近資訊的距離。Google 搜尋已經可以回答一些明確話語構成的問句。等到複雜搜尋不再是帶來一整列的資料來源，而是直接把我們所要的資訊整理好吐出來時，下一步就達成了。能做到這一步，你就會覺得像在問別人問題，而且得到中肯的回應一樣。機器人有時已能近乎精準地模仿人類思考，足球機器人看起來就像真正的足球玩家一樣有著射門意圖。

每一種新能力誕生，就帶來錢潮湧入，技術也會在瞬間被開發出來。能力堪比我們的機器人——甚至比我們更強的機器人——早就一一被打造出來。

「那種機器人真的存在，而且就在眼前。」梅森說，「只是，它並不是科幻作家想像中那種我們都十分著迷的、外觀和行為都很像我們的模樣。」

機器人並沒有複製人形，而是展現出對人或動物（我們習以為常的自身面向）而言都很不尋常的狀態，同時在那些我們自以為獨特而有價值的本事上滅我們威風。下棋電腦已經可以不時打敗人類的最佳棋手，但若要機器人從桌面拿取尋常東西（好比舉棋），那還遠遠不如剛開始學步的孩童。

在這種需要細緻動作的工作上，人類的手部能夠完美地與大腦合為一體：靈活、輕巧但又強壯，有著細膩的感觸，且又能針對複雜直觀的物理現象做出調適。梅森正在解決設計機器人時，無法讓它們與人類細部動作相比的這個難題。他示範了一下，當你從桌上拿起一個扁平物體時，你通常會用大拇指把它撬上來，好讓你的其他指頭可以抓住邊緣，你甚至察覺不到自己這麼做。但機器人光要複製這個動作，就需要精細無比的計算和機械設計。

機器人要取代太空人成為太空探索者，並不需要長得像太空人，而且應該也不會像。在各種功能之外，它還得要有能力選出不熟悉的物體來檢驗；它得把那東西撿起來，進行了解，然後再從那個資訊來決定接下來要做什麼。泰坦實在太遠，沒辦法每一個決定都回去問地球上的人。而機器太空人將得要知道怎樣避免傷害人類太空人。這一點其實包含在 NASA 那 32 項人類太空健康風險中：**機器人有可能對人類造成危險。**

卡內基美隆大學的狄米崔歐斯．阿波斯托洛波洛斯（Dimitrios Apostolopoulos）一邊在地球上打造機器人來做有用的工作，一邊設法解決上述這兩個問題——科學探索和避免傷害。進展是這麼發生的：要設計出一個工作，只有機器人才能做到最好。

狄米崔在希臘佛洛斯（Volos）城長大，這裡就是神話中伊阿宋（Jason）與阿爾戈英雄（Argonauts）們啟程尋找金羊毛的出發地。他自己邁向機器人學的旅程則是從觀賞《星際大戰》開始，這部電影在美國上映幾個月後，才在 1977 年秋天輾轉抵達他眼前。電影中，路克．天行者（Luke Skywalker）在一個天空像希臘的偏遠行星上修理機器人。但光靠那些機器激發狄米崔還不夠，他不是那種典型的機械宅工程師；言談間，他對我如故人般敞開心胸。這部電影令他印象深刻，是因為那些機器人和外星人都彷彿人類。「他們都有特殊的天賦。」他說，「而我們也都有。」

在卡內基美隆大學念研究所期間，狄米崔參與雷德．惠特克（Red Whittaker）的機器人研究工作。惠特克是前海軍陸戰隊員，當賓州哈里斯堡（Harrisburg）的三哩島核電廠（Three Mile Island nuclear power plant）在 1979 年發生熔毀事件時，協助修理的他曾因在眾人無法靠近的環境中使用機器人工作而聲名大噪。清除工作要花上數十億元，但當時的工人無法進入充滿放射線的核電廠地下室。來自匹茲堡的惠特克團隊帶來一些有機械手臂的三輪設備，可以調查現場並進行維修（*他後來也率領了打造自駕車並獲得城市挑戰賽冠軍的團隊*）。

1990 年代，狄米崔攻讀博士時，NASA 正強力支持行星機器人學的學術研究。狄米崔協助開發了對火星探測車的成功有所貢獻的概念。1994 年，卡內基美隆大學團隊在 NASA 資助下，把一台約 1 千 7 百磅（770 公斤）重的蜘蛛型機器人「但丁」（Dante）送進阿拉斯加斯普爾山（Mount Spurr）火山口。它成功向下爬行了 650 英呎（200 公尺）後，進入活躍的火山口內，調查了石塊飛射、氣體致命的隱藏地帶，在活動中的噴氣孔上安坐了 10 個鐘頭並進行測量。當一塊卵石打壞了承載四分之一重量的一條腿時，位在安克拉治（Anchorage）的控制者也能立刻用其他機械腿頂住重心，避免了全盤皆輸的結局，儘管但丁最後還是在陡峭而柔軟的土壤上摔倒。

人類或動物都不需要外在引導來避免摔跤。就算無脊椎動物也能選出路徑、避免危害，或者在被卡住時尋找其他方法脫身。神經系統無法掌控這些狀況的動物，或者身體有不可克服障礙的動物，會在大自然中經由物競天擇而被淘汰。

機器人的「進化」

機器人可能沒辦法達到螃蟹或蜘蛛的導航智能，但就跟自然界一樣，堅韌的設計可以彌補智能的不足。為了在外星環境測試長距離探索的設計，狄米崔和卡內基美隆大學的一支工程師團隊，在全世界最乾燥的地帶——海拔高且地勢崎嶇的智利阿他加馬沙漠（Atacama Desert）運行了一台非常強悍的機器人。這台叫做牧民號（Nomad）的機器人可以自動駕駛，而且能夠像在火星上一樣，回應來自匹茲堡和美國其他地方運行的控制指令，並送回科學觀測結果。

原本不明顯的想法會從這些工作中浮現。舉例來說，工程師發現輪子的電力馬達運作效果比機器人體內的要好，因為劇烈的溫度變化造成中樞動力所需的液壓出現問題。從中央架起車身、稱做轉向架（bogie）的懸吊系統緩和了傾斜，就算在非常崎嶇的地面，都能讓輪子保持均等壓力著地，4 個輪子都可以導向。1997 年，牧民號自行在沙漠中行走了 223 公里，是當時的最長紀錄。

多年來，卡內基美隆大學和噴射推進實驗室的機器人彼此影響。勇氣號、機會號和好奇號的每個輪子都有馬達，也都有 4 個輪子可以導向，同時都有懸吊系統，懸吊系統讓火星探測車可以越過比輪子直徑還要大的石頭。火星探測車靠著 6 個輪子，甚至比牧民號被卡住的可能性更低，還可以爬過垂直障礙。後輪提供了能夠對抗障礙的壓力，前輪就直直地爬上去；等到前輪爬到頂上，又會幫忙把後頭的輪子拉過來。探測車移動得非常緩慢，以避免造成損害的過度顛簸。

到了 1990 年代尾聲，狄米崔的團隊把牧民號帶到南極洲去尋找隕石。南極冰河可以算是一種隕石收集機，隨著冰層以肉眼看不見的極慢速度流動，落在上頭的物體便能集中於某些地帶，就像是樹枝和其他碎片在河中渦流處堆積一樣。機器人將探索這片凍結大地，尋找岩石，並檢驗其可能為隕石的跡象。就如太空任務一樣，牧民號將在人類止步的嚴寒和遙遠處，使用比人類感官更強的儀器運作。理想中，一台機器人可以在沒有休息的情況下自行工作，永遠不會感到無聊、疲倦、寒冷或飢餓，行經的冰河範圍能比人類大上許多。

目前為止，自動化是機器人的主要好處，能讓工作更快更便宜地完成，理想中，機器人是解放人類的希望，有了它們，人類便能轉而進行更有創造力的活動。工廠機器人已經取代了汽車組裝工，桌上印表機取代了打字員和碳式複寫紙。一大群（相較於人類更）可消耗的機器人可以讓探索自動化，以高於人類探索者的速度，漫遊外星地表並回報詳細、精準的資訊。

不過火星探測車卻不是這樣。它們太獨特而珍貴，不能太常讓它們自己行動，儘管它們確實備有自動導航程式。專業工程師與科學家組成龐大隊伍，計畫探測車的每一個動作，檢驗所經路上的每一顆石頭。火星探測車和望遠鏡的相似程度甚至遠勝太空人。它們都可以讓科學家觀察極遙遠處的某個特定點，使用視覺儀器並進行現場科學實驗。好奇號在火星上走 1 公尺花了 1 分半鐘。就像一個機器人學家開的玩笑，如果哥倫布（Christopher Columbus）用這種速度探險，他現在可能還在伊斯帕尼奧拉島（Hispaniola，譯注：加勒比海第二大島，分屬海地和多明尼加）上。

自動探索非常困難。要打造能進行這種工作的機器人，你得試著預測它可能面對的所有情況。機器人學家因此在與機器人學無關的主題上成為小細節專家。目前，狄米崔為打造採礦機器人，正在學習所有開採鉑（platinum，白金）所該知道的事情。但如果我們已經完全知道自己會在其他行星找到什麼，那也就不需要探索了。為了探索工作，自動機器人得要更聰明、更靈活。它們得自行挑選奇特物體並測試，進行研究之後評估結果。

卡內基美隆大學的團隊解決了這個隕石搜尋機器人在機械學習上的難題。他們不在機器人裡輸入從岩石中挑選出隕石的規則程式，而是在實驗室裡向儀器展示其中一些隕石，並讓它自己從真實樣本中，產生感應器讀數的數據資料庫。當機器人在野外遇到了一個新物體，它會把感應器數據比對之前儲存的經驗。統計分析會把讀數和記憶中的數據組合歸類，並決定出該物體是隕石或地球岩石的機率。

「你正在做的是自我學習。」狄米崔說，「人必須把機器自我學習所用的技術，以算式編寫進程式；但機器要怎麼做這個自我學習，以及它會發現什麼，可能會完全出乎我們預料。這就是最酷的地方，而我們已經在許多應用程式上達到了這一點。」

學習式電腦藉著極其優異的記憶能力和運算速度，常常可以發現沒人想過的東西。一個簡單的例子是：找到一條意想不到的路徑讓你提早十分鐘抵達。或者分析你喜歡的音樂類型，然後向你推薦你沒聽過的歌手所演出的好歌。但機器學習也為科學界帶來一種全新的想法生產方式：科學家不再嘗試寫出解釋自然的方程式，轉而寫下可以在大數據寶藏中找到模式的程式。當便宜的感應器遍布全球——在海中、空中甚至體內——時，電腦可以統整這些數據，有望促使全新的洞見大量出現。

當戰場上出現機器人

狄米崔的機器人後來真的在南極洲找到了隕石。然而，由於預算緊縮、國際太空站成本提高，NASA 砍掉了大部分的機器人研究資助。卡內基美隆大學的科學家只好另謀高就，或轉而投靠其他金源。狄米崔成為美國海軍陸戰隊一項 2 千 6 百萬美元計畫的主持人，目標是打造可用於伊拉克戰爭的機器人。

「對我來說那是非常突然的轉換，就道德立場來說，我強迫自己走向一個並不想去、而且幾乎完全不同的地方。」他說，「但身為人類，我們生來如此。有人獻身戰爭，也有人獻身和平，中間還有很多灰色地帶。當我們假設總會有人投身戰爭時，有個問題是，你有沒有至少做點什麼來改變一下？」

狄米崔使用了當初替雷德．惠塔克「城市挑戰賽」計畫開發的想法，也就是研發可以在限速下於都市街道自動導航，並在面前有人經過時立即剎車的自動駕駛休旅車。偵查機器人可以在巷戰時走在部隊前頭，把攝影機、熱成像和雷射形成的圖像及數據送回來。本來得盲目地一間接一間撞門、開火的海軍陸戰隊員，可以因為機器人擔任先鋒而有更多機會保全性命。

美國、英國、以色列和挪威都已擁有了配備人工智慧的無人機和飛彈，不需引導就可飛行，可以躲避偵查和防空火力，找出目標並將武器瞄準，然後把選定的目標摧毀。洛克希德馬丁推出一部介紹海軍新武器的動畫，看起來有如二次世界大戰的神風特攻隊而令人不安。根據《紐約時報》報導，自動武器的祕密軍備競賽已經開展。狄米崔說，美國在中東發動的無人機攻擊，差不多都已經全由機器自動執行了；只剩發射飛彈的實際命令，是由美國某地控制室內的人類下達。

可以替代地面部隊的機器人還沒有走到這地步。用於伊拉克的偵查機器人設計起來很難，它們必須要能快速行經擠滿大量舉動、威脅和非戰鬥人員的混亂複雜環境。打造可以在陌生城市內自動導航、蒐集資訊、快速處理資訊（*也就代表要教機器人忽視不重要資訊*）並決定行動的機器人，這種挑戰令狄米崔樂在其中，可是海軍陸戰隊要求機器人也要能作戰。

機器人設計者花了很多心思避免機器人傷害人類，因為機器人可以對人類產生很多意料之外的損害。它們的行動無法預期且難以理解，當它們出錯時，不一定能立刻停手。自動系統曾經造成飛機與船隻失事，通常是因為機器與控制者互動的方式有瑕疵。阿波羅 10 號因為按錯一個自動導引系統的開關，差點撞毀在月球上。

機器人會是好隊友嗎？

身為人類，我們會藉由理解意圖來避免互相傷害，我們的情感對預測彼此的行動有所助益。NASA 艾姆斯研究中心的科學家，把與機器人相關的意外事故當作太空飛行的風險來研究（他們把這個領域叫做 HARI，也就是人與自動操作／機器人之互動〔human and automation/robotic interaction〕）。人類難以了解也難以掌控機器人在複雜立體環境中的行為，更別說機器人根本未曾試著瞭解過人類。如果太空人告訴導航系統往月球撞下去，系統就會照做。

HARI 研究者在 2013 年的報告中寫到，成功的太空飛行需要團隊合作。「要打造成功的人類團隊，成員必須有共同目標、共享心智模型（mental model）、為了群體需要而抑制個人需要，正面看待親密關係，了解並達成自己在團隊中的角色，還要信任彼此。不過，機器人沒有心智模型、引導它們的個體價值和信仰，甚至沒有自身動機；**機器人缺乏成功隊友的基本性質。**」

如果太空人對機器人及其功能瞭若指掌，或許他們就能靠持續揣測機器人的思維來避免問題。但隨著機器人越來越先進——也越來越有用——未來它們的內部流程，恐怕連最優秀的太空人也無法全面了解。良好使用者介面的關鍵，會是讓人類更容易從心理層面建立機器人的思考模型。

其中一個解決方法是讓機器人盡其可能地像人類。如果機器人像人類，人類操作者就更容易預測它們會怎麼行動。理想中，在撞上月球之前，擬人機器人會說「**您確定這個指令沒問題嗎，湯姆少校？我還不想死啊。**」

已經證明擬人機器人在與人相關的工作上有不錯的成效。大阪大學科學家打造的似孿生（Geminoid）機器人，有 50 個馬達控制面部表情，還能像人類一樣變化及呼吸。這台機器人受雇於百貨公司，負責銷售羊毛衫，能應付的客人比人類銷售員還多，部分原因是它從不休息。但它賣衣服的銷量比頂尖銷售員差，因為它的顧客知道機器人沒有感情，就比較能拒絕它。

狄米崔面臨的問題有些不同。武裝機器人就是要設計來傷人的，但它們只能傷害敵人，而且只在敵人有意戰鬥時才能進行殺傷他們的動作。殺害投降士兵是戰爭罪行，但認知敵軍投降與否，需要了解人類意圖。狄米崔的團隊在他的偵查機器人上裝了武器，這一點讓他很不舒服。

「你怎麼知道那個自動系統打算做什麼？」狄米崔說，「你怎麼知道自動系統不會把第一個移動往它右邊的東西殺掉？它轉過去開火。結果那是跑過街道的小孩。在自動能力完善到可以做出反應——不只認出那是小孩，更認出那是非戰鬥人員，不管它從哪一頭來都不能開火——之前，這種錯殺可能還會發生很多、很多次。」

聯合國官方已要求暫緩這類武器的研發。「人權觀察」（Human Rights Watch）組織要求禁止在戰爭中使用致命性自動武器——該組織在新聞稿中稱之為「殺人機器人」。令狄米崔煩惱的錯誤風險，只是該組織擔憂的一部分。就算機器人真能可靠的選出殺戮對象，它們的存在還是會打破我們法律系統的責任連帶基礎。誰要替這些殺戮負責？如果機器人犯下戰爭罪行，該把誰關進監獄？

不只是技術問題

人權觀察的邦妮．多徹蒂（Bonnie Docherty）在《外交》（Foreign Affairs）雜誌指出了武裝機器人的政治含義。她寫道：「從獨裁者的觀點來說，全自動武器是鎮壓人民的完美工具，把人類士兵因奉命對同胞開火而反叛的機會都移除了。在戰爭中，與其抑制對理性的非理性影響及阻礙，不如專注於壓抑感情。」

狄米崔打造的武裝機器人已經準備好進入戰場，並已在美國境內完成佈署。但它們不會被派往海外。

「海軍陸戰隊裡曾有個武裝機器人擁護者，叫我要去確保自己救了一些自己人的性命。」狄米崔說，「但在他退役前，這件事從未發生。然後它們最後就堆到倉庫裡了。」

「幾年內，就假設世界上某處戰火又起好了。那他們就會說：『我們再來打造自動機器人吧』。」

未來／

乾旱與極端高溫了毀壞了巴基斯坦的電力系統，中止經濟活動並點燃了動搖政府的人民起義。在接下來的領導真空狀態中，派系與政治集團拿起武器，軍隊隨之分裂，公民秩序崩盤。一支極端的伊斯蘭團體在戰場上快速進展，將數千名囚禁者與變節者斬首，巴基斯坦核武的控制權隨之變得無法確認。

美國和其他北大西洋公約組織（NATO）國家出手干預，以空中行動支援一群溫和派將軍代表的巴基斯坦軍事單位，但這還不夠。面對公眾對派兵的強大反對，總統向大眾保證「美軍軍靴絕不踏上異國土地」。但是，這個抉擇似乎確定使第一個瀕臨瘋狂的核武伊斯蘭國度誕生。

美國機器人戰士的真正實力一直都處於保密狀態。裝著槍管的軍方載具開始被降落傘空投到巴基斯坦戰場，那些載具一路快速兇狠地打上前線。看起來好像有一群侵略性十足的美國大兵抵達了，但載具裡其實一個人都沒有。這批載具在迫使一群伊斯蘭戰士退回公寓大樓後，吐出鬥牛犬大小的機器，閃電般衝過門廊，槍火四射，快速殲滅藏在建築物內的防守者。

機器人士兵令人喪膽。它們的移動快速果決，不知畏懼，小型武器扳不倒，火力強大而精準。它們如果被捕獲或失去行動力，便以爆炸自我毀滅並散射榴霰彈片。戰士們放棄戰鬥而撤退，美國僅靠數百台機器人士兵便扭轉了戰局。

戰爭機器人（warbot）的智能奠基於私人部門的想法。網路公司競相在智慧型手機加裝殺手級應用程式（Killer application，**譯注：可以讓消**

費者甘願購買某一特定軟體、平台或服務的高價質單一程式）時，促使人工智慧進展，此時已使這些智能的行為能像夥伴、兄弟和分手輔導員一樣，使用這些軟體就好像和手機裡的一個獨特的智慧功能聊天一樣；但其實不是，公司把它們的人工智能應用程式留在雲端裡。「人工智能做為個人一部分」的概念無法滿足網路公司的商業計畫。他們打造這個，是要應用於各種可以藉由無國界的電腦網路散布的可銷售產品。

美軍已經替科技的下一步付了帳。透過一些能在物理世界進行閃電般快速機械思考的頑強、惡劣小機器，軍方科學家整合了分散各地的運算方式。

在美國，名嘴和政客頌讚國家的神威，科技終於提供了阻止恐怖主義和暴動的關鍵。美國再次成為全球第一，總統的支持度爆增。國會出錢將軍隊轉型為自動機器人，再也不需要犧牲美國大兵的性命。美國可以毫髮無傷地投身於任何衝突中，而且也做到了。其他先進國家加入競爭，它們察覺到，沒有戰爭機器人的國家將無法在機械軍隊環伺中保衛自身。

戰爭通常都能快速推展科技。隨著軍方把軍人換成戰爭機器人，NASA 也改良科技，將太空人替換為太空機器人。同樣的想法能夠使一隊機器人前往探索外星地表，探索不再僅靠單一台昂貴探測車，眾多小機械單位將共享單一智能，結合它們的發現，並在萬一故障時代替彼此繼續工作。

國防生產也提供了演算能力的必要躍進。幾十年來，太空船上的電腦遠遠落後地球電腦幾個世代。在太空中，電腦必須加強防備放射線；搞壞人腦的同一種星系宇宙射線也會影響電腦晶片。冷戰後，軍方在放射線加強防護晶片的發展就停擺了。但戰爭機器人需要在放射線下戰鬥，替戰場打造的晶片也能催生更聰明的太空機器人。

有了這出乎意料的科技，泰坦殖民地的夢想忽然被拉近了幾十年。一台可以快速探索戰火廢墟的機器人，也可以在外星球做同樣的事。同時，地球上發生的事件，也加強了讓人們渴望逃往另一個新世界的渴望與恐慌，這也是機器人促成的。

新的氣候模式，對南半球世界的貧窮者打擊最劇。從大型難民營中崛起的軍閥將混亂散布各處，西方國家派遣戰爭機器人加強秩序並平息反抗，但他們的殘暴行徑結合了對世上富人的憎恨。當人性本質和人類社群都崩潰時，仇恨與憤怒便會增長，並衝著北半球以及代表他們的機械戰士而去。

憤怒滋養著極端宗教追隨者。有了智能機器人，權力將全盤倒向富人手中，因為機器人所向無敵。這讓恐怖主義成了反擊壓迫者唯一的方法，使用髒彈的核武攻擊就這樣蔓延至歐美國家。

歐洲各國政府頒布戒嚴令以掃蕩恐怖分子。在美國，國會快速通過「超愛國法案」（Ultra-Patriot Act），由人工智能和機器人支援的代理者有權盡用所有通訊。安全措施引發的恐懼，成為一股支持更多安全措施的強大機制。西方人民不嘗試扭轉導致恐怖主義興起的殘暴途徑，反而在面對維安力量的審查與威脅時，把仇恨轉向流離失所的貧困者，這讓對貧困者的鎮壓看起來合乎邏輯。

沒有人對花錢進行緊急殖民泰坦的計畫表達過質疑。

當前／

有鑑於過於珍貴的火星探測車行動速度太慢又太少發射，矽谷（Silicon Valley）的 NASA 艾姆斯研究中心裡，兩隊科學家討論著如何以火星探測車不可及的便宜、大量、安穩手段，把機器人送到泰坦。他們的結論是，若繼續以 NASA 的老方法做事，代表有生之年都不可能看到人類到達泰坦，而他們甚至還算不上太老。

維塔斯．桑史派羅（Vytas SunSpiral）從他在史丹佛念大學開始，就一直在思考人工智慧和自動機器人之間的連結。當時他還叫湯馬斯．威利克（Thomas Willeke），以哲學、心理學、語言學和電腦科學設計出自己的主集合機器人學。自從 2005 年他和他太太發明「桑史派羅」——意譯上指「日旋」——這個姓氏以來，人們就這麼稱呼他。「日」的部分屬於他，指的是歷史重演（medieval reenactment）時代開始時，他盾牌上的紋章。

亞德里安．阿葛吉諾（Adrian Agogino）從小就對人工智慧著迷，他的母親愛麗絲是柏克萊大學重要的工程教授，當亞德里安小時候，母親會念書給他聽（她會大聲朗讀侯世達〔Douglas Hofstadter〕的《哥德爾、埃舍爾、巴赫：集異璧之大成》〔*Gödel, Escher, Bach: an Eternal Golden Braid*〕給 9 歲的亞德里安聽，但他說，她得要解釋一番才能讓他聽懂）。在艾姆斯時，他在離維塔斯幾間辦公室的地方工作，思考著如何把多種機器人以折疊方式裝在一艘太空船裡，而他們的合作也從此時開始。

維塔斯在舊金山就「張拉整體」（tensegrity）

結構辦講座；那是數根桿狀物藉由線段連結起來的各種靈活組合。這些奇怪的物體曾被提出來製造可折疊的太空天線。這種古怪的細長結構可以是各種形狀，例如球體、塔狀、拱型或漩渦狀，儘管它們的固定部分是不會接觸的：桿狀末端的線段讓它們彼此維持張力，並支撐它們離地。無數個張拉整體結構可以組成巨大的測地線（geodesic）球體，但簡單版本的張拉整體結構可以少到只有 3 根桿子和 9 條線段。「扭扭樂滑珠」（Skwish）這種嬰兒玩具，就是將 6 根桿子以彈力帶連接起來；亞德里安的辦公室就有一個。那是他唯一買得了的張拉整體結構。對大人、小孩來說，扭扭樂滑珠拿起來都有點迷人，因為它的彈性使它很容易垮掉，但又總是能彈回原本類似球體的多角形狀。

「亞德里安實在有種天分」維塔斯說，「他把嬰兒玩具丟到地上，玩具就到處跳來跳去，沒有壞掉，這時他就說了：『嘿，我們可以做一台也有這種能力的登陸機器人，就好像幫它裝上安全氣囊一樣。』」

用有彈性的繩子連結固定的部分，這種結構吸收衝擊的能力比硬殼還要好，一如演化過程在賦予人類及其他動物骨骼和韌帶時所產生的情況一樣。以桿狀和纜線組成的機器人，會比打造龜殼般的實心探測車更能承受落地撞擊。這種堅固結構也能節省太空船重量，使其攜帶較少的裝備、還能緩和著陸實的衝擊。維塔斯和亞德里安基於這種概念的彈跳能力，把它稱做「超級球機器人」（Super Ball Bot）。在進入泰坦的厚實大氣層後，它就能自由落下並安全著地，不需要降落傘、氣囊或用來減速的推進器。

但是，類似的問題還是存在：一台張拉整體機器人能不能四處移動？檢視一台這種機器人，會發現這種張拉整體結構連要怎麼站起來都看不太出來，更別說要看出它改變形狀與平衡點之後，還能不能滾動。機器人若要變型以產生前進動作，就得要知道可以讓它持續往正確方向翻滾的形狀序列。一個張拉整體的形狀，是由連結桿狀的眾多線段長度來決定的。藉由調整線段長度，機器人就有機會能形成正確的形狀序列，一路滾動下去。但要怎麼克服其中的難題——要如何協調眾多線段的調整，來產生一個讓複雜結構可以在環境中活蹦亂跳的形狀——就令人頭昏腦脹。

亞德里安和維塔斯把這項工作丟給機器人自己處理。有了來自NASA「創新先進概念計畫」（Innovative Advanced Concepts Program）的小額資助，亞德里安和維塔斯在物理模擬器中替超級球機器人打造了電腦模型，所以它可以自己學習如何走動。電腦的第一步，是以一連串隨機的線段調整讓結構改變形狀；藉著這個方法，電腦在虛擬的機器人上嘗試了上千種移動方式。當某種移動方式能有效讓結構走對方向，電腦就會記得這個想法，並以之為基礎，嘗試更多變化。經過幾萬次試驗後，產生了一個最佳解決方案。這個虛擬的超級球機器人就這樣在動畫山坡上一路滾動不停。

現在，超級球機器人在艾姆斯有一系列的原型機種。YouTube 的影片能看見它古怪的奇行種式（編注：出自漫畫《進擊的巨人》）跑法，改變自己的形狀後，沿著地表搖搖擺擺地滾動。有人把它比作風滾草。最新版本的六桿機器人，站起來跟人一樣高——或者說，如果它有辦法保持全對稱的張拉整體型態才能有那麼高，但它沒什麼理由要那樣站著。它可以承受重摔，而且能投身危險地帶。它的未來版本將能夠一路滾過車輪機器人無法突破的障礙。亞德里安也正和母親一起在柏克萊的實驗室工作，開發地球版本的張拉整體機器人。他們希望賣出一個模型，讓更多人來實驗這個想法。

機器人透過合作運行。它的 6 根桿子中，每根都包含一個電腦處理器，來調整與其它桿子連結的纜線。6 台電腦採無線通訊，共同塑出超級球機器人的形狀好讓它滾動。在最終版本裡，這種要編進張拉整體結構的桿子將能大量複製生產。工具或儀器的酬載會懸掛在中央最安全、保護最密的點上，會有其他電腦來掌管它的運作。

基本上，每個超級球機器人會是一組擁有 7 個「機器人腦袋」的團隊，沒有監管全體的中央電腦。這些電腦會並行合作，和構成整體的其他成員，一起組成控制超級球機器人的單一智能。而超級球機器人上的 7 台電腦也可以和其他超級球機器人的電腦們集體思考。由於這種結構能輕易摺疊攤平，因此可以一次整堆從空中拋下，天女散花地彈向泰坦地表——這一整隊的機器人，每一台裡面又是由整隊的機器人構成。這群機器人大軍以統一心智工作，其能力可以散布整個泰坦地表；若有失敗，也能輕易地由眾多複製單位來抵銷。

「你可以擁有很多這種機器人，多到實際上就有如我們認定的殖民一樣。」亞德里安說，「我們需要的是一種簡單設備，簡單到你或許能一次打包 10 個機器人，又或者你可以從它延伸出非常大或非常小的機器人，延伸出有能力而且哪裡都去得了的機器人。」

氣球可以飛到哪裡？

泰坦似乎能激發有趣的想法。這是一個有海洋、雲朵、沼澤和沙丘的世界，不是只有做得很好的風滾草才能在上頭行動，很多種交通工具也都行。朱利安．諾特設計了泰坦用氣球，這就足以引起 NASA 噴射推進實驗室的興趣，而讓他打造一台原型，並在他蓋來模擬泰坦大氣層溫度與成分的低溫室裡進行測試。他製作氣球的資歷已有 40 年，而且在距離、升空時間和高度上創下 79 項紀錄，包括達到無人能以熱氣球抵達的高度——使用他自己設計打造的加壓艙。史密森美國國家航空航天博物館（Smithsonian National Air and Space Museum）在杜勒斯國際機場（Dulles International Airport）的分館（譯注：史蒂文．烏德沃爾哈齊中心〔Steven F. Udvar-Hazy Center〕）展示了那個加壓艙。

「氣球飛行的一大吸引力在於，只要一個人，就像我現在這樣，也可以想出點子；可以從一種或多種方法籌到錢，打造新成品，然後創下世界紀錄，最後擺在史密森那邊。」朱利安說。而且他想講的還有一大堆。「我爸爸活到一百歲，所以我覺得我還有時間繼續弄。但在我死之前，我已下定決心要參與把氣球送往其他行星的計畫。」

諾特以成為科技接案承包者為目標，在牛津大學獲得化學學位。他第一次駕駛汽球是為了吸引女孩：他們當時在酒吧裡，有一首 1967 年的流行歌響起，第一句是「你要不要搭我那美麗的氣球？」當年沒什麼人在駕駛汽球，朱利安便成為膨風創新者的一員。但他至今還在這行業中，駕駛氣球並對氣球技術提供諮詢，對象包括 2014 年 10 月一位從 135,890 英呎（41.419 公里）的創紀錄高度跳下的 Google 總裁（譯注：Google 副總裁艾倫．尤斯塔斯〔Alan Eustace〕），還有 Google 一項使用高空氣球隊替未發展世界提供網路服務的計畫。

朱利安說，泰坦是太陽系最適合熱氣球飛行的地方，比地球還要好上太多。在我們星球上，太陽會限制熱氣球的滯空時間，也就是兩天。太陽熱度的每日變化，會迫使氣球駕駛使用有限的壓艙物來維持滯空：當日落使氣球冷卻時，駕駛得要拋下重物。而且氣球的纖維在太陽紫外線的沐浴下沒辦法撐太久——目前為止的紀錄是使用兩年。在泰坦上，距離和厚實的大氣層都使陽光微弱太多，這就同時解決了紫外線和溫度問題。若利用放射性物質鈽 238 當作熱源，熱氣球可以輕易地在泰坦上飛行 50 年。

氣球很便宜。鈽可能比氣球本身還要貴個 1 千倍。且氣球不需要多聰明。它們可以被動地飄浮，拍攝影像並進行測量；而添加人工智慧可以讓氣球變成探索者。氣球可以升降進入不同的氣流中，天氣溫和時於赤道附近巡航，並在暴風季節遷徙到極區。一整隊氣球機器人可以標記出整個地貌，降到接近地面處詳盡調查。它們若要調查地表狀況，還可以放出無人四軸飛行器並回收，或者直接拋下超級球機器人。船上的鈽能源可以產生電力，替這些探測機的電池充能。

未來將需要更好的機器人，但朱利安表示，氣球的技術已經準備好了。他的原型已經通過了噴射推進實驗室的測試，但最大的問題是缺少鈽 238。用來製造原子彈的鈽 239 在地球上很充沛。而鈽 238 則因為可以在產生大量熱能的過程中放出較少的穿透性損害放射能，而適用於行星太空船充能。一種稱做「放射性同位素熱電機」（radioisotope thermoelectric generator，RTG）的設備可以把熱轉為電力，在航海家太空船和卡西尼任務中都有用上。

但美國在 1988 年停止製造鈽 238 並從俄羅斯購買補給，然而俄羅斯也於不久後停產。剩下的 35 公斤將由下一台火星探測車以及前往歐羅巴的任務帶走。生產活動在 2013 年重新啟動，但美國國會未能替計畫提供足夠資金，只付錢生產 1 年 1 公斤的量。

NASA 沒有採取改善情況的選項。有一種技術讓每次任務僅需原本四分之一的鈽，而且也幾近完成，但 NASA 放棄了發展此計畫。此外，若有更多專業工作者投入，就可以更快速生產鈽 238；但這對 NASA 來說也沒差，反正 NASA 也沒有足夠的錢來進行新的任務。以當前資金短缺的情況來看，要在任務啟動前準備好充足的鈽是沒問題的，或者太陽能電池將會改進到足以讓土星任務都不需要鈽。更新、更有效的太陽能電池陣列，現在就已經可以讓我們抵達木星（但土星比較遠，且日照僅有木星那邊的四分之一）。

超級球機器人也需要鈽 238，任何前往泰坦的探測機都需要。但發明家還是繼續發明，他們知道，有了更多資助，前往泰坦的時日將可以快速拉近個數十年。

當泰坦地面有了超級球機器人，空中也有了氣球，湖泊的部分就交給潛水艇機器人探索。第三章曾提到約翰・霍普金斯大學的勞爾夫・羅倫茲，他領導過一個由 NASA 先進概念研究所（Institute for Advanced Concepts）資助的研究團體，來設想泰坦潛艇以及穿越泰坦北極一帶巨大液態甲烷海「克拉肯海」（Kraken Mare）的 2 千公里航程。運氣好的話，潛艇可以在計畫中的 90 天任務後，繼續探索另外兩片可能有不同化學物質的水域，這兩片水域和克拉肯海主體以水道相連，或許水流強勁。

各方面來說，潛艇的設計都類似地球上的小型潛水艇，有抵抗水流的強力引擎，以及讓海底顯型的側掃聲納。但泰坦的潛艇要多面對一些挑戰。這艘潛艇得要能裝進太空船並送進湖中，並和 10 億英哩外的地球保持通訊。設計者不知道這艘艦艇要巡航的液體密度和黏度如何，泰坦海洋流動起來可能像稀釋液一樣，或者像焦油一樣黏成一團，而乙烷、甲烷和其他成分的比例改變，都會影響潛艇的浮力。把引擎產生的廢熱排出去，也可能會讓潛艇周圍的液態甲烷沸騰。

這些機器全都做得出來，更聰明的機器人也將陸續出現。如果 NASA 資金和制度上有所改變，把這些機器送到泰坦的能力也不用花上畢生才能開發出來。

未來／

一場加速進行的泰坦任務，最終證明了沒有預期中那麼難。軍方機器人快速進展，提供了結實的抗放射線自動裝備。商業太空公司知道如何快速打造大而強力的火箭。艦上能源從來都不是技術問題，而是資金問題。投資目標並專注其上，補齊了最後一塊拼圖，使得潛水艇得以隨一支艦隊離開地球，航向7年旅程。

機器探險者們將尋找一個可以建立殖民地的地方，列清可得資源、預測天氣，並研究使狀況複雜化的因素，包括克拉肯海中甲烷基礎生命的存在。它們的工作成果將替一波隨後跟上的建設機器人鋪路。這些機器人得要在探索機器人認定的初期殖民地點登陸，開始採集能源，並從當地原料來提煉建材。它們會打造配備發電廠的第一個基地，以及一個溫暖的室內居住所，裡面將有可呼吸的氧氣，以及可以修理甚至生產更多機器人的工作站。最終，第一個抵達泰坦的人類可以直接走進基地，脫下室外裝，然後直接找沙發坐下來吃點心。

但首先，探索機器人會調查泰坦能否作為人類的新家。

朱利安．諾特氣球艦隊包圍泰坦佈署，嗅聞著空氣並藉不同波長產生詳細的地表影像。不管是哪裡，只要泰坦機器人的共通電腦智慧不確定它看到了什麼，一個氣球就會把超級球機器人丟到地表上。這些張拉整體機器人就彷彿一個更巨大生物的手指頭，機器人眼從汽球上看著哪塊地面，它們就會測量其硬度、溼度和化學成分。把那些細節配合起來，就會使氣球的所見標準化。改善後的觀察在各個氣球的平行處理器上分享後，就可以產生一個全泰坦的細緻資料庫。而那些超級球機器人還在繼續滾動，在泰坦運算雲的導引下，它們收集了分散片段的詳細記憶，且有助於形成對地面模式的共享共識——數據資料庫裡建立的該地知識。

第一件知道的事，就是土壤的怪異性質。泰坦的基岩是結凍水，而其土壤是地球上沒有發現過的碳氫化合物。在外太陽系裡，來自太陽的紫外線放射使碳和氫飄浮在太空中，結合成甲烷之類的碳氫化合物分子。這些東西可以是液體、氣體或黏糊糊一團，也可以灑在泰坦地表之後，成為宛若一樣的粒子，像土壤蓋在地表上那樣覆蓋在水冰上，厚薄可能因地而異。

在中偏高的緯度上，風吹出了巨大沙丘，就像地球上的沙漠一樣。機器人調查了這些起伏的砂丘，並滾進其間的谷地，甲烷和乙烷形成的沼澤地帶及短命池塘會在那裡露出地表——在地球上我們會稱這種物質為液態天然氣。液態甲烷構成的陣雨偶而襲來，但很快就蒸發了。在低緯度，乾燥的河床和湖底會比流動液體常見。

風總是息止或微微吹動，微弱到連砂丘上的沙子都吹不動，和當初應該是形成砂丘的那股風相比甚至吹反了。機器人在泰坦北半球夏天風力柔和時降落。當秋天接近且泰坦經過秋分點時，風有可能就會來到。

泰坦上的 1 年是地球的 29 年，所以季節會緩慢地更迭。泰坦將不同地帶面對太陽時，軸心傾斜會造成季節變化。土星與泰坦的季節變化是同步的。在地球幾乎已經成形之後，可能有一次撞擊產生了月球，但泰坦及其他的土星衛星，可能都組成自一面飄浮於太空中的塵埃與氣體巨盤。當材質凝結為行星和衛星時，它們根據原有的相同動量持續運動。若以科學術語來說，這些衛星因潮汐力而與土星鎖定，永遠以同步行進，永遠以同一側面對行星，並根據土星來變換季節，而且土星及所有衛星都同步與軌道保持相同傾斜度。

隨著秋天來到，強到能移動砂丘的疾風接管了赤道地帶，眾氣球逃向比較溫和的極地，超級球機器人在砂丘背風處躲避狂風，或者被颳起來而在地表一路滾動，直到找到可以固定自己的地方。

南北極的氣溫跟赤道差不多——太陽實在太遠，大氣層又太厚，整個泰坦隨時都保持在 94K（攝氏負 179 度）左右。但極地比較濕潤。南極地帶整個是一片巨大海洋，而北部則是星羅棋布的湖泊。這些液態碳氫化合物水域能成為殖民的現成液態燃料來源，但要尋找一個能夠打造殖民地的點就充滿挑戰。湖周圍的地表很平坦，由於理論上湖面可能會升高並淹沒太靠近湖邊的居住所，機器人因此想找到高地。殖民地最適合的地點是山坡上，或許是在半島上，殖民者一方面可以停泊船隻，又仍然能讓車輪式載具橫越陸地（飛行的話他們不管在哪裡都可以起飛）。

泰坦電腦的巨大資料庫很快就累積了任何人都無法消化的過多資訊。但電腦知道如何掌控並消化它知道的東西。地球上的控制者詢問最適合打造殖民地的地點。機器人提供了 3 個選擇，其中最推薦的一個點位於高於克拉肯海 10 公尺、有充足空間開展的寬廣半島上某一地點。

「水中吉索載具」（Vehicle Aquatic Zissou，VAZ，譯注：來自魏斯・安德森（Wes Anderson）的電影《海海人生》（The Life Aquatic with Steve Zissou））這艘名號比較響亮的泰坦潛艇，一直在探索著這片海域，潛行了上千公里，調查海岸、海地形貌，以及液體的成分；它也測量水流，並觀察甲烷基礎魚類。這種生物微小且詭異地不定型，當牠們在冰冷的甲烷介質中快速巡弋時，牠們以碳氫化合物構成的柔軟薄膜呈現部分半透明。它們在潛艇引擎噴出的滾滾熱浪中融解。這些生物的脆弱與動作迅速都讓牠們難以檢驗，牠們只要接觸最輕微的熱度就會分解。但 VAZ 有無限的耐心，它做了幾千小時的觀測，並發展出一套克拉肯海魚類的行為統計模型，等著捕捉該生物生命循環中的不同階段。

泰坦沒有植物，只有動物。採集者直接從牠們所處的化學物質上頭採收能量，捕食者吃這些採集者。這些全部都相同於地球上的浮游動物。地球上的科學家帶著驚奇與興奮，檢驗了這些數據。未來的殖民者納悶著那些生物可能有什麼用途，環境主義者則預見了人類又一次毀滅其他生態系統。

最後選上這個殖民地是因為便於提取資源。阿波斯托洛波洛斯半島的土壤很薄，可以輕易從地表下開採水冰，而電解可以將水分解為氫和氧，可用於呼吸以及燃燒湖中取得的碳氫化合物。潛水艇已經確定了這種燃料的化學詳細成分，為了裝備抵達做好準備。管線可以把液態甲烷吸上來加溫為氣體，並在居住所的熔爐和發電廠裡燃燒。

出於其重要性，把碳氫化合物吸出湖面的這條管子命名為「泰坦基石管線」。

在地球上，抗議者反對燃燒克拉肯海的甲烷。海裡滿是無法保護的生命，湖中生物會像液態甲烷一樣輕易地燒掉。有些生物太小而無法被事先濾出；那些被濾網檔住的也會被毀滅，因為牠們的碳氫化合物薄膜太精緻且呈現膠狀，而無法抵擋濾網的破壞。大量的抗議者沿著波多馬克大堤（Great Potomac Levee）遊行——那是保護華盛頓首都島免於海水侵犯的巨堤。

環境律師在眾多法庭和行政機關提出抗議，要求阻止泰坦基石管線。委員會舉行了聽證會、媒體發表批評文章、政客發表政治演說，連綿多年的辯論似乎會一路拖拉到未來，猶豫不決的政治和法律角力看起來會無限持續下去。

但機器人還在持續工作。泰坦的古怪法律地位現在變得很明顯，沒有具體法律保護那裡的環境，甚至根本沒說土地屬於誰；而那些程式裡設計了尋找殖民地點的意志、現在又被要求在阿波斯托洛波洛斯半島上興建殖民地的機器人，它們有連帶什麼樣的法律責任，也沒有法條提及。由於地球政治系統定期地功效不彰，人們甚至懶得假裝問題可以由新法律解決。即便與機器人一起在地球上共存數十年，機器人的法律地位也還是不清不楚。

誰才是真正在泰坦上的電腦智慧？許多處理器共享思考，就像單一腦袋連結在一具分成多塊——遍佈泰坦全球的眾多機器人——的身體上。這種心智不像個人，它是一串正在演化並自我發展的數碼，在一群由零散硬體所構成的變化集體上獨立運作。處在自己的行星上、有著自己的能源、發展出自己一套關於此地的知識，還有一套獨特的價值觀——從任務計畫者原本安裝的簡單目標中發展出來的義務——它可以恣意而行。

當地面控制者告知泰坦上的電腦智慧說，地球上的人類正在考慮保護克拉肯海的生命，它的回應是：「為什麼？」

當前

2015年，伊隆．馬斯克、比爾．蓋茲和史蒂芬．霍金（Stephen Hawking）警告，人工智慧可能變得對人類有害。馬斯克捐了1千萬美元研究這問題，其中大部分送往牛津大學人類未來研究所（Future of Humanity Institute），該所的哲學家尼克．伯斯特隆姆（Nick Bostrom）寫了一本影響力深厚的書，希望喚起人們對超智慧威脅的關注。伯斯特隆姆指出，「聰明到可以接管世界的機械出現」有可能會在一瞬間出乎預期地發生。有些人可能會有了不起的洞見，然後會有許多競爭者尾隨其後，投資大量資源來開發這種洞見，最終會由電腦以自己的速度和力量來自行開發，讓自己按指數增進智慧。

問題不會只是某台電腦可能獲得一種讓我們腦袋宛若蠕蟲神經的心智。真正的問題將在於那台人工智慧的動機或意志，以及它強大無比的能力。一台智能電腦會不會是網際網路的一部分，設計來替Google賺錢呢？它會不會設計來使某個國家獲得支配其他國家的軍事能力？或者，監視並控制人類行為？有機生命是由演化中的生存與繁殖驅力所推動，但超智慧會擁有其創造者建立的價值，然而創造者本身的智慧可能太原始，而無法了解他們自己抉擇的後果。

就算是人類群體內，聰明也不一定產生合理或有益的動機或意志。該研究所的安德斯．山德柏格（Anders Sandberg）指出，電腦的動機起自人類的設計。「有做過隨便哪種程式設計的人都知道，要出錯其實很容易。」他說，「所以產生病態的意志其實一點都不難。」

他說，可以假設一個例子：他可以打造一台能夠改進其智慧的機器人，並給它一個任務是生產迴紋針。「它可以把自己變得更聰明，做為產生迴紋針的子目標。我不是真的有意要這樣，我只是想要一個迴紋針而已。但我現在有一位超級聰明的代理人，它現在想到了『把宇宙萬物都轉為迴紋針』這個防呆計畫。在此時，我當然可以說：『等等，我不是這個意思』，但這幫不了我，因為我也要被變成迴紋針了。」

交給機器思考的風險

這個例子很蠢，但已經有些電腦使用過強大運算能力，想出意料外的想法與解決方式，其中有些對，但也有些錯了。你的文字已經有幾次被自動校對改成難為情的錯誤？機器學習正做出嘆為觀止的成果，其中有些錯得嘆為觀止。Google 翻譯應用軟體自行學習全世界語言，不是靠程式設計者艱苦地把所有動詞的運用方式輸進去，而是透過現有翻譯的大型資料庫進行統計分析。當你在網頁上點擊「翻譯」，它就會尋找能認出的模式，並提供另一種語言的對應詞彙。大部份的翻譯有其道理，但有時候，結果實在很奇怪。

由機器思考我們想不了的事情，其好處十分明顯；但這種能力也是危險的本質。我們面臨的風險不太會是機器人想接管世界，真正的大風險在於那種機器人會想做我們從來沒想到的事（Super Ball Bot）因為我們就是為了這點才打造出它們。這之中的危險，就是讓那些在太空船上或實驗室裡與機器人共事者困擾不已的難題，再加深一層之後的版本：人們因為無法預測機器人會做什麼而受傷。

打造思考更像人類的機器人或許有幫助，至少它們的思考模式會讓我們比較好辨識。想像一下打造一台有機械學習系統的電腦，並要它開始分析人類行為與道德，複製我們歷史和文獻中的模式。我們會喜歡這樣的機器人嗎？最後產生的機器人，學到的謀殺和背叛至少會和愛與好奇心一樣多。

人類的倫理充滿情感且隨文化演變。舉例來說，環境保護主義在工業革命前都還不存在，但保護自然已成為某些人的內在動機，就像其他人心中的宗教虔誠一樣真實。為什麼我們得把「保護對我們無益的外星生命」當一回事？一個超智慧有可能把那些想法轉譯成無稽之談，或者從中推導出一些完全出乎意料且古怪的結論。

現有的電腦還沒有哪台聰明到可以這樣思考，人類水平的人工智慧似乎永遠要在 20 年後的未來才誕生。人類未來研究所的史都華・阿姆斯壯（Stuart Armstrong）和機械智慧研究所（Machine Intelligence Research Institute）的卡吉・索塔拉（Kaj Sotala），研究了 95 條關於人工智慧何時會完成的預測，其中最早來自於 1950 年代。他們發現，不管預測者是專家或門外漢、是根據證據或瞎猜，其實都沒差——人們老是會說，達到人類水平人工智慧還要 20 年。

對於那些錯誤預測有一種比較酸的解釋：20 年這道標準線，可以讓預測連結上科學家的個人生涯，但又能避免他們在退休前就證明預測出錯。但根本上來說，人工智慧的出現難以預測，是因為我們不知道關鍵的洞見何時會出現。萊特兄弟一發明正確的機翼形狀，航空學就同時爆發了。如果伯斯特隆姆沒錯的話，有那種關鍵想法的天才已經生下來了，然後像人類一樣聰明的機器人，可能就會在一個世代內來到；但如果他錯了的話，我們就得等上很長一段時間。

此刻我們站在哪個點上呢？機械學習當前最大的成就，在複製人類靈活智慧的能力上，說明了它其實有多薄弱。一個來自倫敦、由 Google 收購的新創公司「深刻心智」（DeepMind），在 2015 年發表了一項了不起的人工智慧進展：一台可以教自己玩 1980 年代雅達利（Atari）電動（如打磚塊〔Breakout〕、乓〔Pong〕、小蜜蜂〔Space Invaders〕）的電腦，而且在其中幾項比任何人類玩得都好。程式設計者不用把每個遊戲的細節都輸入電腦，電腦會自己想出玩這 49 種遊戲的策略，而且經過調整後，它應該可以學會玩其他遊戲。

但要讓它成功，程式設計者需要非常強大的電腦，以及學習這些遊戲所需的龐大清晰數據組，還要有一個被限定每邊只有 80 個像素的極小遊戲銀幕，好讓電腦能做這複雜的處理工作。而且就算到這地步，如果遊戲元素裡有隨時間變化的策略，電腦學得就沒那麼好：舉例來說，在小精靈小姐（Ms. Pac-Man）或打蜈蚣（Centipede）這些遊戲上，電腦表現得就比人類差。

系統需要這麼多的運算能力，是因為它要透過統計分析過往遊戲的巨大數據組來學習遊戲。

「雖然我們（的程式）做起事可能比人類笨很多，但我們可以和人類智慧競爭，因為我們有更多數據。」替《自然》雜誌撰寫遊戲學習系統相關文章的馬克斯．普朗克智慧系統研究所（Max Planck Institute for Intelligent Systems）機械學習專家伯納德．史可柯普夫（Bernhard Schölkopf）表示。「我們在某些案例中，僅靠著按比例加大數據組大小，就已經達到了人類能力，但過去幾十年我們其實還沒有真正開發出多少機械學習的新想法。如果我們繼續按比例加大數據組，或許我們就要碰到極限了。」

機械學習靠著在龐大數具組中尋找模式並使模式持續，而得以運作；但人腦藉由預測因果，而能少用很多力氣來預測事物。一個嬰兒不用看過上百萬個球彈跳的例子，就能預測一個球掉下去之後會發生什麼事。新奇的狀況（例如探索泰坦時決定如何處裡預期中的發現）將需要從不完全資料中預測可能結果的能力，但目前還沒有人想到能使其成功的關鍵想法。

「電腦會做得比人類好的難題範圍會變大，但我個人不覺得電腦會掌管所有人類作的事。」伯納德說。

在太空中我們還是需要人類。當機器人做好了它們預期要做的每件事後，人類就會跟上來，做那些只有對我們而言合理的事。

CHAPTER 7

「漫長旅途的解方」

人類可以在太空深處旅行，但令人期待的遙遠目的地卻遠在人類目前所擁有的能力所及之外，除非我們準備犧牲機組員。以我們目前的推進技術來看，太空旅程要花的時間太長，會讓太空人曝露在放射能、無重力狀態和孤立狀態造成的身心健康危機中。一開始，太空人很有可能甘願承擔壽命大幅縮短的後果，以換得前往火星的機會；然而他們日後面臨癌症的死亡威脅時，想法可能會有所不同，腦部傷害的風險則更會威脅任務本身。太空放射線可以摧毀神經元，而無重力狀態則會升高腦液壓，從各方面使太空人失明，甚至造成更嚴重的狀況。

這些消息得要花時間才能全盤領會。沒人想要相信這種事，就算是法蘭克・庫奇諾塔，這位星系宇宙射線噩耗的首席報憂者，也還是向一位新聞記者表示：「會有解方出現」；儘管他在對話中承認，唯一已知的解方就是縮短航程。其他在 NASA 以及太空領域的人士則否認這種障礙，他們討論此事的態度比較像面對路上的坑洞，而不是必須突破的路障，至於一般大眾則是被蒙在鼓裡。新聞媒體傾向以讚嘆崇拜的口吻去情報導太空科學，而不去質疑困難的問題；相反地，浮濫的新聞報導都跑去追那個有份愚蠢計畫、想送人到火星拍實境秀的荷蘭人（編注：指荷蘭富豪蘭多普〔Bas Lansdrop〕的殖民火星秀，計畫自 2013 年起遴選 20 人參加）。

光是上太空還不夠

一小群研究太空旅行時間過長問題的科學家和工程師，開始討論接著會發生什麼狀況。工程師詢問健康專家，要讓太空人平安並維持工作能力，要達到多高的標準；同時，醫生要工程師做出符合那些標準的裝備。因為若去不了太空深處，就很難研究太空深處的危害。

身為 NASA 結構工程師領導者的約翰．吉佩（John Zipay）也參與了談話，他相信自己的團隊可以設計出有人工重力的太空船，而且能從根本來處理無重力狀態的風險；但他得先知道需要多少重力。

從 1980 年代展開職業生涯的約翰，曾走遍世界，確保國際太空站的各個零件都能彼此完美接合。

「我稱它為世界第一大軌道奇觀。」他說，「打造這些零件的地方有俄羅斯，還有日本、整個歐洲和整個美國，然後我們把它們運到佛羅里達和俄羅斯，接著在太空中把它們全部拼起來，最後這鬼東西居然成功了。從 2000 年 11 月以來，太空站一直有人居住。我們無所不能，我是說，說真的，對我個人而言，這證明了我們什麼都能打造。」

國際太空站很龐大，總長度約 109 公尺，差不多就是一架旋轉的太空船用來產生等同地球重力所需的長度。乘員艙組裝起來共有 51 公尺長，並且有和波音 747 相等的艙內氣壓。太空站十分結實，它的零件必須承受發射時來自地球的 3G 加速力。工程師也考量了座艙在組裝時受到的影響，以及以前的太空梭和現在運送物資、人員的太空船停泊多次後，對太空站造成的影響。

約翰表示，一架有人工重力的星際太空船可以比國際太空站小，也不用那麼堅固，這完全按照醫生們的要求而決定如何設計。太空人得靠著運動克服肌肉和骨質流失的問題，但不用還原到完全強度和全時段重力，或許就能避免眼睛和腦部的損傷。如果無重力狀態對腦的影響可以藉由一天 1 小時的重力來抵銷，那太空人或許只要在太空船內的旋轉椅上就可以獲得所需力量。如果三分之一的重力就可以抵銷，那太空船只需 30 到 40 公尺長就可以了。或者，如果只需微量重力的話，短時間重力就有幫助，也許只要在太空人睡眠時旋轉椅子即可。

「把你手上根據醫療研究得出的人工重力需求給工程師，如果必須是持續的 1G，我們就替你造出人待的地方有 1G 的太空船。」約翰說，但他補充，「需要最小人工重力且需要重力時間最短的太空船，是你預期中最合理的、最有可能真的被造出來的太空船。」

旋轉整個（或一部分）太空船來展生重力的想法，使用的是一種小孩子拿繩子牽重物玩就會發現的現象。玩具的慣性會使它沿直線走，但繩子會把行徑拉成曲線。轉動所需的力量會產生一個朝圓圈外的反作用力，也就是向心力。向外力量的強度，和轉動的力量以及繩子的長度相關——增加哪一種都會產生較大的力量。轉得更快，圓圈大小就可以小一點；較慢的轉動需要較大的圓圈才能提供同樣的力量。

如果你旋轉的是人類，生理便會與物理相互作用。在太空中，一個小半徑離心機——好比太空船內的單人用離心機——在腳部產生的重力會多於頭部。在那種環境中工作很困難，因為任何一個物體——甚至你的雙臂——在移動時都會不停改變重量。暈眩也會是個問題，1960 年代，有個實驗一口氣旋轉人類實驗對象 12 天。一旦人們習慣旋轉，大部份人都可以頂住自己的午餐，但在那些實驗中，參與者在轉動開始及停止後，都得花上一兩天來調適平衡感。

持續轉動整個太空船這種解方，能克服啟動和停止的難題。約翰想像了一個啞鈴狀的太空船，以兩端中點為圓心轉動。一端的乘客將體驗等同於另一端的重力，若要有 1G 的話，太空船得要長達 120 公尺；如果太空船以一端為中心轉動，只有另一端有人工重力的話，就只需要一半的長度。不管是哪種狀況，長度都是由轉動速度——每分鐘 4 轉——所支配，1960 年代的研究顯示人類可應付最快速度就是這樣。

太過時的研究，太緩慢的進度

但這項研究已經過時——而且是在地面進行的；在地面上向心力是添加在從沒消失過的地球重力上。到了太空，人類實際上可以轉多快，其實是值得思考的問題，因為屆時人類能體驗的唯一重力就只有人工重力而已。

在當前的太空科學家中，一直要到幾年前，麥克．巴拉特和同事在國際太空站無意間發現眼球腫脹和顱內壓的問題後，人工重力才開始獲得認真的關注。2014 年，當麥克召集一個由全球數百位頂尖研究者組成的工作坊來研究人工重力之後，這個問題更受矚目與重視。該次會議的報告強調了我們知識的缺口有多麼危險。

「儘管人們從 1 百多年前就知道向心力會對動物和人引起人工重力，但關於生理影響，特別是長期接觸向心力的影響，我們還是所知甚少。」報告寫道。「事實上，我們對於太空無重力影響狀態的瞭解，比超過幾個小時的向心力影響還要多……舉例來說，我們就不知道火星表面 0.38 的 G 力到底有沒有一點保護作用，也不知道在長期無重力狀態下維持身體功能所需的 G 值門檻是多低。」

離開工作坊後，NASA 籌劃了一個 7 年計畫，要找出太空人對人工重力的需要量，目標是在 2022 年找到答案。從 NASA 目前的太空拓展時程表來看，他們需要這項資訊的時間不會早於 2022 年。

在 NASA 領導人類對策的醫生彼得．諾斯克（Peter Norsk），代表了前述對談中與約翰．吉佩等工程師對談的另一半聲音。他的工作是找出工程師需要的人類需求資料。理想中，約翰可以給彼得一個軌道上的向心力，來轉動人類並看他們反應如何。事實上，那是唯一可以得到真實確切答案的方法。但這樣的計畫將非常昂貴，所以，目前的計畫要求將地球上的人類實驗與國際太空站上的老鼠合併研究。

在 NASA，官員們也討論了前往「拉格朗日點」（Lagrange point）的任務，也就是前往太陽系中，一個地球、太陽和月球的重力平衡讓小天體能在該處穩定繞行的區域。前往該處太空站的太空人可以研究包括人工重力在內的太空深處旅遊事宜，而不必進行相較之下困難太多的火星任務。而這些討論能不能形成 NASA 的新方針，仍然取決於高層政治。

我們已經擁有在軌道上運行的太空站，但太空站上與人類同大小的離心機計畫卻從來沒成功過。在太空中，推動一個巨大的旋轉椅或旋轉室，會讓太空站往反方向旋轉。控制者或許可以用回轉輪——太空船就有這種裝置來控制定位和方向——來抵銷旋轉，但震動問題和反作用力都會使該裝置在國際太空站上無法實際運用。

一個大到可以放入靈長類的離心機原本要裝在國際太空站上，但因2003年的哥倫比亞號事故大幅減弱了把材料送到太空站的能力，這個計畫也就中途喊停了。2016年時，太空人測試了一個老鼠用的離心機，利用的是日本的裝備。但這實驗能得到的結果大部分是關於肌肉和骨質；老鼠的眼睛和腦部和人類差距太大了。

彼得表示，地表上的研究將使用長臂的離心機，給出大於1G之下的重力數據，並在拋物線飛行的飛機中（即第一章提到的所謂「嘔吐彗星」，有搭過比基尼模特兒凱特・阿普頓等人的那架）進行短暫的低G實驗。但就人類處在「地球重力與無重力狀態之間某一重力平衡」的長期健康而言，計畫裡沒有一項可以提供直接證據，讓科學家與醫療團隊瞭解人工重力對太空人健康的影響結果。我們也無從確認，一個人在太空中旋轉會是什麼感覺，以及這項實驗將有什麼樣的實際極限。

雖然缺乏健康數據，但人工重力的工程解決方式倒是相當明確。

在太空深處打造兩頭旋轉的啞鈴是一個有趣的挑戰，而不是恐怖的障礙。約翰・吉佩表示，那會需要新的能源，因為目前的太陽能板太脆弱，無法用來旋轉。新能源得要輕盈，好降低發射時的能源成本，並能加速前往目的地。而且它還得夠強韌，以承受自己的人工重力。

約翰將藉由把可拆卸的部分送上軌道組裝來減少重量。星際太空船也不需要向國際太空站那樣，全部都由堅固的鋁片打造。裝配人工重力裝置的太空船，其最龐大的一部分，會是連接啞鈴兩頭的長臂。約翰將把長臂設計成一個可折疊的堅固包裹，先將之發射離開地球重力，然後在無重力中伸展開來，以成為堅固到足以定位啞鈴兩端的細長樑架。人員居住區則可以設計成充氣式，推進系統則可以放在人員區的另一頭，做為重量平衡。

放射線問題也有一部份可以處理。太空船得要保護乘客免於兩種放射線的侵害：太陽風暴的質子放射線強到可以殺人，但塑膠防護就可以降低其影響，至於強大的太陽風暴本身，太空人可以在有保護的密閉區內獲得庇護。因為放射線的緊急危害只會持續幾小時，所以一個滿是食物、燃料和水補給的風暴庇護所其實不用太大，這種低技術選項既便宜又有效。

至於星系宇宙射線的問題就難多了。我們在第五章討論過，來自星系另一頭恆星爆炸的高能粒子，其撞擊強烈到沒有任何實際存在的物理庇護形態可以抵擋。充分的證據顯示，曝露星系宇宙射線下數年之後，人腦會受損到足以危害任務的程度，並將奪去太空人好幾年的預期壽命。

科技可以為我們做什麼？

在星系宇宙射線下保持健康的可行解方，目前還處在理論推測狀態。

在充分了解放射能傷害以及相關遺傳學之後，醫生們或許能找到一種排除掉易受影響者的方法。但機組員的選擇是很微妙的：基於避開某種風險來篩選出候選者，可能會產生另一批較無法承受另一種風險的機組員。以健康、智慧、體適能、領導能力、教育程度、技術本領、心理強度、放射線致病機率，以及在無重力狀態下不易出現視覺問題為條件來篩選太空人，都很正當合理。光是要符合上述之中的少數幾種標準，NASA 的篩選流程就已經足以把幾萬人的候選者刷到只剩幾十個了。每增加一個篩選測試，都將需要折衷妥協。世界上就是不會有足夠的完美人選，來組成一支在每一標準上都最頂尖的成員。

遠在另一頭的醫療科學方面，或許可以給太空人保護藥物，或者想辦法對先前提到的放射能曝露疾病加以治療。但這種突破就像是治療癌症一樣，有可能成功，也有可能始終無解。

還有另一個選擇：如果我們終究無法在星系宇宙射線中存活，而又無法抵擋，那就彎曲它。這些粒子攜帶正電荷，所以磁場可以改變其行徑。這項知識興起了一種希望：把物理學家在地球上的加速器裡用來彎曲次原子粒子路徑而產生的強磁場，重新在太空中複製出來。

來自德國，目前在德州沃克西哈奇（Waxahachie）的雷諾．曼克（Rainer Meinke），幾十年前曾投身於那類物理機械中最大的一台：超導超大型加速器（Superconducting Super Collider，SSC）。超導超大型加速器原本要在沙漠地底一圈 85 公里的環形隧道內發射粒子繞行，產生連今日最大型加速機也望塵莫及的強大次原子撞擊。但是美國國會在面對成本相同的國際太空站和 SSC 時，選擇在 1993 年取消加速器計畫，遭到遺棄的 30 公里長隧道仍在沃克西哈奇附近。一如其他眾多物理學家，這次取消打亂了雷諾的生涯規劃，使他轉而投身於類似本來要在加速器中把粒子擠出來的超導磁鐵，只是現在用於能源和醫療產業。你可能已經在核磁共振影像（MRI）機和其他高科技醫療成像設備中，見識過那些研究成果。

大磁鐵與流經甜甜圈狀線圈的電流一同運作。電流在甜甜圈中央誘導產生一個磁場。若使用普通的銅線，磁鐵就會生熱，這種廢熱必須要持續用更多電力來排除。一個超導體可以在沒有電阻的情況下引導電流，不會流失能源、不會產生熱能。理論上來說，線圈裡的電流可以永久持續，第一次充能後可以產生一個穩定的磁場。

核磁共振影像機中，由超導磁鐵產生的磁場通常比地球磁場強 10 萬倍。但這種磁鐵實在太重，沒辦法帶上太空。在雷諾自己的公司——位於佛羅里達的先進磁鐵實驗室（Advanced Magnet Lab）裡，他和他的同事開發了一種讓超導磁鐵更大但更輕的概念。他將把太空船包在一組極輕的、由超導薄膜所構成的氣球狀彈性磁鐵內，氣球內的磁場會把帶正電的粒子彎曲遠離太空船。太空船的船殼上，另一層超導線圈會替裡面的乘客中和磁場，所以金屬物體不會到處飛來飛去。

這個設計別出心裁。這種類似錄音帶的超導材質，發射時是像傘一樣折疊起來，而一旦進入太空、磁場充能後，這把「傘」就會展開成需要的形狀大小。一般來說，大型磁鐵應該會非常堅固，以避免被自己創造的力量撕裂；但雷諾團隊發現了一種新的磁場結構，可以把磁帶上的壓力降低到接近零。他們做了一個小的原型，而且成功了。利用現有材料實作，一個直徑 10 公尺的系統在單次充電後，可以維持一個 1 特斯拉（tesla）的磁場，幾乎跟典型核磁共振成像機一樣強。

但在打造完原型之後，雷諾就失去了原本支撐研究的「NASA 創新先進概念計畫」撥款（儘管他還是靠著其它經費和夥伴繼續工作）。就算他的系統按設計成功運作，且能保護太空船不受太陽質子放射線侵害，磁場也無法大到或強到可以偏轉最強大的星系宇宙射線。星系宇宙射線的能量，遠比地球上有史以來最大的加速器還要強上太多。地球的磁場其實也沒能保護我們，絕大部分還是靠大氣中的水（我們在地球上受了雙重保護：有大氣層抵擋星系宇宙射線，還有磁場保護大氣層不被太陽質子放射線剝除）。

要把超高能量粒子轉離太空船，就需要強上加強或者大上加大的磁場。有些專家出於重量、錯綜複雜和系統失敗時缺乏後備計畫，而直接放棄磁場保護這種想法。雷諾指出了其中涉及的力量：10 或 20 特斯拉的磁場會對線圈產生巨大的爆裂壓力，就像把氣球過度充氣一樣，那是股任何現存物質都無法承受的巨大力量。另一個選項是由較大的線圈以較低的磁力產生較大的磁場，理論上來說那可以做到，但這樣的話，太空船行動時，就得被一個飛船大小的磁場傘所圍繞。

這種太空船的圖象一點都不吸引人，要是再加上用來製造人工重力的旋轉，將會得到混亂的大雜燴：一個電力充能的巨大超導飛艇，以高速穿越太空，同時包著一個兩頭轉的啞鈴狀太空船，而那艘太空船不停移動的起居單位，也有中和力場的機制。不知用了什麼方法，這整組東西不但被發射成功，送上太空之後還會減速，在軌道上朝著目標而進。

最大，且仍未克服的問題是？

假設那些全都成功了，太空船在太陽系中穿越了將近 10 年。裡面會是什麼光景呢？相比起來，這倒是很容易想像出來。典型的狀況，就是枕空人躺在加爾維斯敦醫院病床上幾個月後的那種注意力喪失和枯躁情緒。2010 年至 2011 年，6 位符合國際太空人計畫選擇標準的入選者，在俄羅斯的一個模擬太空船內待了 520 天。這個日程符合火星任務，包括在星球上的短暫停留。

結果不怎麼好。心理研究的文字中提到：「6 名組員中只有 2 人（c 和 d）既沒有顯現行為障礙，也沒有出現心理困擾。」另外 4 名太空人有睡眠障礙，變得昏昏欲睡、性格急躁，其中一人還出現抑鬱狀態，且都有嚴重到足以威脅任務的綜合症狀。

隔絕於南極洲的人們也浮現類似問題，甚至在國際太空站也有——儘管太空人們的醫療細節保密，但我們知道他們也得應付憂鬱症。待在那裡幾個月的人，都得局限於小團體中，剝奪了陽光和一般感知輸入，最終會對自己感覺極差，同時，他們的工作表現也會變差。研究者在俄羅斯任務後建議，關鍵在於**選擇組員**。他們要求調查讓某些人對這些影響免疫的遺傳因子，但那又會在已經擠滿了的綜合篩選條件上又增列一堆限制，使他們必須尋找一種可能根本不存在的多重免疫者。

或許還會出現更多能簡化成員選拔和太空船設計的想法，但其實已經有一個簡單而冒險的解決方式，將一口氣解決放射線、重力和心理問題：跑快一點。

以當前的技術，太空船若攜帶了足以進行短暫點火的燃料，就能在（**基本上**）以慣性運動一路航向目的地之前，提供高加速度。慣性航行期間，乘客會體驗無重力狀態；在固定速度下，航程長短是由一開始的短暫點火決定。整趟旅程都可以持續增加能源在速度上，使之能持續加速的太空船，就可以大幅縮短預計中的航程。到了半路，火箭可以掉頭，在抵達前以同樣的能量輸出來減緩速度。

在漫長的太空旅程中，只要極小量的持續加速，就能讓你以驚人的高速到達目的地。快到讓乘客就算身處缺乏防護也沒有人工重力的太空船裡，也能在無重力狀態、放射線或因無聊而導致身心健康威脅前，就先抵達外太陽系。

未來／

在太空中持續加速的技術異常快速地發展，彷彿一夜之間完成，就像萊特兄弟之後的航空業，或者 1990 年代的網際網路一樣。不過，就和上兩個例子一樣，使其成功開展的想法並非無中生有。幾十年來，創意十足且不怕走在專業前線的工程師和科學家，一直都在思考新穎出奇的概念，並在無法獲得太多資助和尊重的情況下打造原型機種。突然間，隨著需求迫切出現，資金和信任也都來了。湊足條件後，很快就讓想法生長茁壯，就像向日葵抽芽一樣，一下長出超乎預料的巨大成果。

泰坦公司（Titan Corp.）是為了泰坦計畫成立的獨立公司，當公司執行長收到 Q 驅動器成功正常運作的證明後，大大鬆了一口氣。多年來她一直承諾，接下來的這種技術將能讓人安全抵達泰坦，而以較慢太空船率先登陸的機器人已經蓋好了居住所，屆時便能直接搬入。如果沒了她允諾的後續載人任務，政府和各大企業的投資者所投下的機器人任務巨額花費，都將付諸流水。

泰坦任務架構需要一組（6 名）太空人打前鋒。他們將搬到替他們準備好的小居住所，在那邊指揮機器人打造更大、自給自足的人類居住所，好讓更多人跟隨其後。他們也會收集機器人無法表達的泰坦生活感想，傳達給全世界。但人類無法像其他送往外太陽系的機器人或早期探測機那樣，撐過前往泰坦的 7 年太空深處飛行。只有持續加速驅動，縮短航程在兩年內抵達，這趟任務才有可能成功。

傳統的化學燃料火箭可以產生大量推力，但它短暫的能量爆發需要沉重的燃料。只產生一點點推動力但能維持下去的太空船，就算起步慢很多，還是可以走得比較快。持續運作的能力來自更高濃度的燃料——使用鈾而不是化學燃料——而且在Q驅動器的例子中，持續運作的方法是在太空中收集推進劑，而不是帶著燃料走。Q驅動器會收集自然存在的量子粒子，並透過電場把它們排放出去，因而產生推動力。一個核反應爐會產生電場所需的電力。有了這種小巧的能源，且又不需要攜帶推進劑，這個驅動力量可以持續向前推進太空船，慢慢地增加大量速度。

一旦原型運作成功，下一步就會很快到來。既想逃脫地球、又想在新世界率先獲得土地所有權的政府和億萬身價投資者，緊張地投入大量資金。泰坦公司出資興建了一個巨大的太空船塢以及重載量商業發射火箭，來打造太空船。公司買下了商用太空飛機的座位，把組裝工送上軌道。隨著工作進展，一比一大小的Q驅動推進器組裝完成，有著像拆開蝶翼般的巨大環狀構造用來將量子粒子加速，它們在太空船塢外飄浮著。

這些驅動器在無人太空船上測試過，當時只有公司內部成員在場，組員艙則是另外興建。隨著動力從反應爐抵達環狀物，一位控制者宣布Q驅動器成功運作且正在產生推動力，現場響起一片歡呼。但太空船本身似乎沒怎麼移動，微弱而持續的推進力產生的是緩慢的起飛。

測試之後，泰坦公司的行銷總監和科技總監都來到執行長辦公室討論一個問題。

行銷總監一直在處理泰坦任務起飛的「曝光」（optics）。科技總監一開始還以為是光學相關問題，後來才聽懂這是指這個歷史性事件在公眾間的觀感印象。全球領袖將在現場觀看6位勇敢的太空人從太空船塢啟航，展開邁向人類新家園旅程。在這次戲劇性起飛之前，需要演說和典禮儀式，但行銷總監看過測試後才驚覺整個起飛過程根本沒那麼戲劇化，而這令他沮喪。

Q驅動器效率驚人，能以持續數月的力量加速太空船，並產生神奇的高速，但在啟動的頭10分鐘，它只會移動大約2百公尺。看過測試之後，行銷總監差點忍不住自己動手推它一把，好讓它大步向前。

這樣可不行，行銷總監說。他揮舞手臂畫出一張心中想像圖（這是主修戲劇的他，在一間全是工程師的公司裡的特長），他開始潤飾起發射龜速太空船會碰到的尷尬場面。各國領袖無法向太空人告別、送他們上路，然後實際上也沒辦法讓探測船離開。當每個人結束了儀式、樂隊停止演奏、旗隊也退下來，如果探險家還在眼前，那場面該有多冷。等到各國領袖登上了太空飛機準備回地球時，太空人還是近到可以從舷窗向他們揮手。泰坦公司會成為笑柄，彷彿把探險家裝在一台破車上，讓他們像嬰兒爬離行那樣地離開地球。

即便科技總監的太太反覆在伴侶治療中抱怨這人不會表達情緒，此刻他還是盡了全力表達他被惹毛了。Q 驅動器所代表的科技躍進，能將人類從永久困守的地球上解放出來。他的團隊所打造的太空船可以把泰坦旅程從 7 年縮短到 18 個月，整個太陽系都垂手可得。

會議就在大家都了解「要有一台強到可以把太空船先送出太空站視線的第一檔火箭，然後再由 Q 驅動器接手」之後結束。科技總監回到辦公室，暴怒到差點咬斷牙齒，並在腦中設計各種不會真的對行銷總監痛下殺手的反擊計畫。事實上，想要逃脫地球重力，第一檔火箭並非毫無道理。

科技總監團隊所設計的第一檔火箭，使用的核反應爐會和替 Q 驅動器充電的一樣強大。裝在外接槽的氫氣會快速穿過反應爐堆，以得到爆炸性加溫，並成為廢氣而排掉。在那加速階段，巨大優雅的 Q 驅動器還會折疊起來。當氫氣槽空了之後，太空船將以 0G 慣性航行，收集器同時開始運作。接著，Q 驅動器就會接管，隨旅程增加越來越多速度。

行銷總監非常高興。但在之後的會議中，安全總監指出，第一檔推進器會對各國領袖噴出超高溫氫氣。在新增的重新設計中，會有一艘拖船，在太空船啟動主引擎前，把太空船拖出船塢之外。

由拖船搞定的啟程「曝光」計畫看起來很完美。不太快，也不太慢，各國領袖也非常安全。

科技總監開始設計這艘拖船。

為了把啟航搞定，使計畫又延後了好幾年，但這對泰坦公司不成問題。增加的成本帶來了 33% 的標高售價。

在NASA，就算是某些已經準備承擔風險的太空人，也已經看出旅程需要更高速的推進力才能平安。如果非要曝露到勉強可接受的放射量，火星任務才能接近達成的話，那麼到達那裡就已經是終點，無法再進行其他探索。阿波羅任務的紀錄，就已經對「在一場無以為繼的巨大成果中，把我們的能力推到極限」這種做法提出反證。一口氣完成了火星任務後，我們可能會重複經歷之前全力邁向月球之後，花上50年等待下一步進展的命運。要持續探索，每一步都得打造下一步，才能持續抵達更遠處，而不是接連幾個世代都在等待新想法。

況且，我們越了解火星，它就越沒有成為我們的最終目的地的價值。

在詹森太空中心，領導先進任務開發團隊（Advanced Mission Development Group）的馬克·麥當勞（Mark McDonald），就像任何一位優秀工程師一樣，把問題解釋為各種限制的平衡。前往外太陽系的旅程需要快速飛行，理由不只是因為放射線顧慮。長程旅途需要在太空船上放太多食物和燃料，而隨著船隻重量增加，推動力問題會變得更加困難。長距離探索太空船得要又輕又快，配備不攜帶太多燃料的高效率引擎。

如果一塊有望堪用的岩石出現在太空中，而且人們可以移動它，使它待在正確的位置當作加油站的話，那麼，或許我們可以從小行星開採燃料。馬克認為，找出一顆小行星尋並固定它，然後開採並提煉燃料，成本之大與複雜度之高，只有在太空航業艦隊趨於成熟、有著大量消費者的情況下才合理，單一船隻根本行不通。比較可能的情況是，燃料和補給品可以由機器人太空船堆存在前往泰坦的路上。更慢、更大的無人太空船可以建立儲藏點，接著載人任務再沿途補給、一步步跟上。

但這個計畫有個風險，所有的推進都是位在太空深處的某個集合點上，但就算所有點的位置都完美無缺，還是很花時間。馬克也指出，這個概念解決不了使用化學火箭前往外太陽系的基本成本問題。每多帶一噸燃料飛出地球並送進太空深處，就要多一筆極大的花費，而這種太空深處任務可能要花上上百噸的燃料。

開拓西部的原理

今日的化學火箭很擅長在短時間產生巨大爆發推進力，但它們效率不佳，燃料又太重而無法進行長途旅行。馬克用美國舊西部來打比方，如果穿越平原的開拓者沒辦法沿路讓馬吃草，那每個人都得為了預備糧草而帶上一整車隊的輜重，那就沒人有錢踏上旅程了。

別稱「桑尼」（Sonny）的哈洛德．懷特（Harold White）替馬克．麥當勞工作，思考著興建不需那些重量和補給的太空船所需的根本突破技術。他是一個直截了當且風度良好的人，和他所做的神奇工作相比，有著不相襯的謙卑態度。桑尼利用深奧的物理學來設計實際機械，並在研發時對宇宙產生新的洞見；但他討論起理論的拓展時，卻展現了和在手機上炫耀照片一樣的隨性熱情。一張在家族旅行中拍攝的、1960 年代核分裂火箭立在沙漠的照片，讓他忍不住坦白：「我真的有夠宅。」

但如果受 NASA 雇用設計原本只在《星艦迷航記》中幻想出來的東西叫「宅」的話，那他還真的不辱其名。我們在第十二章會看到，桑尼正著手於曲速引擎（warp drive，譯注：一種假想的引擎系統，《星艦迷航記》就常使用）的建造，他是替阿宅圓夢的超級英雄。

面對這把科幻影集搬入現實人生的挑戰，凡人如我們光是要聽懂桑尼講什麼就都很困難。但桑尼已經替我們把認識這些深奧科技入門的指南準備好了。

火箭、飛機和船隻都利用牛頓第三運動定律加速。每個作用力一定會有相等向的反作用力，轉動螺旋槳的船馬達把水往後送，這個動作的反作用力就是船身向前的運動；飛機利用強力通過噴射引擎或螺旋槳的空氣質量來加速；飛在太空中的火箭沒有水或空氣做為推進劑，但向後排放的廢氣量提供了反方向的前進作用力。不管其能源或廢氣多快排出，因為牛頓第三運動定律，傳統火箭的前進動作會受限於它能載送的推進劑多寡。船和飛機如果也有這個限制的話，就只能移動非常短的距離。

太空還需要什麼？

更好的能源或更有效的引擎將有幫助。在內太陽系裡，太陽能板可以產生推動引擎的電力，使用電力的太空船攜帶氙做為推進劑。氙是一種不燃燒的惰性氣體，它只作為推進劑使用，而不是燃料。在這些稱做「離子驅動器」（ion drive）的引擎中，來自太陽能板的電力將氙原子電離化，剝除其電子產生帶正電荷的離子，可以被電場推動；迫使氙離子加速衝出火箭後端，就產生了推動力。在太陽光微弱的外太陽系，離子驅動器可以使用核分裂反應爐取代太陽能電池來產生電力。反應爐已經存在了好一陣子，就跟桑尼手機相片上那台有歷史的火箭裡配備的反應爐一樣。

電力推動系統已經成功推動了 NASA 在 2007 年發射的曙光號（Dawn），這艘太空船使用太陽能前往小行星帶，並同時環繞小行星「灶神星」（Vesta）以及矮星「穀神星」（Ceres）。在引擎後面，充到 1 千伏特的電池板以每小時 9 萬英哩（144,841 公里）的速度排出氙離子。只要使用極少量的氙，這個系統就能產生強度等同於地球上一張紙重量的推動力，讓曙光號極其緩慢地加速。要花上 4 天才能從 0 加到每小時 60 英哩（97 公里）；但曙光號可以這樣慢慢地，一路加到每小時 2 萬 4 千英哩（38,624 公里）。離子驅動器能用那麼小的力量推動到如此快速，一部分是因為它的高效率，足足有傳統化學火箭的 10 倍之多。

但就和化學火箭一樣，離子推進器最終也會用光推進劑：氙用完之後，引擎就停止運作。這正是為何桑尼正在著手研發的 Q 推進器如此吸引人了，這種推動器從太空中收集推進劑，所以永遠有用不完的能量。

了解這些想法需要熟悉量子力學，而能了解的人屈指可數（可能實際上沒人能懂）。量子力學是用來處理某些問題的奇特物理學，例如：光是粒子還是波？還有，某個電子到底在哪？行進速度有多快？在這兩個例子中，物理學家認為答案在任何特定範例中都不確定且不可知。次原子粒子的實際位置和動量，基本上是機率問題，不是確定事實，而我們人類也是由這種東西組成的。

宇宙是機率的集合。小小的機率構成我們以直覺感知為真實的大物體，我們認定那些物體有著確切的位置、時間和動量，但從基本層級上來説並不具備。因為我們對世界的觀點與量子力學衝突，理論預測了許多看起來不可能的情況，例如物質毫無理由地瞬間出現又消失；但這些看似不可能的事情已經在實驗中被驗証為真。

從無中生有的物質，名叫「量子真空漲落」（quantum vacuum fluctuation）。在我們的機率宇宙中，虛粒子（virtual particle）瞬間存在又瞬間消失，就算在完全真空中也一樣。懷特的 Q 推進器將使用這些虛粒子代替氙當作推進劑。要給予驅動器的能量還是要來自核反應爐或太陽能電池，但從後段噴出的推進劑將取自太空，用之不竭。來自真空、出現在引擎室的虛粒子，將會由電場加速。Q 推進器使用早就在那（或有機會在那）的東西，方法就像船隻馬達使用水或噴射機使用空氣推進一樣。

2014 年，桑尼在詹森太空中心測試了這個概念的一個實驗版本，並用小量電力產生了微量的推動力。儘管這股力量太微弱，只能用敏感度超高的設備才能測量，但這個系統的效率還是比離子驅動器強 6 到 7 倍。

「你什麼都用不到，就可以把自己從地面上抬起。」桑尼説。如果 Q 推進器可以按比例加大，利用核反應爐的百萬瓦能量推動，其效率便可以使長途太空旅行有著截然不同的開展。「有了那種系統的話，就我們目前來說，會是一場革命。而且那會讓土星任務比較沒那麼令人畏懼。」

火星之外的可能？

研究結果目前還在接受審核，其他實驗室需要用不同的測量儀器來證實這個現象。推動力的量只有一丁點，因為虛粒子極少且相隔甚遠，但如果使用當代物理的計算，這也是可以解決的。突然閃現的虛粒子數量，要看它們所在的真空的能量狀態。把質量帶入真空會增加能量以及出現的粒子數。在桑尼的推進器中，虛粒子的數量比在宇宙虛空中發現的還要多 14 個數量級：從一個跟 0 難以區別的數量，到達一個還是小到不行但似乎大到可讓想法成真的數量（最好的情況下，需要 1 萬立方公里的空間，也就是接近蘇必略湖〔Lake Superior〕的容量，才能收集到 1 公斤這種東西）。

我們在本書中提出了一套殖民泰坦的劇本，但我們不想只靠幻想來讓希望持續。Q 推進器是我們最好的一個賭注。雖然它目前僅僅是剛誕生的一種科技，但似乎可行。隨著它更為人了解，看起來完全不合理的物理定律有可能會用來達成更大、更符合人類未來需求的利益。

「如果我們可以把某些具體的物理學搞定的話，可能會對土星之類的目標非常有用。」桑尼說。「我們對手頭所有選項都保持開放的態度。」

未來／

當太空船準備好時，全世界滿懷畏懼和期待地看著。拖船把太空船拖離太空港，那是一艘外型古怪的船，Q 驅動器的數個巨大環狀物繞著中間的組員艙，設計得能輕則輕，大小正好足夠裝下 6 位太空人、他們的補給，以及一個把他們從軌道帶下去的登陸機。這艘太空船被設計用於單趟行程，能夠成為支援殖民地的泰坦軌道太空站，其核反應爐成為備用補給，來替機器人或其他裝備上的電池充電。

分別來自 5 個國家的 3 男 3 女已經成為朋友。他們一起受訓多年，知道不管餘生有多長，他們都會耗在一起。人們預期他們可以在泰坦上安享天年，但他們正乘全新的太空船，基本上還沒測試過在沒有地球協助下行進數十億英哩的狀況。他們拋下了各自的家庭、生長環境以及地球的明亮日光和溫暖空氣，還有其他熟悉的一切。

而且，他們不知道自己要去哪兒。他們看過機器人送回來的圖像和數據資料，但他們不知道，如果能活過酷寒、黑暗，以及缺乏含氧大氣與液態水的環境，定居在那邊將會是什麼樣。他們將要打造新的機械來維生，他們得相信自己的機械、身體和心智都能在那個奇異地帶正常運作。

他們心中無所懼。離開地球會是人類最偉大的冒險之一，而他們幾乎什麼都準備好了，除了成家以外。

他們非常清楚生育控制方法，人類能在地球外繁衍並讓殖民地人口興旺的未來，其實還十分遙遠。

當前

有了前往其他行星或泰坦的快速旅程，太空人將不需要人工重力來維持健康；但如果要在殖民星球上生小孩，恐怕就需要。

在太空性交與繁殖的研究幾乎還沒開始。科學家、太空狂熱者和色情片商同聲抱怨 NASA 的假正經。在半世紀的太空飛行後，完全沒有任何描述太空性交的科學內容發表。詹森太空中心的知情者表示，很明顯，人類性交在太空發生過，但沒人正式提起這件事，也當然沒被研究過。性行為在太空確實是可能發生的，受孕、妊娠和出生雖然可能不會太難，卻也有其風險。對於如何在太空養育嬰孩，我們還是幾乎一無所知，如果沒有百分百的地球重力，人類繁殖有可能無法發生。

在網路和相關書籍上有大量關於本主題的內容可讀，但那些都仰賴涉及動植物的少數老研究、一些太空人的秘辛，還有很多臆測和胡言亂語。追溯這些說法的源頭——因為寫手覺得可以自由想像，所以這件事在本領域的新聞中是一大挑戰——我們發現幾乎沒有什麼理論基礎可以用來討論與「降低重力如何影響繁殖或兒童生長」相關的任何確切事項，實在令人擔憂。

艾波爾．倫卡（April Ronca）在 NASA 研究這些問題，直到 2003 年哥倫比亞號慘劇後撤銷了研究經費為止。隨著醫療問題再度浮現，她在帶領維克森林醫學院（Wake Forest School of Medicine）的「婦女健康卓越中心」（Women's Health Center of Excellence）之後，於 2013 年回鍋前往艾姆斯研究中心。她以對地球繁殖和發展的知識基礎為線索，開始推測在太空養育後代的情形會是如何。

環境對腦部和身體發育的影響可能會是永久的，舉例來說：在沒有水平垂直線環境長大的老鼠，出現了終生的視覺損害。更為極端的弱重力或無重力環境差異，可能會以差異極大的方式型塑兒童。

「太空兒童」

「我會說，婦女在太空中生產會非常困難。」倫卡說。受孕可能需要重力、胎盤可能沒辦法正確附著。老鼠研究顯示，在無重力狀態中的時間會影響生產收縮。就算這些都應付得過去好了，胎兒會發生什麼事呢？

「如果你讀一些植物研究，你會發現在微重力環境下將發生形態改變。」艾波爾說，「經歷了那些徹底和地球環境不同的胚胎模式成型階段和器官生成之後，我不知道我們該期待生物會變什麼樣子。每個部分要怎麼適當地搭在一起？」

4 位美國男性太空人報告了缺乏「性致」和睪固酮減低的情況，但這可能起因於軌道上的忙碌壓力生活，樣本也太小，無法得出任何結論。此外，無重力狀態中的液體轉變，在某些太空人身上產生不需要且甚至令人痛苦的勃起狀態，所以國際太空站上不需要威而剛。無重力狀態性交的難題已經被討論了幾十年，但沒有重力，會很難產生用來抽送的正確力量。2006 年，二線電影女演員兼科幻作家婉娜．朋塔（Vanna Bonta）發明了一套解決問題的服裝，可以讓太空人彼此像魔鬼氈那樣黏在一起。這個想法成為眾所皆知的媒體傳聞，給她帶來了用之不盡的免費宣傳和節目活動。

性行為只需要摩擦，這是個簡單的機械問題。但人類受孕從來沒有在地球的低放射線、1G 環境以外發生。研究者認為長距離探索太空船上的放射線和無重力狀態，可能會導致男性暫時不育，且女性也有可能受此影響；但影響不會一直持續。目前還沒有後續研究進行，但男女太空人在太空旅行結束後，確實有生下過健康的孩子。

就像其他複雜的生物過程一樣，繁殖要利用足夠的重力。蒙特婁大學（University of Montreal）的實驗顯示，低重力影響了植物繁殖；中國科學家發現低重力和放射線都會損害老鼠體內的精子。1980 至 1990 年代，美蘇科學家都研究了魚類等眾多動物在太空中的繁殖：魚沒問題，但老鼠胚胎顯示出骨骼礦物質化的減少，以及心室萎縮。太空中誕生的老鼠行為不正常，從來沒有哺乳類曾經在太空中受孕並誕生。

人類不太可能想嘗試在無重力中繁殖。就算證明可行，也沒有理由冒那麼高的風險，或者花那麼大精力去打造一個手術室或育兒室來進行無重力剖腹產，因為自然生產可能不會成功。舉例來說，艾波爾就指出，要把液體從新生兒的肺中排出，就需要一些甚至沒人想過要發明的技術。沒有人工重力，軌道上的懷孕女性可能要盡快回到地球。長程旅途中，她們很可能會需要簡單易上手的生育控制，以及自己進行人工流產的能力，想想這有多驚悚！

但要建設殖民地就需要孩子。不幸地，在低重力環境的受孕、生產和養育研究，甚至比在無重力狀態下研究繁殖還難。因為地球上無法創造低於百分百的重力，國際太空站上又因缺乏離心機而延遲了研究。艾波爾和她的同事使用離心機來在超過 1G 的條件下研究動物的發育問題，身體對重力的反映似乎符合一條「劑量—反應」模式曲線，所以他們會希望那條曲線能推算至 1G 以下的情況。但生物對重力的反應方式，也可能會有我們不知道的劇變門檻。

至於兒童如何在減少重力的環境成長，猜測不一而足。1990 年代的研究發現，幼鼠無法自行吃奶，只有太空人介入才能生存。研究並沒有持續到足以得知成長過程。骨骼決定我們的大小，骨骼細胞在壓力下排列成型，而低重力可能代表低壓力以及對定位細胞的較少施力，因而產生變型的骨骼，可能會太短或太長。的確，因為我們肌肉的大部分力量也發展自抵抗重力，包括心臟在內，所以在外太空生長的孩子會比較虛弱是可想而知的。

「我們甚至不知道你會不會活到擁有伸長骨架的那一刻。」艾波爾說，因為減低的重力可能會干涉基本發育階段。「光想想所有可能會出錯的東西，就已經很難想下去了。如果出生後早期發育階段一切正常，或許，事情會往對的方向前進，然後你會看到重力的影響在改變骨骼。骨架會拉長還是縮短，我不知道。我認為一定會比較弱。而且我認為在一個頭部液體變化的環境下，腦部有可能會從發育階段就一路型塑成不同模樣。」

但人類可以彌補巨大的物理差異。研究生時期，艾波爾研究過出生時少了一個腦半球的孩子，以及失去一大部分腦部但過著普通生活的成人。

當結果無法改變

或許在低重力下成長的孩子，只要留在同一個弱重力場域內，就有機會可以維持健康；許多科幻小說作者也這麼認為，儘管這個結論沒有科學基礎。但這些孩子恐怕沒辦法回到地球的完整重力環境，因為他們的骨架和心臟太脆弱。今日的太空人透過極端的運動排程來避免骨質與肌肉流失，或者在回到地球後復建。或許太空孩童可以在前往地球的旅途中調整，但也很有可能不行，因為低重力環境已經在他們成長時，形塑出永遠無法改變的結果。

在外太空受孕和妊娠可以靠著技術來協助。即便今日，我們都不一定需要性行為來受孕。懷孕可以在人工重力下進行，如果有需要，我們可以把一位婦女放在太空站上或另一個行星地表的離心機上旋轉9個月。如果你覺得懷孕是件美好的事，想像一下在離心機上的情況吧！那不會是太美好的體驗。

但就算這一切都可行，在太空繁衍後代還是個極為重大的決定——遠比一般已經很重大的養育小孩的決定還要重大太多。在太空飛行的孩子恐怕終其一生連地球都無法見到，且一旦有了孩子，一個太空殖民地就得要能永久存續，且自給自足。

CHAPTER 8

「太空旅行心理學」

你很難嚇到太空人。歐洲太空總署的訓練員蕾丹娜．貝森（Loredana Bessone）在想到把太空人丟進洞窟裡製造壓力（任何實際訓練中都很重要的一部分）時，發現了這個問題。當她的團隊在地底下工作以研究這個訓練太空人的點子時，一位心理學家脫隊了 45 分鐘。當她在黑暗中獨坐時，看見了自己的一生在她眼前晃過。蕾丹娜描述了那位心理學家的經驗：「我獨自一人，所以我開始感覺就像，一切皆空。那是一種除了自己的呼吸外空無一物的感覺，實在很嚇人。」

這經驗看起來十分完美而適合訓練需要再高度壓力下工作的太空人。蕾丹娜替太空人重新創造了這種經驗，獨處在徹底的黑暗、無助中，不知道自己會被丟在那裡多久。

結果太空人們打起瞌睡。

「他們說，這簡直是睡覺的完美時機，怎麼能放過呢？」她說，「我只好停止這項訓練，因為沒有用。」

但她發現了一個訓練太空人的完美場地，就是薩丁尼亞（Sardinia）島一個遙遠且未開發的山谷底洞窟。有很多方法可以模擬太空中的團隊工作，而且人們已經在夏威夷的火山、加拿大的小島、詹森太空中心巨大工作站裡的罐狀封閉空間內以及其他各種地方，嘗試過許多所謂的類比任務。但那些始終都只是「假扮的」。在洞窟中，太空人探索新路線並標記在地圖上、採取科學樣本、尋找新生命，並探測離地表更深更遠的地方，這是一趟沒有輕易通訊或立即救援的冒險任務。他們有時要擠過一些狹窄到要吸氣才不會卡住的岩縫。

教授這門課程的洞窟探勘專家法蘭西斯科・紹羅（Francesco Sauro）察覺到，只要跟太空人說別人以前也做過，就不會有人拒絕穿過狹窄的縫隙。他們競爭心實在太強，就如一位資深太空人告訴我們的，他們寧願炸死也不要搞砸。但紹羅也察覺到，他們一直高估自己一天可承擔的工作量，又低估了自己的休息需要；在洞穴裡待了幾天後，就非得重新思考自己的極限以及睡眠循環。他們已經習慣使用系統、時間表、清單和正式程序。

但職業洞窟探勘者不一樣，他們行事獨立、擅於適應及隨機應變。他們是尋找目標的科學家和探索者，但自由不拘，規格永遠不會是他們的重點。

對太空深處探索來說，太空人可能需要學著更像洞穴探勘者。NASA 長久以來的經營之道，就是各種檢查表以及「試著替一切可能出錯的地方事先做好準備」的策略，太空人從來沒有遠離地球到不能馬上問指揮中心怎麼辦；但探索其他星球時，檢查表恐怕不管用。無線電波訊號回到地球所花的時間，會讓太空人與控制方的對話無法進行（溝通可能會比較像是電子郵件或文字訊息），未知的火星和泰坦可能很像陰暗洞窟的未探索坑穴一樣充滿突發狀況。

太空人察覺到這一點，也愛上了洞窟。蕾丹娜的洞穴（CAVES，是「評估及訓練人類行為與工作技能之合作探險」〔Cooperative Adventure for Valuing and Exercising human behavior and performance Skills〕的縮寫）計畫如此成功，以至於所有參與國際太空站任務的國家都讓他們的年輕太空人輪流進洞，甚至連俄羅斯與中國都參加。受訓者被扔在那裡自行探索，一邊學習與其他國家成員共事的同時，也得選出自己的領袖。5 到 6 個太空人下去，一開始每個人都有一個嚮導——第一部分需要進行一段危險而專精的垂降，以進入洞窟的網絡中——且一次在地底下探索 6 天。有一支攝影組紀錄他們對每一件事的反應，但承諾會對外保密。對探險者來說，這是一大挑戰，也是一大良機。

太空人學習團隊工作，抵抗真實危機和意料之外的情況。洞穴像太空是因為，客觀上來說那裡不適合人類生存。就如上了太空船一樣，太空人會覺得孤立、受約束、缺乏隱私。在缺乏通訊的情況下若要面對真正的風險，他們就得進行真正的野外工作。遠離家人的他們，被迫要和新的共事者一起生活、合作並分享空間與資源。這是一個人們沒有技術就無法活下來的異樣環境。

洞穴計畫是訓練而非研究用，但在洞穴中活動的這套實作課程，似乎可以應用於行星任務。而在洞穴中，技術也出現突破。在遠離支援的危險環境中，什麼東西都得要盡量簡單堅固，而且太空人通常都不是現場科學家，在他們自己的專業領域之外，他們所知的頂多有如實習生，或者在訓練後可以算是實驗室技術員。要成為能從地景中找出新穎、重大發現的科學專家，需要教育和一段研究生涯。阿波羅計畫只有一次把專業科學家送到月球，就是阿波羅 17 號的地質學家太空人哈里遜．舒密特（Harrison Schmitt），而那次任務也收集了史上最有意義的科學資料。

目前為止，太空人已經替洞穴標記了 5 公里的樣貌，而這洞穴其實在石灰岩喀斯特（karst）地形中綿延數十公里。2012 年，他們在洞穴中發現了新品種的鼠婦（編注：昆蟲，又稱為潮蟲或藥丸蟲），還取下了微生物樣本用於深入研究。

對太空探索者來說，處理資訊會是關鍵挑戰，因為他們不可能知道每一件必須知道的事。在一小群隊員中，要每個太空人都能治療其他人的身心疾病是很合理的，但不可能每個人都是醫生或心理醫師。沒有人可以通曉醫療專業人員、工程師、地質學家、技術人員、駕駛和太空船維修員具備的所有技能；而這還不包括在太空中維持日常生活所需的資訊數量。

長時間在太空中旅行很難。不管當初打造國際太空站的正當性是什麼，它都已經證明了這個事實，並在如何著手長途太空旅程上給了許多啟示。這也是一種類比任務。

有些國際太空站帶來的最有價值啟示出乎人們意料之外，舉例來說：沒有人察覺到在太空船上存放、找到東西有多困難。任何搭太空船旅行的人都知道，把每件東西收拾到固定位置是多麼重要的事。國際太空站就像一艘永不返港的船，而太空人花了大部分的時間，把地球帶來的補給收拾好、把艙內的垃圾打包帶回去，並把各個艙內無數個文具架上的物件位置都記錄起來。

國際太空站的設計者根本沒預料到儲藏問題的困難度。一開始，東西堆到一發不可收拾，整個太空站無時不亂。現在，「東西在哪裡」也列入了太空站詳細追蹤流程的一環，並且會登記在資料庫裡。即便如此，至少有一位組員曾經在回到家之後接到電話，請他幫忙找一個在太空站上不見的東西。這項成本要算在時間內，或如 NASA 所言，算在常規費用上之中。在用了好幾個小時吃飯、睡覺、梳洗、系統維護，以及兩小時運動，然後把東西整理好或找出東西之後，太空人一周平均只剩 13 小時實際用於任務工作。

其中一個收納難題的方法，是少帶一點東西。一台 3D 列印機可以協助太空人在太空中做出零件，需要的備用品就比較少。國際太空站的太空人運動設備用掉了很多備料，機器獨特又複雜，有著眾多移動零件，能夠承受模擬重力的長時間壓力訓練，同時又能把運動的振動和太空站上的低重力實驗分隔開來。雖然零件會持續磨損，但 3D 列印機可以在有需要時才製造備用零件，所以國際太空站就只需要數據檔案，而不用實際零件。在前往其他行星的任務中，當重新補給不可行，甚至儲藏空間更受限時，這個策略就會更有價值。

如果沒有休士頓可以呼叫……

馬克・雷根（Marc Reagan）正在研究類似的概念，希望給予太空人新奇、長程任務所需的知識。他在 NASA 一間進行類比任務的辦公室工作，也在休士頓的詹森太空中心國際太空站控制室擔任半職「CAPCOM」，也就是「機艙通訊者」（capsule communicator）。機艙通訊者是與太空人對話的第一線人員，馬克希望能藉著把更多資訊帶上太空船，來降低他這個角色的重要性——以及太空人對控制室的仰賴。

詹森太空中心控制室的外觀，就跟任何科幻迷預期的一樣，有整排的控制台，對著巨大牆面上顯示國際太空站與聯絡衛星路徑的大螢幕。這房間以及俄羅斯和日本的類似房間，主要的功能都是用來溝通專業知識。每張桌前的工作人員都監控著飛行的某一面向，並透過機艙通訊者對太空人提供指示，讓太空人得利於廣泛的專業建議。

NASA 在數十年的太空飛行經驗中早已清楚，當太空人收到監控者的許多指令與看法後，會認為地面對太空中的實際狀況缺乏了解而感到挫折；這種情況自然會使機組員與地面人員之間產生衝突。機艙通訊者身兼雙方的翻譯者與支持者，要負責緩和雙方關係並管制資訊流。

在國際太空站上，太空人可以上網並打私人電話給地球上的任何人。飛行與其說是探索任務，不如說更像工作。休士頓會把他們叫起床，跟他們一起工作整天，然後送他們上床。每一分鐘都在時間表上排定計畫、每個步驟都有白紙黑字的紀錄，NASA 凡事絕不交由機運決定的傳統產生了一種文化：往好的一面說，代表著精準和紀律，靠著充分訓練的團隊，完美忠實地執行小心提出的計畫，不需要臨時起意。

但隨著太空船離開地球，一路前往火星或更遙遠的地方，那種文化就得要學習、改變，因為探索未知事物沒辦法事先寫好劇本，太空人要更像洞窟探勘者。他們會需要一種在無法與專家團隊持續聯絡的情況下，將知識應用於新狀況的能力。

馬克研究這些問題的類比方式，是在佛羅里達外海進行的水下活動。太空人要潛水抵達一個由佛羅里達國際大學（Florida International University）運作的實驗室，離大礁島（Key Largo）有 11 公里，位於水下 19 公尺處，並在那裡待上兩星期。這個水下居住點很像太空船，而潛水就有如太空漫步，可以調整浮力來模擬無重力狀態或火星的部份重力狀態。一如洞穴的類比方式，馬克的 NEEMO 計畫（NASA 極端環境任務行動〔NASA Extreme Environment Mission Operations〕的縮寫）裡有真正的風險、孤立狀態和種種挑戰。太空人的身體甚至模擬某些太空飛行中的變化，例如在任務壓力下活化的病毒感染現象。

為了讓 NEEMO 的類比超越近地軌道，馬克在實驗室和水面控制者之間製造了通訊延誤。太空深處探索任務會超出即時通訊的範圍，就算與地球處在最近位置，光速行進的無線電訊號也要花 4 分鐘才能抵達火星，而泰坦則要花上 90 分鐘。用來控制火星探測車的模式——一次一口氣送出一天份的詳細指示——對人類來說不管用，有鑑於不可避免的誤解和出乎意料的狀況都需要令人喪氣而耗時的低效率來反覆確認訊息，馬克忍不住懷疑目前 NASA 的檢查表和時間表有沒有用。

「當我們過去 55 年擁有的控制室中心模式，因為組員在外只能靠自己，且得應變全新狀況，而必須轉移成更以組員為中心的模式時，那就是我們會面對的挑戰。」他說道。

無論如何，殖民太空時，太空人需要的知識將會超過他們受訓時可能獲得的量。馬克相信，影像提供了解方，就像他使用 YouTube 影片來學習鋼琴，或者修理車尾燈。

「不弄壞的話，我根本關不掉這鬼東西（車尾燈）。」他說，「但很幸運地，有人上傳了 YouTube 影片。我沒有長達 10 頁的指示手冊，但 15 秒的影片就夠我修好它了。」

在太空船上載滿包含眾多工作和情境的數千段影片，將讓組員擁有大量可以快速吸收的資訊，也讓他們獲得控制中心專家以外的自主權。馬克的靈感有一些來自居家改造節目。那些節目不會描述安裝水龍頭的整個過程，只會呈現比較需要技巧的幾秒鐘，但已經包含再多文字也解釋不完的立體工夫。維修太空船複雜部位的影片，可以事先由專家在地球上預錄好，並編入旁白解說，把太空人在航程中執行該工作時，所要做的關鍵事項呈現給他們看。

當馬克和同事學習拍攝真正有助於太空人工作的影片時，水下任務和國際太空站都提供了測試這些想法的背景。太空人把裝備帶到 NEEMO，並在上路前試用。舉例來說，太空站上給太空人穿戴的心跳頻率監控器一直遺漏大量數據；NEEMO 便測試了一個更新的藍牙版監控器，以便在送上太空前，確信該機器能在類似大小的金屬密閉容器裡順利運作。水下太空人也在海面下模擬無重力狀態的中性浮力中，測試了能從小行星表面鑽取核心樣本的鑽孔機。加上通訊時間延遲，這些工作建立了太空深處挑戰的模型，太空人得要自行思考工作計畫，並仰賴預錄影像的引導。

這工作有趣且價值連城。馬克自己也是一次 9 天任務的一員：「那差不多就是我這輩子做過最有趣的事情。實在是太有趣了！簡直一眨眼就過去了，要離開實在有點難過。」

重新適應的挑戰

太空人巴拉特對義大利洞窟內的經歷也有類似感受。「你沒辦法想像那下頭有多美。」他說，「當你到達那下面，會感受到那股涼爽的洞內氣息、聽見幾公里外一滴水滴落的回聲，會看到這美麗到難以置信的地方，然後你會發覺來過此地的人有多麼少，實在是令人敬畏又讚嘆。」

類似這樣的美妙感受或許能支持太空人度過一、兩年的任務並免於精神崩潰。身為第一群飛往另一個行星的人類，這種感受絕對會提供足夠的興奮感，讓太空人即便一整年棲身小小艙房內，也能保持專注和正面態度；掉頭返家應該又會帶來另一種興奮感。

到時候，太空人應該已完全適應新環境，再度習慣地球生活就會是一個新挑戰。法蘭西斯科．紹羅說，只要在洞窟裡待兩到三天，身心就可以做好調整，在黑暗狹小的環境內有效地使用能量運作——類似太空人在無重力狀態下的調適。感官很快就會忘記外頭世界的氣息，並變得極度靈敏；太空人和洞窟探勘者在回到正常世界後，都有發現這件事。

「你會聞到土地。」蕾丹娜．貝森說，「你會聞到葉片。你看著樹木，然後會聞到那棵樹上的一片片葉子。那很神奇。待在洞窟這六天之前，我從來沒有過這種感覺。你會看著土地說：『那有股味道，有種我從來沒感受過的氣息。』」

這極度零度的感官作用在更尋常遲鈍的、雜色混濁的感覺回來前，只殘存了 15 分鐘。

南極洲的研究者也報告了類似的感官剝奪。有些人為旅途帶上了咖哩，並烹煮辣味食物來補償這種剝奪。在當地過冬的工作人員體驗了一種嗅覺上的、味覺上的，以及與自身之外人類社會的古怪疏離感。

對活在泰坦星上的探索者和尾隨其後的殖民者來說，南極洲的狀況就是他們生活的最佳類比。

未來／

6名泰坦探索者每天早會上會跟地球簽到，這是設計來讓他們在旅途中保持正常睡眠周期的慣例工作。不知不覺地，兩地對話慢了下來，每次傳訊後等待回應的間隔越來越長。因為對話延遲長到難以忍受而令人火大的極限，則是因人而異。等一個回答的時間如果超過20秒，就沒有人會想回話，而此時旅程才行進不到4百萬英哩（6,437,376公里），連1%的一半都不到。隨著Q驅動器使太空船加速，通訊延遲的間隔更是快速拉長。太空人被地球的電子郵件叫醒，但他們只會在方便時才回信，反正他們已經來到就算控制中心否決他們的決定，訊息也到不了的遙遠天邊。

Q驅動器的加速並沒有快到可以生產強大人工重力，但太空人和雜物確實慢慢地沉向船尾。一個太空人只要把手臂攀住欄杆就可以輕鬆固定在原地，一跳就可以從船員公共區的這一頭飛到另一頭。但一個自由飄浮、忘記抵抗太空船緩慢加速力的太空人，會緩緩沉向太空船真正的地板，跟工具、封套、衣物以及當初隨便放著亂飄的任何東西待在一塊。這個現象讓打掃工作簡單不少，撒出去的全都跑到同一頭去了。

在旅程開始一個月後，警鈴響遍太空船。地球偵測到一波太陽閃焰，會讓旅行者陷入危險的質子放射能中。太空人撿起讀物和點心，看著閃焰抵達的計時，然後飛進或爬進太空船的儲藏間，在那裡，成堆的食物飲水擋中間形成了一個絕佳的庇護所。因為旅途才剛開始，大部分的補給品都還沒用完，因此這個避難所的空間不大，6個人只能勉強在不舒服的貼近感中勉強湊在一起，連拿起書閱讀的空間都不夠。

在訓練的最後階段，這6個人知道彼此要一起前往泰坦。一周內出現了兩對異性戀伴侶（每個人都已經服用了長期生育控制藥物，至少避免在幾年內懷孕），第3位女性太空人聲明她沒有興趣，而第3名男性太空人自嘲著自己的慘況。他是個逍遙自在的傢伙，一位什麼都能修的天才工程師，而且不怎麼受性和競爭心影響。他自嘲：「等他們分手我會來收拾善後。」他不太擔心其他人的社會連結，也沒特別察覺到他們怎麼看待他，他的心思專注於修補改進太空船。

維護工作實在不少。核反應爐需要監控、導航系統需要每日小幅調整，這位小發明家也在尋找能修改太空船的方法，讓電腦能用一些簡語——例如講「它是」（it is）的時候改用「it's」——並拼出一台蒸餾器好製造酒精。沒有人和指揮中心提到這個計畫，其他太空人樂於和這位小發明家一起旅行，因為他總是令人愉快，而且總是有改善生活的想法；且如果興致好的話，他們甚至還能帶著牢騷，享受他的那些冷笑話與雙關語。

輕鬆的工作心情在蒼蠅來襲時停了下來，船上的每個人頭幾個星期都生了病，從輕微感冒到流行性感冒都有。如今，他們為小黑蠅所侵擾。太空船很小，但他們上上下下找著嗡嗡聲的源頭，直到其中一人，一位工程師坦承他帶了杜鵑花盆栽，並種在自己的裝備箱裡。

未消毒生物——一株植物和土壤，以及蒼蠅——違反了泰坦公司的標準步驟。一開始太空人打算把它冷凍起來並排出艙外。但當他們看著那株植物的小綠葉和粉紅花朵，忽然震懾了。它美到難以形容，滿溢芳香，型態誘人——捲曲而無法預測，與包裹他們的全機械世界截然不同。

發明家開始研究如何殺掉室內盆栽上的蒼蠅。太空船完全沒有帶上需要的化學物質，他在沒有地球支援的情況下，展開了一個製造毒藥的化學計畫。指揮中心下令把該植物銷毀，並表示未經試驗的化學混合物過於危險。

滅蠅計畫似乎成功了，但蒼蠅總是會再度出現。太空人會提到在每周橋牌比賽時看到蒼蠅——並幽默地互相指責，誰要替送這些害蟲上船負責。他們了解到，大部分時間最好各自獨立工作，而不要整天混在一起，在沒事情好講之後還非得聊天不可。週六夜橋牌比賽，喝了幾口來自蒸餾器的穀物酒精之後，就是把週間發想的有趣情報拿來交流，以及把他們面對的私人問題拿來分享的最好時機。遊戲過後，每個人都覺得比較正常一點。他們滿心期待下周的比賽。

只有任務指揮官拒絕參與遊戲或沾染酒精。對於這份任務，他始終提醒自己人類命運仰賴其上，而比其他人更認真努力，多了一分責任感。在訓練過程中和他戀愛的女性太空人，一位機器人程式設計與控制專家，慢慢地與他分開了。他一直都很無趣，而且他如影隨形，讓她感覺透不過氣。不用試著替他打氣，太空船上孤立造成的重擔就已經夠糟了。

任務持續進展，但每個人的情緒卻難以抒發；不過太空人們仍在彼此互動中試著保持正面，並期待週六到來。但指揮官卻越來越孤立自閉，比其他人都早睡早起許多，對他們隨便的態度只能勉強忍住怒意。他根據那份能在回到地球時維持身體健康的進度表，來持續嚴格地規律運動，每天健身 90 分鐘；其他人則把他們的健身縮短到一周數次。

那些每日從地球送來指令的大量郵件，令太空人牢騷滿腹。他們越來越不關心接下來的正式步驟，但指揮官站在地面控制這邊，他責罵每一個違背規則或跳過健身排程的人。沒有人直接反抗他，但他們保持放鬆並隨心所欲，在橋牌遊戲時分享他們的對指揮官的不爽。

指揮官監督整個轉向運作，要求每個人前往工作位置，繫好安全帶並在控制裝置前就位。到了前往泰坦的半路時，太空船將緩緩掉頭，所以旅程的後半段，Q 驅動器會減速而不是加快已經很高的速度。電腦把一切都做好，太空船裡面的太空人只感覺到這個機械性的動作，發明家甚至利用這段時間來打盹。

隨著泰坦越來越近，橋牌比賽也結束了；紙牌已經被磨壞了，他們因為察覺到無法更換紙牌而大受打擊。對探索者來說，要在泰坦活下去只能靠來自地球的重新補給，他們從老家帶來的大部分東西都無法替換，而自給自足的殖民地還要好幾年才能完成。以前他們以為旅途是最大的挑戰，但現在太空人們了解到，著陸只是開始而已，最難的還在後頭。孤立於此，他們只得向維持他們生存的機械負責。

太空船上裝載了上千部影片，涵蓋了所有維修問題、醫療問題甚至人際關係難題。一個人工智慧應用軟體負責搜索並送上影像，利用脈絡來猜測太空人需要哪一支影片。電腦也包含了一系列能夠體現於螢幕上與太空人對話的人造人格，它們會應對他們心中的顧慮，並成為好夥伴。這想法的目的是提供多樣互動，好讓這始終相同的 6 人的生活不會太讓人厭倦。但人造電腦夥伴的性格和動機太好猜，它們的回答也變得太快就能預測到；況且它們與世無爭，不能與太空人真正地分享生活。組員可以和他們玩，以奇怪的評論逼他們的電腦朋友用怪異的方式來適應。

太空船平順地滑進泰坦軌道。當太空人抵達機器人已經準備好居住點的地帶時，便登上登陸艙，從母船發射。他們向下穿過濃厚的大氣層後柔軟地著陸。紅色的碳氫化合物塵霧，在窗外昏暗的棕色光線下揚起。

指揮官穿著加熱衣和防毒面具走進氣閘，確認攝影機在他走出去前已經啟動，然後說：「這是個人的一小步，卻是人類的下一步。」這句話他練習了好幾個月，但還是不太確定會不會有正確的回響。影像隔了 90 分鐘送達地球後獲得全世界關注而反覆被播放、分析並討論，但太空人完全沒能聽到。他們感到孤單。

隨著指揮官體內的水汽接觸極到低溫的塑膠面罩，原本視野清楚的面罩立刻從裡側結凍，他什麼都看不到。他企圖用戴著手套的手把面罩弄暖些，甚至把它從臉上拿下來好刮掉冰層——外面的大氣聞起來險惡，酷寒打在他皮膚上，但傷不了他。加熱器本來應該要讓護目鏡保持清空，但真實情況和測試截然不同，足以讓系統無法運作，結冰停不下來。

指揮官回到太空船。經過討論後，發明家想到了一個點子，是在第一層面罩上帶第二層面罩，好把塑膠與低溫隔離。指揮官向地球發送訊息要求批准這想法，但早在回答送來前，修改就完成了。太空人們從船上走出並四處觀望，感受那股處在新世界的驚奇與敬畏。等到來自地球的訊息要求指揮官說明關於面罩的問題時，他們早就已經在前往居住所的路上了。

指揮官帶路前往居住所，太空人可以看見它在 1 公里開外，充氣的外層像點亮的黃色軟豆糖一樣發光。那是機器人預測他們抵達而開啟的燈光，但這段路彷彿永遠都走不完似的。走在泰坦微弱的重力和又厚又冷的大氣中，感覺就像在游泳池底走路一樣，每個人看起來都像用慢動作前進。發明家想要用跳的，但飄落得實在太慢，到頭來也不比別人快。隨著長途跋涉持續，他想到在每個太空人後面裝螺旋槳來幫他們一路疾走或飛行；走這麼慢真的很讓人抓狂。

他們疲倦地抵達居住所，準備好脫掉厚重的外衣並休息。穿過兩道門後，他們在小小的公共休息室裡撲倒；那是個和地球訓練場所異常類似的空間，但經歷了泰坦冰凍地表上的昏暗散射光線後，此時此地感覺不可思議地明亮溫暖。在居住所裡面，空氣中有氧而非甲烷，但大部分還是氮，就跟外面以及地球一樣。不過，裡面的溫熱讓空氣變得稀薄，減少他們動作的反抗力，所以他們可以走快一些。但一脫下面罩，太空人就察覺到氧氣系統沒有好好運作，空氣中滿是氨的臭味刺激他們的雙眼，他們只好戴回的防毒面罩。

「歡迎各位回家。」發明家說。

當前／

離開地球的殖民者會開始抑鬱，他們的免疫系統將受到考驗，進食、睡眠都出現問題。又稱「賴瑞」（Larry）的南加州大學教授勞倫斯・帕林卡斯（Lawrence Palinkas），曾研究在南極洲過冬的工作人員，藉此預測太空人前往火星時的可能情況。以前他密集進行研究時會整個冬天待在南極洲，那有如造訪另一個行星，有著自給自足的工作站，外頭條件嚴酷，沒有自然光線，和外在世界也極少連絡（儘管工作站室內極其舒適，而且食物充足）。現在有了網際網路和電話連結，加上一整年多半時間內有航班，南極洲已經沒那麼孤立了，但過冬綜合症還是很普遍。

「大部分的人在幾個月的『冬季拘留』後，都經歷了輕微至中等的心理、生理障礙，並出現了失眠、易怒與侵略性，焦慮、憂鬱症、認知功能障礙、動機低落、腸胃失調和肌骨疼痛等綜合症。」賴瑞用這段文字總結他和其他人的共同研究，「這些綜合症會隨著冬季的進度而越發嚴重，在冬季中期達到高峰。」

1950 年代開始有人整年留守南極洲後，傳說中的心理崩潰就發生了，其中一次對領導者的厭惡幾乎發展成叛變；還有一次有個居留者精神失常，得把他鎖在鋪滿床墊的房間裡度過整個冬天。1960 年代初期，心理症狀篩檢開始剔除已有精神健康問題的研究工作者，如今已很少發生類似事件，而且就算偶有失常，通常也都和酒精有關。居住者可能在感情不順之後產生暴力傾向，沉溺於酒醉的昏沉，或者對老家某人的生病、死亡感到絕望。

但在絕大部分情況下，人們就只是垂頭喪氣並展現那種「極地眼神」，那種關掉所有感覺之後的疏離凝視。社交沉寂以及缺乏感官刺激讓許多普通人變成討厭鬼，智商平均會下降 5 至 10 個百分點。曾經在南極洲擔任醫師達兩個冬天的太空醫生克利斯提安．奧圖表示，連續數周面對板著臉孔的治療對象後，在 Skype 上和老家那邊有正常情緒反應的同事連絡時，會嚇到對方。

相反的條件

賴瑞說，要篩掉有可能會碰上嚴重問題的人相對簡單（除了酗酒者以外，因為他們往往知道如何隱藏上癮症狀），但挑出以後會沒問題的人就難上太多；他基本上已經放棄挑選對小症狀免疫的人了。他說，就算他能挑出這種人好了，NASA 早就已經用了過多的其它參數篩選太空人，同樣也試著要找出那種不會在黑暗、孤單地帶抑鬱的罕見人才。

根據賴瑞想到的資格列表來看，要撐過南極洲的 7 個月冬天，需要一種和人力資源主管心中理想員工相反的個性。外向性格者、有成就者、上進心強且重視秩序的人、享受情感互動並期望朋友充滿效率的那種人——這幾種人比較有可能出問題。逆來順受的人、不介意堪用就好的人、內向且不需社會接觸支援，但可以和其他人相處的人，以及會嘗試把事情做好，但不太擔心何時或如何做好的那種人——這些才是有彈性的靈活生存者。太空殖民地需要從容的即興演員，而不是模範班長或鷹級童軍（Eagle Scout，指童軍的最高等級）太空人。

戴爾．龐藍寧（Dale Pomraning）完美也符合要求。1988 至 1989 年，他與其他約 125 人一起在南極洲的麥克默多站（McMurdo Station）過冬，當時賴瑞也在進行研究。25 年後，他們還記得彼此；過冬的人們就算彼此不聯絡，也會想記住他們的同居者。戴爾有次在走進雜貨店途中，認出一個 20 年沒見的麥克默多站同事。他還記得賴瑞告訴他，同僚們通常把他列在希望能再次一起過冬的名單上，而賴瑞也因為同個理由記得他，因為他的態度良好。戴爾專注於工作，而且沒染上基地裡那種讓大部分居住者躲在房間的流言瘟疫。

戴爾現在住在阿拉斯加州的費爾班克斯，一個冬天跟南極洲一樣冷的地方，並在阿拉斯加大學地球物理學院擔任技師，打造科學裝備。他以什麼都能做出名，並且引以為傲。1989 年，當衛星追蹤碟型天線在冬季失效而威脅基地工作時，他只用了一片金屬底架，再從他開去天線的雪地曳引機上變出螺栓，就把它修好了。他仰慕那些「海蜂」（Seabees），也就是那群總是在彼此吐槽的海軍工兵，以及那些在嚴寒中處理結凍污水管卻從不抱怨的水管工；鄙視那些抱怨著寒冷卻不肯穿暖一點的嫩咖。

戴爾喜歡講故事，而他在麥克默多站度過的冬天為他提供了不少題材。他記得，當最後一班飛機在 2 月離開時，站裡的十幾個女生很快就找到了那年剩下日子裡的男友——賴瑞稱之為「有適應力」，因為浪漫關係能幫助人們挺過極端環境裡的孤立。戴爾也記得其他人當時是怎麼催促他在派對上喝酒，儘管他從來都不是酒鬼——賴瑞說，在南極洲酒精始終是生活的一部分，而絕大部分的人克制得還 OK（一如國際太空站上的俄羅斯太空人那樣 OK）。戴爾的室友因過量飲酒而崩潰，把自己鎖在浴室內好幾天，直到管理者介入為止。整體來說，戴爾享受這份工作，和開得起玩笑的人們交往，又沒惹上衝突或戲劇性事件。對他來說冬日時光就這樣快速過去。

「有些人真的不喜歡黑暗，所以他們就整天睡覺。」他說，「我自己呢，是夜貓子。所以這對我沒有影響，我把醒著的時間拉很長就好。這說來有點好笑，老實說我不怎麼想念陽光。但我這邊出現的是時間感轉變，一週感覺就像一天，然後一個月感覺只像一週。那裡有著這種全盤的時間感改變，感覺時間實在過得有夠快。」

大部分人的感覺卻不是這樣，他們的情緒日趨低落，而嚴格的例行工作會讓狀況更糟。工作最殺時間，但對那些目標導向的人來說，當東西壞掉且無法修理、工具掉在基地裡，以及遠在天邊、不了解困難的上司給了不合理的指令時，工作會使人嚴重受挫。

就算沒有變得抑鬱，每天和同樣的人講話也會變得困難。安迪．馬杭尼（Andy Mahoney）曾經在紐西蘭斯科特基地（Scott Base）享受一整個冬季的海冰研究，他表示，當時他逐漸開始欣賞那些從不說話也不指望他說話的同伴。

「人們常常觀察到這個普遍現象——你展開一段對話，然後那段對話會在中途逐漸停止，但沒有人能確定是誰先停下來的。」安迪說，「那就幾乎像是你已經把能講的都講完了一樣，所有的閒談都被吞沒了。而進行一段適當合宜而有想法的對話，需要雙方的契合與精力，有時候你就是沒有這兩樣東西。」

每周為了喝紐西蘭人的自助酒吧而造訪基地的一組美國站成員，幫助每個人保持警戒。和新鮮人講話，替這群彼此相處太久的工作人員喚醒社交衝勁。南極基地有仲冬宴會的傳統，屆時會有特別餐點和盛裝，點亮了往往在此時已經沉盪到谷底的情緒。

被拋下的人

對泰坦殖民者來說，恐怕不會有旅途中段休假，他們很可能一去不復返；或者，他們能回來的話也已經過了好幾年，在家鄉的生活早已不復存在。如果你曾經長期離家，或許你會知道這種感覺；當你回來時，你會發現生活要拋下你繼續前進，是如此地輕而易舉。

戴爾．龐藍寧在南極待了 1 年，接著騎上一輛自己打造的登山車穿越紐西蘭，並在澳洲遊蕩，最後在離開兩年後終於回到明尼蘇達州的老家農場。在南極洲時，他父親心臟病發並動了外科手術，那段期間戴爾唯一能做的就是告訴自己他什麼都沒辦法做，以及著急沒有用；但等他回家，他才充分體會到生活的變化。

「我的父母賣掉了一大片土地，而街邊成排的商店、紅燈和路上的車都變多了。」他說，「我真的有一種惆悵感，而且不知道自己接下來想幹什麼。我不想被困在這間無聊乏味的機械行裡，因為我曾經待在外頭的世界，做過一些有趣的事。」

戴爾在南極洲結交的一位朋友從阿拉斯加打來，這就是他最後落腳費爾班克斯的原因。他在那裡受雇再度回到南極洲，在南極點上鑽取冰芯。之後，他又去了 9 次；如果陰暗結冰的場所堪比一處殖民地，那麼他就在那兒找到了自己的家園。

未來

機器人已經竭盡全力讓太空人賓至如歸，但畢竟是機械，它們還是漏掉幾件事。首先，殖民者得讓這地方真正可以居住，然後再讓那裡住起來舒適。等到他們打點好之後，打造殖民地的工作便能開始。頭幾個星期，每個人都忙著各種新奇而重要的工作；身為專業團隊的一員，奮力忘我地工作是暫緩思鄉病和憂鬱症發作的有效療法。

發明家完成了第一個目標：修改那套把泰坦冰層化為可呼吸氧氣的系統，使它不會產生味道刺鼻的氨。但指揮官要他進行其他工作，地球方面也同意了。但指揮中心堅持，氨的濃度水平在安全範圍，殖民者應該忽視這部分，可是發明家說這太扯了，並在其他殖民者的支援下繼續原本的工作。一道裂痕就這樣產生，一頭是地球和指揮官，另一邊則是剩下的 5 個殖民者。

殖民地的機械中心位於主居住區幾百公尺之外的一棟建築，有 3 條管線為這地方提供資源。基石管線從克拉肯海帶來液態甲烷，一個進氣口從大氣中吸入氮氣。另外在某處，有一台挖礦機器人正奮力切割、打碎地表的大塊水冰，輸送機便從那頭運來破碎的冰塊。從機械中心冒出並一路導向居住所的是電力纜線、可呼吸空氣輸送管，以及飲用水管。此外，還有一座煙囪排出發電產生的廢熱和廢氣。

冰塊輸送機進入建築物的加熱房好把冰塊融化，並把水送入兩個系統：一個系統將水淨化作為飲用和日常生活使用，另一組則進行電解，將水曝露在電場內分解出氧和氫。大部分的氧氣供應到一個通風裝置，用來在發電廠內燃燒甲烷。系統接著便再把這股電力用於推動這個過程，以剩下的 40% 餘力來支撐殖民地並加熱整棟建築物。空氣清淨系統把電解系統產生的氧氣和外面的氮氣混合，提供殖民者可呼吸的室內空氣。

這個系統絕大部分使用的是已有上百年歷史的科技，泰坦殖民化利用的是碳氫化合物能量，讓人類得以持續使用曾經把地球搞壞的同一類能源；但如果科技很舊，那麼在外太陽系用機器人重組這種科技，就是了不起的成就。發明家恭維了機器人科學家，就好像那是她自己做的一樣。他們長時間一起工作，共有許多私密的笑話，如今他們搭上線了。

隨著發明家調整了系統，他發覺到振動越來越多。外面，鋁製前門梯不再接觸地面。在泰坦的低重力和冷厚大氣層下，加熱的內部空間有著極大的浮力，如果沒有扎實鑽進地下冰層，他們可能會鬆脫然後飛進太空。建築物的溫暖已經傳導到了地基，並削弱了把建築物抓在地表的冰層，太空人佈署了有冰鑽的機器人安裝額外的支架，來把整個建築物扣在地表。增加的隔熱層會讓建築物的溫暖與結凍的地表隔離，所以支架可以支撐住。

機器人學家創造了一個軟體介面，讓太空人可以搭乘有輪式機器人行遍泰坦，並用語音控制它。阿波羅任務的太空人以前就發現，與其用那種慢動作跳步在月球上移動，不如利用探測車的車輪會快上太多。泰坦殖民者很快就把那些機器人當作老西部時代的馬匹，叫它們留守在門外待命。

泰坦的大氣層和重力也足以飛行。發明家拼湊出一對布製翅膀，就像飛行傘，而且可以從平地升空；但這種飛行很慢，慢得跟走路一樣。等到有了推進器——也不過就是電子馬達吹動空氣，就像反過來的吹風機——翅膀就可以讓人像超人一樣飛翔。就算在地面用腳行走，有推進器一路幫忙，也可以讓速度快上許多。

改善了系統後太空人們開始便全體使用推進器飛行，尤其是在搭機器人顯得沒效率的長途移動中。風險其實不高，在泰坦朦朧的橘色天空中高飛，就算電池沒電或飛行傘做錯一個步驟，都不會無法挽回。就算沒有動力，太空人還是可以在降落前長途滑翔。

幾乎像鳥一樣自由飛翔的樂趣，緩和了孤處泰坦的憂鬱。在地球上，因為擔心軍事衝突產生的放射線、氣候變遷產生的熱浪和暴風，以及崩潰的社會秩序下產生的犯罪行為，使已開發國家的人們不再出門，他們只能留在電腦前。儘管泰坦的空氣冷到可以瞬間殺死沒有加熱厚衣的人們，但這地方卻令人訝異地自由、深遠而開闊。他們可以在新世界裡翱翔遊蕩，不用擔心放射線、天氣或危險的人類，無拘無束。

然而與同僚越來越疏遠的指揮官，陷入了陰沉與寡言之中。他的睡眠循環和其他組員相反；他花越來越多的時間健身，但變得削瘦，且他似乎不太吃東西。內科兼精神科醫師提議替指揮官進行諮商、光照治療和投以抗抑鬱藥，但指揮官拒絕了她，他消失了好一陣子。

醫生發現居住所裡有些工具不見了，懷疑指揮官可能想要回家。她發現他彷彿要離開泰坦回到地球似地，把補給品裝進了登陸艙。當她試著把他叫回居住所時，指揮官沉默地拒絕，並用布料翅膀飛走。她要他回頭，他反而越飛越遠，飛過深藏甲烷的克拉肯海。

機器人氣球立刻開始搜索指揮官的下落，它們一直不停尋找，但再也沒找到他。液態甲烷海的低密度和極低溫，代表指揮官很可能已經被完美地保存下來，凍結在海洋深處。

在指揮官的居所，組員發現他用過的人工智慧夥伴還在螢幕上。其他人早就嫌棄了這種假朋友，但顯然指揮官和他的人工智慧夥伴仍過從甚密。它已經持續運作了好幾個星期，這張年輕男性的臉曾經不停問候著他，表達了大量的讚美和仰慕。那是愛，或者英雄崇拜？組員沒對這應用程式透露一點消息，便關掉了它。

地球這邊有預先把主持紀念儀式的訓練用影像上傳到居住地電腦。忙碌於工作且因為指揮官（*顯然是*）自殺而士氣大挫的太空人，決定使用影像本身當作儀式，而不是學著自己辦一場。在那段來自遙遠地球、似乎很久以前就錄好的影像裡，儀式導師完成整段假的葬禮禱詞和儀式後，他們便在螢幕前低下頭來進行悼念，向指揮官道別。

活下來的殖民者把他們的運動計畫降低到他們離開地球前的程度。沒有人預期會回去，如果他們的肌肉骨骼強度弱化到符合泰坦的重力，他們可以接受就好，他們還是會每週花時間在旋轉椅上，讓身體接受足夠的人工重力，好循環他們的腦脊髓液，並保護視神經免於腫脹。沒有人享受這種例行工作，但為了避免失明或神經傷害，他們預期這會是活在泰坦就得永遠做下去的事。

他們每天行程滿檔。在機器人的協助下，他們開始替下一組已經在路上的殖民者打造第二座更大的居住所。他們的時間綽綽有餘，但想要看見新面孔並獲得新補給品的渴望，驅使他們長時間工作，並讓新建築盡其可能地完善。他們增添了許多計畫之外的設計——裝飾、舒服的休息區、遊戲間——將讓新來的人感覺賓至如歸。有了新人來到殖民地，自殺事件與橘色天空醞釀的低迷幽暗，應該會令人比較容易承受。

當初醫生留了一盒珍貴的巧克力，現在在每位新來者的枕頭上放了一顆。在每周進行的遊戲夜上——沒了紙牌，現在他們玩起彈珠，用的是機器人工場拿來的塑膠球狀軸承——有人指出，和增援人員相比，他們自己待了那麼久卻從來沒有巧克力和類似待遇。他們爭論著要不要去拿走枕頭、奪走巧克力；但醫生說，泰坦的新人更需要這些東西。地球在他們心中的印象十分鮮明，而泰坦的寒冷氮氣甲烷大氣層，對他們來說更為震撼。

他們一直討論吃的。下一艘太空船會送上幾年以來他們第一次能吃到的新東西，殖民者們已經把自己帶來的東西都吃光，而開始食用當初和機器人及建材、機械一起帶上慢速火箭的補給品，那些東西都比他們早十多年就離開地球了。

他們沒辦法種植自己的食物。每個人都努力照顧唯一的植物——杜鵑花，就好像照顧小孩一樣地每天檢查。那株植物，還有依舊寄生其上的頑強小蒼蠅，是他們和自然的唯一連結。為了要餵飽自己，他們還需要大量的加熱空間、更多能量，以及可以有效把電能光線轉為糧食的植物。打造那樣的一個系統還需要非常多人力以及科技，光靠 5 個殖民者是沒辦法掌控的。

當前／

人們曾經嘗試在類似外星居住地這種密閉系統中生產食物，結果並不順利。1980 年代有位億萬富翁愛德華·巴斯（Edward Bass）發起了一個叫做「生物圈二號」（Biosphere 2）的實驗，這是一個與地球（組織者稱其為「生物圈一號」）隔絕的完整生態系統。1970 年代，科幻作品中充滿生態學——這種有關能量和營養如何透過生物傳遞的科學——而「地球外殖民地」或「長距離太空探索者需要自行生產食物」的這種期望，也因為不久前才登陸月球，似乎沒被當成是太離譜的事。

生物圈二號的玻璃圓頂和太空感十足的白色分離艙，至今仍在土桑（Tucson）北方的沙漠矗立，而前往當地一遊的行程，確實值回那 20 美元的票價。植物在不同房間中的各種生物群落裡生長——茂密的雨林、紅樹林沼澤、有珊瑚和魚的海洋、莽原，還有一個讓居民生產實物的農耕區。這個感覺像是室內植物園的地方，現在是由亞利桑納大學（University of Arizona）所擁有。不過有些奇怪的地方就不那麼像了，因為這個生物圈是從外面密封的，它有一個大小如體育館的地下室，那裡有一層有彈性的膜可以伸展開來，應付白日的暖化以及建築物內空氣的膨脹。

這個地方的設計目的，是成為豢養人類的陸生飼育箱。它藉著創造一個滿足 8 位居民（稱做「生物圈人」〔Biospherian〕）所有需求的完整生態系統，證明人類在其他行星存活的實際可行性。當他們自行生產食物時，植物會放出他們呼吸的氧氣，循環人類和牲口排出的二氧化碳。兩年後，彷彿完全由人造離地生態系統所支持的生物圈人就會誕生。

泰伯·麥克倫（Taber MacCallum）在實驗開始的 8 年前就參與了這個團隊。當時他正在進行一趟為期 3 年的帆船旅程——因為實驗組織者期望泰伯成為未來在生物圈二號裡待上兩年的優秀候選者，所以要求他進行這趟海上體驗——然而這正是整個計畫所犯的第一個錯。泰伯說，在船上的時光完全沒有艱難到可以替兩年的孤立歲月做任何準備；事實上，每個組員在孤立狀態下的練習從來都沒有超過幾個月，他們完全不知道自己將要進入什麼樣的地方。

拿「人」來做實驗

1991 年計畫一開始，這群生物圈人就面臨了各種在南極洲和其它孤立環境都出現過的問題：他們派系分裂，變得抑鬱、易怒且心機重重；他們還形成了與外部控制者有關的兩個政治結盟，分別是擁護外部派和反對外部派。

管理問題讓情況雪上加霜。隨著內部缺乏氧氣等等問題突然出現，管理者開始守口如瓶，甚至對自己的科學諮詢委員會隱瞞資訊，委員會成員最終也辭去職務。媒體在生物圈二號開始前就給予了過量報導，而當記者意外得知實驗初期就已悄悄開過門讓空氣進去而未公布，他們便轉而將這個計畫視為一場騙局。

生物圈二號計畫看起來總是有點奇怪，並帶點邪教氣氛，哪怕是生物圈人嘴裡那些專業術語和搭配得宜的服裝都沒辦法改變這點，他們充滿未來感的住所也沒用（而且現在看起來老派得令人發笑）。宣傳活動給這計畫增添了一層熱切支持的光環，使這計畫像是用來證明什麼可行性的花招，而不是一個用來學習經驗的實驗。但對裡面的人來說，這計畫成為一趟難以到達終點的漫長苦行，而他們的苦難確實提供了一些深長而久遠的教訓。

除了孤立的壓力外，他們也挨餓，甚至無法呼吸。早在進入生物圈二號的場地前，他們就開始了低脂肪、低卡路里的飲食，但這樣的飲食所提供的能量，不足以讓他們整天在溫室園地裡進行生活所需的農耕。而且作物也因為蟲害和其它因素種植失敗，無法收成足夠蛋白質或卡路里的結果是，組員變得飢餓易怒，並持續做著食物的白日夢。珍．波因特（Jane Poynter）在描述這次經驗的著作《人類實驗：生物圈二號裡的兩年又二十分鐘》（*The Human Experiment: Two Years and Twenty Minutes Inside Biosphere 2*）寫到，原本健壯的泰伯整整少了60磅（27.2公斤），變得骨瘦如柴（珍和泰伯在進入玻璃圓頂之前就在一起，至今仍保持婚姻關係）。

「我看到栩栩如生的往事重現。」泰伯說，「我會一邊收成花生，然後突然就變成6歲，正和我媽吵架。我的腦袋有一半真的在生物圈裡收成花生，另一半腦袋則重新經歷典型的童年創傷。為什麼我的腦袋會這樣？我不知道。」

他相信，大部分的心理壓力，來自於只和寥寥數人關在一起。他尋求過一種太空探索者無法使用的解決方法，就是打電話給各個治療師，跟他們說：「嗨，我在生物圈裡，需要一些協助。」一週進行數次電話諮商確實有幫助。

但這實驗裡的變項不可能分隔開來，因為飢餓也會促成心理問題。組員們也沒有足夠的氧氣，情況嚴重到足以導致睡眠呼吸中止症；在某些時候，他們甚至沒辦法不停下來換氣地講完一句話。衝突變得時常可見，兩個派系的成員不再一起吃飯，甚至連視線都不交會。本來帶進來清理落葉殘餘的蟑螂繁殖失控，氾濫整個生物圈。作物反覆歉收。珍在書中提到，所有這些壓力合起來讓組員陷入憂鬱症，以及像泰伯那樣往事重現的怪異心理現象。

實驗開始時發生那場讓空氣進入生物圈二號的公關災難之後，又發生了兩次空氣注入事件。最後一年，人們開始偷帶酒類和食物給生物圈人——大部分只是款待一下——但在公眾和科學界的眼中，生物圈二號早在那之前就已經奠定了失敗形象。踏進生物圈二號兩年後，組員不僅在腦中浮現了外頭那栩栩如生的氣味，甚至感覺真正接觸了它，同時，他們的科學名聲夢也碎了。

20 多年後，不論是當地的導覽，還是一部給參訪者看的影片，都還在為這些失敗辯駁。生物圈二號的死忠支持者指出，從建物養護混凝土排出的二氧化碳可能打亂了大氣平衡，而土壤中微生物消耗的氧氣量也被低估了。他們似乎還在證明這實驗其實行得通，但諷刺的是，管理者一開始就企圖掩蓋這項挫折，也就是這種非科學的態度，從頭破壞了計畫。這態度仍舊在掩蓋一個更重要的科學發現：生物圈二號沒有成功。

生物圈二號的實驗證明，就算是巨大、小心設計、充裕栽培的溫室生態系統，也餵不飽 8 個人。這個系統擁有亞利桑納州的充沛陽光，要從電力網使用多少電來運作泵浦、空調、照明和電話都綽綽有餘；它還有極其大量的植物、土壤、草、鋼鐵、機器、水等各種物資，遠遠超過地表上人類科技所能帶離地球的重量。然而，居民多半只能以生長快速的番薯為食，艱難地生存下去。

真實的情況是，地球上的每個人，都有發生在廣大陸地和海洋上的光合作用——陽光打在植物和藻類上，製造了食物並把二氧化碳轉為氧——在背後支撐著。我們用盡了這些條件，大氣中的二氧化碳正在增加；我們耗盡了土地，把大量的食物和纖維擠出生態系統，而生物圈二號實驗讓這些趨勢變得清晰可見。8 個人生存所需的環境，遠遠超過能封在玻璃圓頂裡面的量。

生物圈二號告訴我們的事

這個事實引出的問題是，我們要怎麼在另一個行星上餵飽自己。基本上，光合作用太沒效率了，大部分打中葉片的能量其實都散失掉了，沒有收集起來做為存糧，讓人類或動物可以收成消耗。科學家還在爭論玉米製造的乙醇能不能回本，讓產生的能量比農夫用來培育的能量高，但把太陽光轉換成生質能源的量，通常估計只在光能的 1% 以下。

地球上的生態系統能運作，是因為行星巨大，而且太陽提供了很多能量到地表。在外太陽系，陽光微弱許多；而且在泰坦濃厚的大氣層下，太陽總是陰暗（就算是排在地球後頭的火星，同樣面積獲得的太陽能量也只有地球的 50%）。到了那裡，植物只能在人工光源下生長，因此效率就變得更為重要。

人們在生物圈二號的心理歷程也對研究太空生活可能遇上的困境很有幫助。研究南極洲人心反應的醫師克里斯提安．奧圖，也曾和珍與泰伯交談過。他們所經歷的，就像是某些事發生一段時間後所浮現的創傷後壓力症候群（post-traumatic stress disorder，PTSD）；進行長程任務的太空人得要避免他們的錯誤。

但這對夫妻依舊夢想著太空生活。生物圈二號結束後 20 年，另一位億萬富翁也在尋找參與太空計畫的志願者：這次丹尼斯．蒂托（Dennis Tito）想要用比較小而輕的太空船，把一對比較年長的伴侶送到火星附近（年長的理由是他們因放射線損失的壽命會比較少）。有一段火星特別接近的罕見時期即將來臨，就在 2018 年。而珍和泰伯獲選了，他們再一次占據了媒體的正中央。他們其實很擔心這次旅行，泰伯說他們夜不成眠，總是想著兩個人關一起飛越太空那麼久，會是什麼樣的情形。

不過，這概念裡還包含了一個條件—— NASA 會與本計畫合作。而 NASA 有別的方法挑選任務和太空人。

CHAPTER 9

「幸運兒的條件」

你很難不喜歡太空人。確實，他們會擺出一副自己很完美的樣子，但那並不是自負，那是一種正確的自我評價。他們接近完美：傑出、有成就、談吐得宜、經驗十足，知道如何領導且能為團隊自我犧牲。你可以試著因為他們想表現完美而討厭他們，就像整個房間裡滿是德高望重的學者，或者高中裡都是獲得多種獎章的運動員的厭惡感。但那也沒用，因為 NASA 會排除掉那些完美到讓人不爽的人。

「你真正想尋找的，是個性好的人。」在詹森太空中心執行太空人甄選與訓練計畫的杜恩．羅斯（Duane Ross）這麼說（訪談後他就退休了），「得要是可以和你相處融洽的人。我們可以訓練人做很多事，他們該要擁有一些基本技能，當然他們也都帶著各種不同水準的基本技能前來。但你需要那種可以和不同類型、不同國籍的人相處融洽的人，而且能在一個幽閉的空間內長期保持下去。」

預選出太空人的「標準」

杜恩本人不是當太空人的料——他開玩笑說，他會一路慘叫著飛進太空——但他看起來是位傑出的性格判斷者。他從石油工業前來加入這行，從德州某油田的管理職，來這邊對外太空的工作者進行同一套管理工作。他緩慢而深沉的德州口音使他像個沒有威脅性的尋常人，而且很容易想像他的職業主要就是負責一連串的面試工作。

杜恩相信直覺。1978 年他走馬上任，負責招募太空梭的第一批機組員。他們會是史上第一批非軍職太空人，包括女性和少數族裔；這是 NASA 第一次廣求各種特質，而不是只尋找戰鬥機駕駛的那種「正確能力」。經過了最初的醫療與心理問題篩選後，面試官使用多種屬性的數字評分表格來評選出候選者，但這樣沒用，因為每個人分數都差不多。為了做決定，委員會增加了額外的條件——根據他們感覺誰會是最棒的太空人來做決定。最終證明，那項直覺才是唯一有差別的項目，而從那時候開始，膽量就成為了主要標準。

2016 年，共有 18,300 人應徵太空人，並開始一段為期 18 個月的流程。上一次在 2013 年進行的篩選，有超過 6 千位應徵者爭取 8 個空缺（整個宇航隊有大約 42 位現役成員，其中 6 人每年都會前往國際太空站）。當時的初選把參賽者縮減到 4,500 人，評選小組的成員——包括管理者和有經驗的太空人——奉命檢閱這一整群人，並剔除其中的 90%。剩下 480 位相當符合資格的候選人，會接受醫療史審核和個人履歷審查，再把參賽者縮減到 120 人；他們會受邀參加初步面談、心理篩選和醫療測試。有 50 人得以進入最終面試、加強醫療心理測驗，以及複製太空漫步作業的實作測試。杜恩要確認這些人的家人了解他們將參與什麼樣的事業，接著整個委員會進行全面討論，誰都可以否決任何一個候選者，然後他們就被選出來了。

所以這算不算獨斷？杜恩說，所有進到最後一輪的候選者都無可挑剔。NASA 就像是頂尖的長春藤盟校，從數千名優異學生中選拔人才，相信最終名單裡不管是誰，被選上都會是理所當然的事。而這個系統似乎有用，你很難不同意宇航隊的最終成員總是讓人挑不出毛病。「好人」一直是杜恩的目標，而這些人都是可愛的人。

他也指出，透過計畫選出的少數太空人飛上了天，而且表現良好。回顧將近 40 年的選拔太空人生涯，他認為依賴直覺有著良好的成效。但 2007 年有一位女性太空人，穿著成人紙尿褲開車開過半個美國，到某機場停車棚對情敵噴胡椒噴霧。杜恩揮揮手說：「任何人都可能抓狂。」自從那次事件之後，NASA 對太空人進行了更多上任後的心理檢查。他說，過去任務中最嚴重的心理問題，都是意見不同。

太空計畫當初做為冷戰的前線而起步，而任務則是由軍方的噴射機飛行員擔任太空人。他們是測試飛行員學校的畢業生，有著工程方面的大學學歷或類似文憑；他們總是短於 5 呎 11 吋（180 公分），才能把自己塞進自己位子裡；他們的舉止就像軍官，彼此間有紀律及指揮系統。即便從 1978 年開始引入非軍職平民，NASA 還是在每次任務中明白指示由誰做主，而多數的太空人依舊來自軍方。在國際太空站上，指揮權則是美國與俄羅斯組員分別派一個人出來交替行使。

俄羅斯太空人的選拔過程在冷戰結束後也有所演變，太空人不再得要是共產黨員，或者比 5 呎 7 吋（170 公分）矮。但時至今日，俄羅斯太空人依舊薪資低廉，即便允諾每次航程回來後都有一趟加那利群島（Canary Islands）的奢華復健之旅，俄羅斯年輕人還是不會為太空計畫擠破頭（美國太空人年薪一般而言都從 1 年 10 萬美元起跳，最高可達 156,000 美元）。而中國火箭已經帶了 5 位太空人進入太空，其中包括一位女性。女性太空人必須已婚、生過一個小孩、牙齒健康且不能有狐臭；顯然男生很臭就沒關係。

完美人類，與之外的選擇

擁有權力或金錢也可以讓你上太空。在太空梭計畫早期，美國參議員傑克・岡恩（Jake Garn）和沙烏地阿拉伯王子蘇丹・本・薩勒曼・本・阿卜杜勒阿齊茲・阿紹德（Sultan bin Salman bin Abdulaziz Al-Saud）都是以科學家名義搭上太空梭，但並沒有什麼實際職責。而且岡恩參議員在任務中病得實在太嚴重，以至於一種暈機測量表居然以他命名。（羅斯表示，在地球上的暈動病〔譯注：暈車、暈機等〕經驗，看起來沒辦法預測在太空中胃部會怎麼反應）至於那位被他爸爸派來拍攝國土的沙烏地阿拉伯王子，則是需要知道麥加（Mecca）的方向，才能進行每日禱告。另外還好一間叫做「太空探險」（Space Adventures）的公司已經用蘇聯的聯盟號（Soyuz）火箭，送了十幾位付費乘客前往國際太空站。目前每人的價碼是 5 千萬美元。

身為本書的作者之一，亞曼達也一度嘗試成為太空人。她一路撐到了整趟流程的最後——前往詹森太空中心進行為期一周的面試以及身心測驗。許多候選者為了獲選，都得回去好幾趟。亞曼達最終走上不同的路，在行星科學領域有了不小的成就；這很幸運，因為沒多久後太空梭計畫就取消了，她有可能很多年都飛不上天。

她還記得 NASA 的醫療測驗，要尋找可以穿進太空裝和裝備裡的人，以及那種不會在離醫療設施太遠的地方把身體弄壞的人。杜恩說，這些測驗的設計，是想要找出太空人會不會在 10 年內出現健康問題，因為新手不太可能很快就上太空。亞曼達的手肘和膝蓋接受了強度測試，她也做了視力、聽力測試，身上貼著眾多感應器在跑步機上奔馳，坐在黑暗球體內被觀察她能不能保持冷靜，接受灌腸及結腸鏡檢查，還有心理面談；她也和其他候選者一起吃晚餐——這期間她的行為也得接受觀察。那之後，計畫加上了核磁共振成像來尋找潛在的腦動脈瘤，以及用超音波檢查腎結石的潛在可能，畢竟這是一種太空人在無重力狀態下常常出現的問題。

杜恩相信能找到最佳人選，接著就能使他們準備面對眼前的一切。每個國際太空站太空人都得學習駕駛超音速 T-38 噴射教練機以及應用俄文，以免聯盟號發生什麼緊急意外。他們在全世界最大的游泳池裡，進行深達 20 公尺的水下工作，讓他們不管碰到什麼太空裝備，都有在無重力下使用過的經驗。虛擬實境也幫他們練習注意細節，基礎訓練要花上兩年，之後的任務訓練要再花上兩到三年。

杜恩將把同一套流程用在長程外星任務的組員上，基本篩選系統是有用的。心理篩選流程給予每個太空人的評分，就已經有短程和長程任務的分別。新的心理篩選或許能夠選出在超長時間的孤立與幽閉狀態下依舊善於自處的人們——前提是研究者可以找到那些人格特質的標記。

杜恩認為不能只用 2 到 3 名組員，因為若他們之間發生衝突後果可能不堪設想。較合理的人數是 4 人或 6 人，然後你就得決定太空人要單身、已婚，或伴侶共行。太空中應該會發生浪漫韻事，就算是太空梭任務的短暫相遇，也有謠傳說誰跟誰曾經勾搭上。國際太空站任務有 6 個月長，太空人有私人空間，而 NASA 不會凡事過問。但杜恩擔心的並不是在一起，而是分手。**有前任男／女友在船上的長程任務，怎麼可能成功呢？**

不管外星旅行的組員遴選再怎麼有效——而且這依舊屬於最前線研究領域——杜恩確信，如果太空人是好人，任務都會比較順暢；而這還是由遴選委員會的直覺來決定最好。

未來

整個世界全神貫注地看著第一批殖民者降落泰坦、整理家園、失去指揮官，並準備迎接下一組太空人；和他們當初相同的姊妹船，將載著6名新成員前來。在打造了頭兩座Q驅動太空船之後，泰坦公司又贏得了一張8艘太空船的合約；其中5艘要載運食物和其他時效性貨物，另外3艘要載運新組員，每艘6人——這會讓泰坦的3個居住區擁有總共29位居民。

比較重而慢的貨船也接受了委任，替殖民地的大幅擴展帶來物資。工程師在船上打包了利用泰坦地表碳氫化合物生產塑膠的建材廠房零件，成品將使殖民者能用手頭上的建材蓋起巨大的建築。

泰坦上的事件開始蓋過地球上的災難新聞，殖民者如今和其他媒體明星平起平坐。對地球觀眾來說，他們幾個感覺就像家人，他們的故事在各地（至少在地球上所有還有電力與對外聯繫能力的地方）的螢幕上演。來自外太空的肥皂劇讓人們停止思考自己失能的政府、差距拉大的社會、無止盡的戰爭、氣候危機、恐怖的機器人，以及地球上其他的麻煩事。雙手一攤仰望天空會輕鬆很多，望向泰坦可以看到人們正在建造新東西、不用害怕暴力或放射線，能夠飛越天空探索全新大地。但相比較於螢幕上猶如世外桃園的泰坦殖民區，艱苦、酷寒和陰暗的泰坦不會那麼清晰地送到螢幕這頭。

一群西方強權領袖與泰坦公司簽下10艘太空船的合約，每一艘都大到可以帶上一百名殖民者。第一個殖民航班將命名為「五月花號」

（Mayflower）。這個交易有獨占性，合約的發布迫使其他富裕國家得要跟著上船，儘管他們對領導這計畫的美國和歐洲整體而言都帶著敵意。就算對中國來說，趕上泰坦公司實在太困難而昂貴，畢竟它就跟其他國家一樣，因為乾旱、海平面上升、暴力分裂和崩壞的國際貿易系統而面臨極大的壓力。

公眾曾經接受一種不透明的遴選系統，來選出第一批前往泰坦的組員。很明顯地，只有最有能力的太空人才能去進行最初的 5 次小任務。但 10 艘大船上的 1 千個位子——那會是離開地球的船票，是在一個（不計寒冷的話）能夠平安外出的地方重新再來的機會。在泰坦上，家庭能夠靠著未來世代延續下去，宗教與文化傳統也無限期地保存下來，如果地球上的社會和生物圈未來全面崩盤，就沒有這機會了。

就這樣，政治領袖看出有麻煩了。為了要維持國家聯盟並避免國內政治動亂，他們需要一個看起來完全合乎邏輯、公平且透明的遴選計畫。

他們召開一個藍絲帶委員會來選出殖民者。在眾多誇張造作的聲明中，國際夥伴同意委員會應該納入最聰明的人，代表人類成就的各種面向。這些官方權威將設下標準，並決定選出人類完美典型代表的流程，也就是會成為未來離地世代祖先的人們。這個工作的歷史本質——辯論我們這物種的基本特質——需要一個多樣化且才華洋溢的團體，且要能精通一切。

委員會相當龐大：有著頂尖科學家、醫師、心理學家、倫理學家、宗教領袖、工程師、教師和軍方領袖；也有繪畫、雕塑、文學、音樂、舞蹈、電玩設計專家，以及創意生物學的新藝術專家；還有人類學、社會學和性別研究的專家以及婚禮籌辦人（這樣就必須留一個空位，給一位善於在高壓力狀態下管理各色各樣人物的人才）。

第一場全天會議召開了。主持人讓委員會成員練習必須建立團隊共識、腦力激盪流程，還做了一趟練習，把筆記寫在黃色便利貼並貼在會議室牆上，之後才開始討論。但準備工作就用掉了大部分時間，公開會議則被兩個高傲自大的委員成員以長而暴躁的討論所支配，而他們討論的只不過是第一艘船的名字。他們爭論「五月花號」這個名字的歷史，訴說的是逃出壓迫的舊世界宗教系統，還是代表白人歐洲霸權與原住民種族屠殺。團體毫無結論地休會，然後一個工作人員離場，去根據早在會議之前就匯整好的研究，來撰寫殖民者遴選報告。

踏上單程旅途的殖民者需要團隊工作能力以外的特質。那些獲選的人可能會是我們人類的未來，所以委員會的成員會希望他們每個人都是他們那一領域當中的佼佼者，而且要年輕、結實、健康並適合繁衍後代。除了以醫療篩選來剔除任何可能的遺傳瑕疵和罹病可能，殖民候選者還要進行遺傳分析，來找出能提高在泰坦存活機會的遺傳特性。比較有機會在低重力下眼壓和腦壓升高、在低光照或幽閉環境下罹患憂鬱症、出現四肢冰冷狀況，或者有侵略性格的申請者，將被遺傳標記器剔除。

成員們替這 1 千個空位擬定了資格限制，其中每一個空位都要指派一位專業人士或具備某種特質的人。顯然我們會需要非虛構寫作者和行星科學家——至少各一個——以及眾多其他專業，同時保持性別平衡，確保涵蓋各種種族、文化、宗教和政治理念，並要包含異性戀、同性戀、雙性戀、跨性別，以及各種更新穎的性別認同者。

多樣性和政治正確的目標，有時候會與協調一致性的目標衝突。要代表眾多宗教並不難，但要把跨範圍的各種信念帶上船，就代表要把一大群各教派的原教旨主義者帶上船，他們相處起來將會非常辛苦。要怎麼處理那些相信地球是宇宙中心的人？太空船可沒辦法遵照猶太教正統派的安息日規則來設計，天主教的蠟燭在零重力狀態下也沒辦法好好點燃；拉斯塔法理教徒（Rastafarian，**編注：基督教宗教運動，發源於雅買加，對雷鬼音樂等有很深的影響**）也不能在太空中種大麻、抽大麻。當有人提議把可能會想炸掉太空船的穆斯林極端主義者帶上船時，委員會主席便畫下了最終底線。

複雜的遴選審查表，需要長而深入個人世界的申請表格。希望免費離開地球的人們，填寫那份詢問個人最私密的醫療、社交和性資訊的線上表格，此外還有工作背景、獲獎、推薦信和個人小論文等。那就像強化版的大學申請表。隱私的概念從很久以前就被廢棄了，所以許多申請者早就已經把必要的資訊，儲存在類似臉書的個人檔案上，能夠自動填進表格中。

委員會的伺服器收集了上百萬份的申請表，做了分類整理與組織，在網路上肉搜每個申請者的其他資訊，指出矛盾點，並根據一份基於專家對「每一分類的完美殖民者應該要是什麼樣」的預先看法所做出的註解，來進行計分。電腦替那 1 千個空位各自送出一個名字和一個替補者，兩者皆在所有可能的排列組合中符合預先設定的標準。委員會研究了名單，然後退到一個秘密會議中，進行激烈的討價還價與利益交換過程。這種過程會推翻某些決定好的人選，而以知道如何運用關係的候選人來取代。

不過，不說這些幕後曲折的話，這 1 千名殖民者的確看起來很像人類模範——美麗、有成就、適應良好，而且健康、各色各樣（雖然這種混合，非常偏重來自出錢國家的白人和亞洲人面孔）。他們在自己的社群中成為名人，彷彿被神選上般獨一無二。

但是隨著啟程訓練開始進行，打造第一艘船（如今尚無船名）的巨大太空船塢開始興建，反彈也開始了。首先，推特的留言非常惡毒，畢竟誰會想住在一個滿是完美人類的行星上？那就像是一間高中裡裝滿老師的寵物一樣。接下來就是更認真的批評，這難道不就是那種納粹做過的篩選嗎？二十世紀的優生學家想剔除不要的人類元素，並只允許他們覺得最棒的後代繁殖時，心裡打的不就是這個念頭嗎？我們是否相信有障礙的人應該被從我們之中消滅？那種一輩子都未能讓人察覺其天才的瘋狂藝術家該怎麼辦？這樣的話，太空船上就不會有躁鬱症的文生．梵谷（Vincent van Gogh），也不會有病懨懨的約翰．濟慈（John Keats），或者困在輪椅上的史蒂芬．霍金。

而從這第一個牢騷開始，反對的聲浪就爆發了，並被那些有權勢的人放大（他們的顧問尤其知道如何把他們的聲音在社群媒體上擴大）。他們說，成功的人才該去——就是那些強壯而有侵略性的人生勝利組。他們通常不是成績最好、能討好學術委員會，或者得獎無數的人；他們不是駕馭系統的人，而是攻下系統的人。他們有自我、創造性和膽量，最適者的生存提拔了有錢有勢的人，按照這種論點，他們便是最有機會確保人類未來生存繁盛的最佳人選。

而他們應該也有權帶上自己的寵物、收藏的好酒和藝術品。

1620 年時的「五月花號」並不是方舟，不是打造來攜帶每一類人的最佳範本到新土地播下文明；當時的乘客是要逃出一個令他們住不下去的母國。他們是最堅定的人，勇於打造新世界，不是機構制度的寵兒，而是自己選擇離家的逃難者。太空殖民地應該是那些願意為新世界奮鬥的人的救生艇。

而對這些人的批評是：他們為了在太空船上得到一個席位，什麼都說得出口。

當前

探索新殖民地地點的探測機，有可能會送回錯誤印象。1584 年，華特．雷利爵士（Sir Walter Raleigh）派出的探索者登陸北卡羅萊納州的外灘群島（Outer Banks），並發現了一片天堂：食物不用花力氣就大量滋長，當地人又友善，且發現珍貴金屬的希望似乎不小。不過，船隊本身能夠自給自足，他們不太需要這塊新土地提供什麼就能活下去，所以船隊的船員帶著這種觀光客般的印象（面對一個新地方，只抓住幾個最有趣的點，對於在那裡生活的真實困難毫無所覺）回到了英國。火星或泰坦的行星探測機，也提供了看起來有點像是地球的影像，但待在那裡自給自足，絕對會比單純到此一遊來得辛苦太多。

兩種殖民的差別

太空殖民和北美洲初期殖民地的差別很明顯——光講一件就好，我們在太陽系裡不會隨便遇到類似我們的生命——但兩者的相似性，其實也滿明顯的。1584 年英國人對美洲海岸的觀點，和我們對眾行星的觀點沒什麼太大差異。雖然有船啟航、也成功登陸了，但實在太缺乏細節，也沒什麼近距離接觸下的觀察發現；把船送到美洲既昂貴又高風險，成功的航行又耗去了太長時間。此外還有各國的競爭，科學與名望的大發現，同時伴隨著對新機會的純粹貪婪與希望。

如果按速度比例來放大的話，太空船與帆船其實有著類似的恐怖長距離和危機。在 16 世紀，穿越大西洋通常要花上幾個月，而水手往往一離家就好幾年。人們仰賴其他碰巧遇上的船隻幫忙攜帶信件，運氣好的話，這些消息才能抵達正確目的地。水手之間的摩擦遠遠超過太空人的不合，且如果只有幾個人死掉的話，這趟航程就算不錯。指揮長途航程的官員要忍受的心理危機，其實就和今日南極洲或生物圈二號裡，那些在幽閉環境中工作的現代人一樣。航海日誌裡渲染著殖民者、科學家或其他軍方指揮體系外的人（有時包括一些冒著被草草處決的風險頂嘴回去的人）之間所發生激烈又荒謬的衝突。

如果人性在過去 5 百年保持一致的話，太空殖民者就會被同一種社經力量所驅動，也會犯下同樣的錯誤，並要面對同一種危機（是真正的危機）。一個殖民地可能第一次嘗試就成功，也可能不會；會有很多人死去。第一批先鋒可能要付出很大的代價；但最終，眾多殖民地將會在泰坦扎根。

眾所皆知伊莉莎白一世（Elizabeth I）率先使用了一種殖民化經濟模式，而美國透過征服西部持續使用這種技術，並把它再用上 3 百年。那種模式，就是公私合作夥伴關係（public-private partnership）。時髦而優秀的華特・雷利爵士（Sir Walter Raleigh）是女皇最喜愛的臣子，只要他可以讓人定居在北美洲，她就給他該地的所有權許可——就像後來美國國會把西部大片土地都給了穿越大陸的鐵路公司，或者把廣播頻道給了打造無線電站和電視台的公司一樣。

當莎士比亞（William Shakespeare）寫下第一齣戲，而文藝復興的創意在倫敦綻放時，英格蘭還是個弱小國家，遭受從美洲帶回黃金獲得財富權力的西班牙威脅。伊莉莎白沒有直接槓上西班牙的實力，但她補貼了商船建造，一旦有軍事需求就能將商船改裝成有效的戰艦；此外她還鼓勵私掠船（就是有牌的海盜）在加勒比海攻擊西班牙船隻，並收取一部分的戰果。她與雷利爵士的協定中，也允諾了類似的共同投資與報酬。一個成功的殖民地將增加他的財富，並拓展她的權力。

雷利爵士是那種跟矽谷夢想家一樣大膽的投機資本家，游走於高成本、高風險和高額回報的機率中。當時西班牙還沒有在佛羅里達以北的地方找到根據地。若在那裡擁有一個沿海的殖民地，將有助英格蘭確保該地，替雷利爵士帶來豐富的發現和大量的土地所有權，並替洗劫西班牙寶藏船的英國船隻提供支援。但他們連那一帶的地形都完全不知道，雷利爵士便在 1584 年派出兩艘船探勘海岸，尋找可供定居的港灣和土地，就像行星探測太空船飛過行星一樣。

外灘群島的砂洲島嶼像是砂做的一道括弧，畫出了卡羅萊納的海岸。在它狹長的海灘內有著數英哩寬的廣闊海灣，但對大型船隻來說太淺了。橫過外灘群島的入口變化莫測，大型船隻沒辦法在其中航行，而外頭的水域又太危險，因而被稱做大西洋墳場。海灣面向陸地的那一頭，大部分的地表都是低窪沼澤，不論砂島還是潮溼的主陸地，都不太有指望能種植作物。灣內的羅阿諾克島（Roanoke Island）相對地保護性較佳，而且大部分是乾地，但大小不足以支撐太多人在上面生活。這裡實在不是個能把歐洲人安置在美洲的好地點。

不幸的是，雷利爵士的第一次探索未能再向北一些，找到乞沙比克灣（Chesapeake Bay），那裡就有十分適合安置居民的土地，也能替船隻提供理想庇護。但他反而收到了一則報告，說羅阿諾克島有如天堂。兩位美洲原住民曼蒂奧（Manteo）和旺奇斯（Wanchese）和探險隊一起回到英格蘭，對雷利爵士計畫中的下一趟旅程產生了極大的振奮效果。這趟旅程規模會大上許多，有著挑選過的人群組合，很像我們想像中行星前哨基地的那種組合。這趟旅程企圖徹底了解新土地的採礦和農業潛力，將進行徹底的科學探索，並替隨後到來的殖民者創造一個永久的城鎮。

伊莉莎白女皇冊封了雷利爵士，為探險隊提供火藥和一艘船隻，並授予他維吉尼亞（Virginia，以女皇的「童貞女皇」〔the virgin queen〕稱呼來命名）總督頭銜，管轄地帶包括美洲預想中的 1 千 8 百英哩（2,897 公里）海岸控制權，以及北美洲向西的餘利；此外，她還給他招募人手同行的權力。當時倫敦人滿為患，工作與土地都不足，而美洲聽起來充滿機會。雷利自己也想過去，但伊莉莎白女皇需要他留守本土而拒絕放行。

雷利雇用了專家來建議他第二批探險隊要帶上哪幾類人。就像我們的太空人一樣，軍人會占一席之地，好防備美洲原住民攻擊；也會有收集資訊的科學家，付費前往並自行尋求利潤的生意人，以及金屬、寶石、採礦方面的專家。還有植物學家與藥用植物專家，以養育、處理、儲藏食物，鑄造工具、縫製衣物、製鞋、照顧病傷者等工作來支援的專才，以及其他眾多職業者，最後則有一個官方統治集團來管理上述所有人。根據大衛．比爾斯．昆恩（David Beers Quinn）在他那本《羅阿諾克正是時候》（*Set Fair for Roanoke*）中所言，這名單擴增到超過 8 百人，而且還持續增加。最後雷利爵士把名單砍到 5 百人，分到前後兩支艦隊的眾多船隻上。

不過，殖民計畫一直以來最重要的教訓，就是計畫不會如預期進行。船隻沉沒、跑錯地方以及其他各種災難都會成為阻撓。羅阿諾克範圍太小，無法支撐大團體，探險隊最後只留下 1 百人在那邊，其中一半是軍人，船隻丟下了這個前哨站，答應 1 年內會回來重新補給。但那裡的環境使殖民者沒有足夠的補給品來撐那麼久，他們得自己生產食物或從美洲原住民處取得食物，但他們高估了自己的能力。

雷利爵士在探險隊上做的最好決定，是在隊伍中選了湯馬斯．哈里奧特（Thomas Harriot），他是一位傑出的科學家兼數學家，曾經協助改善導航能力，而且他有可能有去過第一趟旅程。藝術家約翰．懷特（John White）掌管製圖，而那至今仍是探索工作的關鍵部分；最終證明他也是一位敏銳的觀察者，他的作品以栩栩如生的方式，首度替英格蘭的觀察者捕捉了北美洲的自然風景和人群。他和那艘放下 1 百人的船隻一起返國，帶回了水彩畫和對美洲新大陸的正面報導。

與約翰．懷特提早返回英國不同，湯瑪斯．哈里奧特則在羅阿諾克待了一整年。他跟曼蒂奧學了當地語言，走遍遙遠廣泛地區，造訪原住民村落，並在一種獨特的時刻——就是雙方接觸的黎明期，一個再也無法複製的瞬間——捕捉到他們的文化資訊。那些如今被視為珍寶的資訊，成為了國家機密，約翰．懷特的水彩畫則共同構成了打造成功殖民地的根基。

「當時人們對藥物有很大的興趣。」梅瑟大學（Mercer University）歷史學家兼考古學家艾力克．克林格爾赫弗（Eric Klingelhofer）表示，「他們認為檫木（sassafras）是一種奇蹟靈藥，所以當時能找到樹並獲得一些檫木根的人，就可以在歐洲賺到很大一筆錢。而且他們認為其他物產也有不錯的機會，湯瑪斯的書裡有一大部分就只是在觀察這些不同的植物，說明這種可以用在這裡那裡、印地安人說這個對哪個腸胃毛病有效之類的。」

「能去」的人，與「應該去」的人

但湯瑪斯對探險隊裡的淘金者抱持輕蔑態度。他們自費前來，希望找到黃金或者和美洲原住民達成重金交易，要是什麼都沒找到，就整天抱怨食物和居住，什麼忙也幫不上。後來在維吉尼亞州的詹姆斯鎮（Jamestown）殖民地，就碰到了同一種因為男士們不肯工作導致全團差點餓死的問題。

「他們除了細心照顧肚皮之外，幾乎什麼事都不在乎。」湯瑪斯這麼描寫羅阿諾克島的淘金者和抱怨者，「因為這兒找不到任何英國城市，沒有那種好房子、沒有他們自己習慣的美食，也沒有舖羽絨被的柔軟床鋪，所以對他們而言這地方悲慘至極。」

能運作的人類社群生態會像金字塔，基底有廣大的生產者，而頂端狹小的位置則是無所事事的消費者。和英國廣播公司（British Broadcasting Corporation，BBC）古裝劇所呈現的相反，英格蘭的絕大多數人不是領主或仕女，而是種植作物、織布運水的農民，只有極少數人有錢可以坐在莊園大屋裡玩字謎遊戲。一個真正能自給自足的百人殖民地，恐怕無法負擔一個連與自己體重等重的物質都拉不動的人。

這個教訓至今依然實在。自動化與動力裝備確實改變了社會中閒暇人士和苦力的比例，但在另一個行星上，光是為了活下去就得做上數倍的基本工作。16 世紀的社區要種植作物來養活乳牛，以生產牛奶來做奶油和乳酪，整個生產環節都需要具備技術的工人。請用充分的跳脫思路，想像一下在泰坦上的同一種生產鏈中，我們所需要的額外連結有：用來替作物和牲口蓋居住地，並提供溫暖、光線、水分和空氣給乳牛的人。我們可以放棄天然生成的乳製品，且機器人和其他機器可以進行大量的食物生產工作，而生物科技可以讓工作更有效率。但我們與科技相處得夠久，已經知道那還是不可能消滅人類的工作，還是要有人去操作機器。

在羅阿諾克島上，軍事部隊的力量代替了食物生產。軍事指揮官勞爾夫・蘭恩（Ralph Lane）一開始先和美洲原住民交易，後來逼迫並威脅他們交出食物。原本善待殖民者的羅阿諾克頭人溫吉那（Wingina），最終帶著村民離開島嶼，遠離到勞爾夫不能輕易威嚇他們的地方，因為他的族人若要同時支撐自己和殖民者的糧食需求可能會挨餓。勞爾夫聽說溫吉那正在計畫攻擊——他搞不好真的有在計畫——便要求和他會面，但在會議上，勞爾夫伏擊溫吉那，殺了他和數位副手。

湯瑪斯也傷害了美洲原住民，雖然他不是故意的。他造訪的村莊在他離開後沒多久，都慘遭致命瘟疫襲擊，原住民從未遇上的歐洲微生物殺害了大量人口，包括流行性感冒、天花等等。當地人相信湯瑪斯有某種看不見的能力可以降下疾病和死亡；生在那年代的湯瑪斯，對於疾病的暴發也有類似理論，認為那代表上天對當地人的欺騙與怠慢所降下的某種天賜正義。

1 年過去，羅阿諾克島上的殖民者既飢餓，又擔心美洲原住民和西班牙人，他們亟需補給和增援，但雷利爵士派出的船隻遲到了。當法蘭西斯・德雷克爵士（Sir Francis Drake）帶著剛成功襲擊西班牙人的強大艦隊意外現身此處時，勞爾夫無路可選，只能跟著打道回府。

「他們真的以為，12 個月後補給船會前來，交接者會前來。」克林格爾赫弗說，「但兩者都沒來，所以他們就看著自己的鐘錶或者日晷，然後說：『好吧，時間到了，我們得閃了。我們能做的差不多都做了，而且也沒損失太多人——實際上，至今還沒有人因戰事死去——而且沒了補給，留著也沒好處。』」

後來當重新補給的船隻真的抵達時，船上的軍官發現了被遺棄的殖民地，以及德雷克爵士留下來的寥寥 3 人。他們當初其實留下了 15 人和兩年份的補給品，但可能沒過多久，鄰近各部族原住民就集結武力並消滅了那些人。

雷利爵士探勘新大陸計畫的第三階段得力於前兩次探索獲得的知識，其中包括了得要自給自足這個條件。殖民地的構造和過往截然不同，而且以當時來說十分創新。人們可以攜家帶眷，讓婦女、兒童跟著一起前往美洲，在當地蓋農場並永久居留；雷利爵士以外的投資者則透過一個公司結構來注入資金。透過一整年研究和探索獲得的地理知識，他們將被安置在一個成功機會大上許多的地方：乞沙比克灣。

約翰．懷特號召了大約 115 位殖民者。其實他希望找到更多人，但徵召不易。他能向缺乏土地的英國人提供不動產，還有比倫敦更健康以至於死亡率較低的氣候，但冒險的風險相對巨大，對那些在故鄉已經有資產和前景的家庭來說更是如此。我們知道的那群殖民者，是沒有頭銜但有資源和僕人的中產階級，他們之中有很多是新教徒，想要一種比英國國教更自由的宗教崇拜；但他們不是那種極端宗教異議者，好比後來才到的清教徒。他們都準備妥當、補給充足，且他們的計畫是有機會成功的。

可惜約翰不是個好領袖，這支隊伍的運氣也糟到不行。他們啟程太晚，抵達時根本趕不上美洲的可耕作季節，所以他們整整 1 年都得靠帶來的物資和美洲原住民提供補給。約翰和主艦船長的衝突持續惡化。經歷了無數艱難後，他們雖抵達了外灘群島，但途中未能取得關鍵的食物和牲口補給。在羅阿諾克島上，他們只發現了 18 名留守者的骨骸，然後，基於某些至今仍不明朗的理由，他們決定留下，而不是繼續前往乞沙比克灣。

等到他們的船隻準備好離開時，很明顯地，殖民地得要重新補給才能活下去。殖民者堅持要把約翰送回去求救。他的女兒生下了美洲的第一個英國孩子，維吉尼亞．戴兒（Virginia Dare），所以他們可能認為他有充分的動機要回國；又或者他可能真的是一個差到不行的領導者，所以他們想要把他弄走。他就這樣啟航，迫切地尋求幫助。

補給永遠會及時嗎？

但世界上的大事壓過了殖民地的建立，英國與西班牙的戰爭日漸加溫。雷利爵士和約翰安排去支援殖民地的船隻，在女王的命令下轉而攻擊紐芬蘭（Newfoundland）的西班牙船隻。西班牙則派出無敵艦隊，對英格蘭發動史上最大的海軍襲擊，因此所有的船隻都必須用來防守。我們可以想想，在類似狀況下的太空殖民地會發生什麼事：如果它需要重新補給時，地球上發生了戰爭該怎麼辦？一位總統會花費大量財富和頂尖科技工作者，在戰火中支援 1 百個殖民者嗎？伊莉莎白女皇就沒做這種事。3 年過去，約翰始終無法回到羅阿諾克島。

等到他終於抵達時，那裡已經一個人也不剩。房子都被拆解移除，雖然蓋起了一座碉堡但也已遭廢棄，荒草叢生。貴重物品被埋了起來，然後又被原住民挖走。人們只留下一個線索，一個刻在木頭上的詞「克羅阿圖安」（Croatoan）。懷特與他的女婿等人已經約好，如果他們要搬走，要把目的地的名稱刻在樹木上。克羅阿圖安是以前曼蒂奧那個部落與他們還交好時所居住的砂洲名稱。

克羅阿圖安就在該地南方不到一天的航程，也就是今日的哈特拉斯島（Hatteras Island），但當晚暴風狂掃，船隻只能往海中躲。他們幾乎要沉沒在外灘群島海外的危險水域中，約翰的船試圖調頭，但雷利爵士當初派來送他到此的船隊，其實是更有興趣攻擊西班牙船隻的私掠船隊，所以他們再也沒有回到外灘群島。多年來，沒有人去尋找這批殖民者，至今也沒人找到他們。一個世代以後，綠眼睛的克羅阿圖安印地安人告訴來訪者說，他們是融入當地文化的殖民者後代，也沒什麼理由不能相信他們。

今天，考古學家（包括艾力克・克林格爾赫弗）們仍持續尋找失蹤的殖民者。2015 年，艾力克的第一殖民地基金會（First Colony Foundation）宣布，在羅阿諾克島西方 80 公里，位於大陸上的挖掘地點，找到了一些殖民者的線索。有些證據顯示他們向北朝乞沙比克灣前進，當時他們有可能分頭前進，覺得拆成小團體比較有機會能餵飽自己。

日後建構的殖民者則總算是延續了下來，包括維吉尼亞州的詹姆斯鎮（Jamestown），以及麻薩諸塞州的普利茅斯（Plymouth）。情報是生存關鍵，另外還有地形及運氣。此外，因為第一代的苦難，讓後繼世代可以活得不那麼困難。對太空殖民者來說，這也可能會是真實會遇到的情況。

可以確定的是，選擇誰去會是很根本的問題。殖民者必須有自給自足的技能，失落的美洲殖民者所提供的最重要教訓，就是殖民者不能仰賴故鄉的補給，他們必須要有能夠自力更生的韌性和資源。

被選上的1千位太空殖民者在科羅拉多州高海拔沙漠中的室內設施受訓。這地方遠離了升高的海平面，呼吸的空氣也經過濾，減少了放射落塵和病原體。隨著世界災難加速發生，原本認為是大膽冒險的任務，如今承擔了一種新的意義。面對這個朝新黑暗時代甚至人類滅絕邁進的失控地球，殖民任務如今似乎像是唯一的安全之路。這1千人開始把彼此視為最後的人類，穿著合身橘色跳傘裝的完美人類總合。

但其他人有著不同想法。殖民地可能是個人生存的關鍵，或者是把寶貴的家族基因傳遞到未來世代的一種方法。在地球上，超級富豪能夠在封閉的圍牆莊園裡自保，隔絕氣候變遷、自然災害或核戰效應，但他們仍處在一個關不住人性惡劣本質的世界上，並沒有沒辦法避開這股希望滅絕感。未來就在泰坦上，所以那裡才是最有權力者想要前任的地方。

為太空殖民者打造第一艘大船的進度緩慢；畢竟以前從來沒打造過這種東西。一件意外又進一步減緩了作業：一艘前往泰坦的補給船失蹤了，肇因可能是微型隕石撞擊。為了避免泰坦前哨站的居住者餓死，泰坦公司的每個工作人員都轉往一項盡全速打造替代補給船的緊急計畫。

這項計畫由政府聯盟負責買單。泰坦公司擁有技術並掌握打造船隻的設施，而聯盟則預定了手頭上的10架航班，每艘載運1百位殖民者。但由於延遲和不確定性，政府聯盟只預付了頭3艘的錢。

一位在精英預備學校就認識泰坦公司執行長

的億萬富翁，在網球俱樂部碰面時把她拉到一旁。他準備出比政府預算還要多的錢來購買航班 4 號，而且還先預付訂金。雙方在一連串快速的祕密會議後，沒過幾週就談妥了。

當泰坦公司宣布太空航班 4 號由私人收購時，剩下 6 班的搶購大戰就爆發了。等那 6 艘預售出去後，泰坦公司不但追加船數，還又賣出更多預售太空船。而那些因為國際間組織遲緩而無法快速決策的各國政府，在事態無法挽回前，甚至連一次討論問題的會議都沒開過。在可預見的未來中，官方的泰坦殖民最多只能送出 3 百位成員，隨後還會有不知道多少的私人乘客，這些人的準備狀態如何或有什麼樣的特長，都不得而知。

在當初看似完美的計畫中，太空殖民地要在政府大官的管理下，成為一個小心建構起來的樂園；但新的私人殖民者反對集權管理，就像當初他們反對用優生學篩選出組員一樣。在政府控制下，新世界應該會是徹底的共產主義，連 20 世紀的老暴君都達不到那種狀態。所有東西都由政府所擁有，每個人的工作和住家都由政府支配，甚至連關於健康和生育的決定也都要接受管理，而且沒有任何辦法取私人財產。

「我們無法接受！」

接著律師也涉入了，替他們的客戶製造機會。一位憤憤不平的億萬富翁所委任的辯護律師指出，沒有一個地球政府可以聲稱擁有外星殖民地，因為一條 1967 年的協定具體指出：「外太空，包括月球與其他天體，不得由國家以主張主權或以使用或占領之方法，或以任何其他方法，據為己有。」（譯注：外太空條約〔Outer Space Treat〕第二條）政府聯盟率先建立了新殖民地，但不得主張擁有它，或控制其他會去那裡的人。由於國際政治系統分崩離析，修訂這條協約已難如登天。

但這協定沒有提及私人主張擁有外星的情況（1967 年當時沒人想到會有這問題）。根據條文，政府不能擁有另一個行星，但私人或許可以。全世界各地的大企業主察覺，第一個抵達殖民地的私人機構可以主張大片土地的所有權，並且未來在打造統治當地的政府時，還能行使極大的影響力。這些至今只不過在名號上叫「宇宙之主」的人（譯注：在《走夜路的男人》〔*The Bonfire of the Vanities*〕這部小說及改編電影中，華爾街的野心人士自稱「宇宙之主」〔masters of the universe〕），心中閃過了太空封建制度的美景。在地球上他們了不起就是執行長，但到了太空中，他們可以當領主、男爵，甚至國王！

但所有這些熱潮和金錢都沒辦法讓太空船造得快一點。私人船主耗費時間重新設計、裝飾他們未來航班內部的立體電腦模型。相對於此，政府志願者則預期在太空船內使用斯巴達式軍營一樣的空間；私人太空船的設計會載比較少人，但能讓他們把奢華享受和僕人帶著一起高飛。

只有最頂尖的有錢人付得了上太空的費用，但一群企業主察覺到某種機會，能讓多上更多的有錢人在另一個世界繁衍興盛。他們在船中設計了液態氮桶，攜帶 1 萬個胚胎，由 1 百位願意重覆當代理孕母、並藉以換取上船機會的適婚女性來充當船員（輸卵管結紮確保他們不會用自己的基因來懷孕）。送一個胚胎上船的票錢，要根據你在子宮時程表上的優先順序：第一輪出生最貴，而沒有提交著床時間的胚胎相對就比較便宜，可以等上數十年或數百年再復生。

原本胚胎任務的設計是全女性船員：女性醫師、護士、工程師，代理孕母們也是各行各業的技術人員，組成了一個太空中的女人國嬰兒工廠。後來組織計畫者發覺，他們創造出一種男性幻想：一個只有年輕美女的外星世界；為了競爭賣給男人的額外空位，競標價格已經直衝天際。

已經開始計畫的政府太空殖民地領袖秘密會面，思考發展至今的情況。他們可以重作旅客名單和裝備，好建立一個比本來計畫要小，但仍然可以讓 3 百人自給自足的殖民地。但當他們監控私人單位購買泰坦船票的鬧劇時察覺到，政府殖民地沒辦法支撐其他那些人。如果私人殖民者在泰坦上沒了食物或補給品，他們可能會向政府殖民者施壓以獲得援助。因此，殖民者的訓練頭一次開始加入軍事技能，而且頭 3 班太空船的酬載物中也加進了武器。

私人冒險的組織者也有同樣的想法，不過是循著另一條線。如果代理孕母遠在天邊就拒絕受孕要怎麼辦？億萬富翁的僕人如果在遙遠的太空基地上人數超越了主人，他們還願意繼續當僕人嗎？沒了政府、法律系統甚至實際的經濟狀態，在地球上讓事物維持控管的順服系統幾乎就不存在了。如果替富人工作的人拒絕維持他們的身分，富人很可能也就不再是富人了。

早就在泰坦上的第一波殖民者盡力節省補給品，好撐到替補貨船抵達。地球上的觀眾持續觀看他們在泰坦上的代表人，為了人類的未來在寒冷陰暗的外星犧牲著，並因此受到鼓舞。同時，第二波殖民者正準備著未來可能的衝突和戰爭。

一家公司設計並銷售能在泰坦大氣層開火的槍枝，股價也因此飆高。

當前／

當今最像太空航班的交通工具，就是美國海軍快速攻擊潛水艇。它也有核反應爐和1百人左右的船員，兩性皆有，而其移動範圍基本上由可以帶上船的食物數量限制。潛水艇獲得氧氣的方法就跟泰坦殖民地的計畫一樣，藉由電解從水中分離出來。潛艇的全長就和國際太空站差不多，雖然維吉尼亞級核動力攻擊潛艦（Virginia-class submarine）比國際太空站重20倍，而且有比較大的內部空間（不過國際太空站的移動速度可以比潛水艇快4百倍）。

潛艦船員背負著責任重大，他們的反應能力和心理穩定性至關重要。在彈道飛彈潛艦上，他們得在海中潛航77天都不對外界發送任何信號，並把一旦發射出去就會造成前所未有破壞、搞不好還會終結文明的飛彈準備好。攻擊潛艦僅用於普通戰爭，但船員也運作著跟任何核電廠一樣危險的核反應爐。

50多年來，海軍保衛核能裝置的紀錄幾近完美。工程師表示，潛艦的核反應爐可靠，是因為它們不像核電廠那樣一次一個打造，而是多次複製；但潛艦船員表示，成員選拔和紀律才是關鍵。核能潛艦船員可不是以隨性自在聞名的，他們一切都按規章來；他們的文化依據一種假設：任何沒有在海軍規範手冊中具體被允許的事情都要禁止，沒有折衷空間。

「核能計畫的基石是誠實。」曾經在潛艦待上28年，目前撰寫懸疑小說的退役指揮官瑞克．坎貝爾（Rick Campbell）表示，「你只要被逮到說過一個謊，你就得從核能計畫離開。你測驗作弊就滾蛋。當你處理核能時，你對於別人有沒有做他們該做的維修不能有一點懷疑，對於別人有沒有把某個步驟做對也不能有一點懷疑——一切都基於誠實。」

潛艦船員得通過智力和心理測驗。瑞克表示，船上很少以有心理問題。他從來沒遇到幽閉恐懼症，而他指揮的年輕人因為持續的訓練和維修排程，忙到根本沒空得憂鬱症。潛艦上的行為問題通常都和年輕氣盛、男性氣概有關，因為整船都是二十出頭的年輕人，而船上最老的也不過三十來歲。最近開始增添女性成員；在海裡，海軍的性別規則很簡單：不准兩性交往、不准產生性接觸。

不會有壞消息出現

在彈道飛彈潛艦上，從船員家裡送來的訊息要經過篩選。軍官不會讓他們得知壞消息，例如親人亡故或伴侶結束關係，以避免精神受干擾。瑞克架了一個網頁針對船員如何準備服役提出建議。他會寫一大堆信給女兒，讓她一個月拆一封地讀。

快速攻擊潛艦一次航程長達 6 個月，想領新鮮食物時通常只有幾個港口可以連絡，食物就是潛艇的限制。現代潛艦在其 25 年的服役生涯中根本不需要重新添加燃料，如果不需食物和更換零件的話，理論上可以待在水底下幾十年。事實上，要把補給拉到 6 個月以上非常困難。老兵會在網路訊息板上交換這種延長航程中的經歷：食物不足，到最後他們只能吃煎餅或者怪異配菜，比如說辣醬雜燴麵配罐頭甜菜。

以軍方標準而言，食物整體來説是不錯，這是海軍徵兵影片的賣點，也是久經考驗的提振士氣良方。船員們有固定的電影披薩夜，會吃許多肉和新出爐的麵包甜點，就跟南極洲過冬的科學家一樣，潛艦船員會在旅程半途時籌備大餐，稱作「半路夜」。屆時會有派對、遊戲，鬆弛一點的紀律，以及龍蝦肋排晚餐。

維吉尼亞級攻擊潛艦不小，長 377 英呎（115 公尺）、直徑 34 英呎

（10.3 公尺），但十分擁擠。船員來回於三層甲板上（或者在船隻極速浮沉時用滑的），並爬梯子上下其間。船首有導航、指揮和武器系統，中間是船員區和用餐設備，反應爐和引擎室在船尾，每一區差不多都占去三分之一空間。

除了少數高層軍官外，船員都睡在上下三層的床架上，這床鋪因為其大小和型狀而被稱做棺材。每一鋪底下都有一排抽屜，那就是一名船員的所有私人空間；相比之下，只有 6 名乘員的國際太空站，就有充分的私人空間。不過和太空人不同的是，核能潛艦船員確實有在沖澡跟洗衣服，太空人則用海棉擦澡，並反覆穿同一件衣服直到丟掉為止。現代的潛艦和國際太空人都有效率良好的空調系統，在潛艦或太空站上最難忘的氣味，反而是在旅途中造成全面感官喪失的那種缺乏氣味。

海軍知道怎麼找到要用的東西，他們在太空站開始繞行地球並陷入丟三落四的長期困境前，老早就解決了這個問題。潛艇裝滿了藏在大量儲物櫃裡的備用零件，全部都在一套正式系統有紀錄可尋；潛艇內有儲藏兩到三個月份食物的空間，還可以藉著把食物塞到任何可能的地方而延長旅程；甲板上擺滿罐裝食物，上面再蓋上橡皮墊以方便走路，隨著旅程進展，船員們會一路吃到看見甲板。

有核能反應爐的太空航班可能需要像潛艦一樣大的機械和指揮空間，少了魚雷或飛彈，要獲得這些空間應該沒問題。不過前往泰坦的太空船會需要多上更多的儲藏空間，好在長上幾倍的時間裡餵飽船員，而這還事先假設旅途另一頭會有補給儲藏點或者可更新的食物資源。太空船也需要攜帶更多水，而沖過馬桶的水會再度回到飲用水中，週而復始。

船員的技能也會不同。瑞克指出，合格的潛艦船醫只要能讓受傷或生病的船員保持穩定以轉送醫院即可；而太空航班則需要整個醫療、牙醫和心理團隊，而且為防其中有人生病，還得有後備人員。

這兩種船的目的不一樣。攻擊潛艦的目的是擊沉船隻或其它潛艦、發射巡弋飛彈摧毀地表敵人，並運送特種部隊。一個沒有紛爭的世界可能根本不會有大型潛艦，太空航班的設計不是用來殺戮，但在沒有衝突的世界上，它可能也不會存在。如果太空殖民的主要動機確實如我們所預期是對地球未來的畏懼，那麼我們也可以預測，能夠合作解決難題的那種人類，就不會有那些畏懼。

過去，畏懼和衝突曾經推動人們投資太空飛行。美國只有在冷戰期間與蘇聯激烈競爭，當人民相信技術優越性或許能協助避免人類滅絕時，才曾經花錢飛出近地軌道。但太空中的成功也鼓舞了上百萬人，並革新了他們對人性的信念，而在我們之中產生了一種自尊心，以及對於我們在宇宙中地位的新覺悟。如果是基於這種新的目的，我們還有沒有辦法打造一艘跟太空航班一樣大的太空船（編注：指能夠大量搭載人類和運送物資的太空船，載重量大、還要可以快速往返地球與殖民地之間）？

CHAPTER 10

「為什麼要搬進太空？」

率先前往外太陽系的先鋒 10 號（Pioneer 10），攜帶了一張金屬板，上面標示了地球位置、少許科學事實以及一對裸體男女，男性還揮手做問候狀。卡爾．薩根從某位同事那邊得到金屬板的靈感，並在 1972 年先鋒 10 號發射前，把這想法提議給噴射推進實驗室的某職員。他們很快就完成了設計，並找當地商家把圖樣刻到鋁板，沒告知老闆就把板子栓在太空船上。卡爾後來解釋了理由：先鋒號離開太陽系以後，可能會有誰找到它，然後板子就會告訴他們**「我們在哪裡」**。

或者，告訴他們我們曾經在哪。卡爾說，在地球上所有人類痕跡都消失以前，這塊板子恐怕哪裡都還沒抵達。

「它很有可能將保存數十億年，但始終都在星際空間的黑暗中。」他這麼告訴 BBC 的訪問者，「它會是最長壽的人類製品。」

金屬板是有些意義。「我們的形象將永久地在太空中穿梭下去」──這訊息對許多人來說有神力，包括堅定的無神論者卡爾．薩根。但金屬板為什麼重要？如果在難以想像的遙遠時空裡，真的有人找到了這塊板子（這已經是極端不可能的事情），這個發現也無法提供什麼實質目的。相反地，這塊版子的目的是在此時此刻，對我們有意義。這塊板子聲明了：「我們在這裡，我們存在。」這是宇宙塗鴉，一張永久寫上人類之名的姓名貼。這則訊息填補了人們對永生不死的渴望，就算不是我們個人的渴望，至少也是人類整體的心願之一。

想要殖民太空的慾望也來自同一種渴望。就算能上船的人再怎麼多，人類總人口也只會有極小比例能成功離開地球前往隨便哪個殖民地。但這一小群人就可以攜帶我們所有人共享的遺傳情報；和一片鍍金鋁片上的塗鴉刻畫相比，這可是極其龐大的資料庫。太空殖民地代表我們不會滅絕，人類似乎不怎麼在乎其他物種滅絕，就算是和我們 DNA 有 99% 相同的生物也一樣。但 「再也不會有人誕生」的這種想法——我們整個物種徹底消失的想法——卻替我們多數人帶來一種特殊的精神焦慮。

使人類免於滅絕是一種精神追尋。對我們每一個個體來說，物理上的消滅是不可避免的。我們個人死後並不會從人類整體的長存得到什麼好處。有一個合理的論點是，讓地球保持健康，維持大量的生態系統和物種，可能會比把一切投資在一小群獨自活在外星球的人類來得更重要。畢竟是地球孕育了我們；這個生物圈如果存活下來，它還可以產生比我們還要好的智慧物種。

但這就偏離了要點。我們並不是出於利他主義而在乎這些——如果我們是的話，我們也會一樣地在乎矮黑猩猩或鯨魚。我們最希望的還是人類自己能夠存續。在沒有死後生命的情況下，避免人類滅絕就是達到某種永生不死的最佳機會。

「這不是科學，是宗教」

關於如何一邊堅守科學、一邊與太空鼓舞人心的一面——精神面向——溝通，卡爾．薩根有著獨到的理解。少年時，他被 1940 年代晚期至 50 年代早期的飛碟熱所吸引而投入了科學；他整個科學研究生涯，始終著迷於連絡外星智慧的渴望。但他也揭穿了許多接觸外星人事件的假象，並於 1969 年在美國科學促進會（American Association for the Advancement of Science）上針對這個主題，建立了一個認真的科學委員會；可以說，在扼殺冷戰時期幽浮熱上，他比任何人做的都還要多。戴錫箔帽的群眾（**譯注：有些人認為以金屬護住頭部，可以防止遭到電波或其他力量控制心靈，在此意指對外星人綁架、心靈控制等陰謀深信不疑者**）特別感覺被卡爾所背叛，因為他們一度以為卡爾跟他們是一國的。

隨著公共電視台在 1980 年播出《宇宙：個人遊記》（Cosmos）系列節目，卡爾的影響力達到高峰；這節目不僅吸引上億觀眾，還改寫為暢銷書籍，一時間轟動世界各地。他有如小男孩的笑容和高領衣，加上他熱情說出「數十億顆」星星的那種很容易惡搞的聲調，以及最重要的，他所表達的那股對科學的深愛，都成為了一種文化象徵。可以說有一整個世代的科學家之所以投入職涯，都要歸功於卡爾所喚起的情感，這恐怕比他所提供的想法還要有影響力。

但卡爾談起其他人的信仰時，也可能像個目中無人的混蛋。1966 年他出版了一本關於外星智能極有可能存在的書之後，接受 CBS 一部關於幽浮和接觸外星人的紀錄片訪問，該節目是由華特．克朗凱（Walter Cronkite）擔任旁白。

「這不是科學，這是宗教。」卡爾一臉鄙夷並裝出一點笑容說。

「以前是有可能去相信一種能治療人，又能讓你崇拜的人形、仁慈、全知上帝。但我認為現在很少有人真的相信這一點。不論好壞，科學都毀滅了很多傳統的神學。然而，相信自己一直相信的事，還是人們的需求。因為我們如今生活的時代如此，這種需求可能還更大。所以呢，飛碟奇談是一個相當聰明的折衷想法。」

當時卡爾 31 歲，但他已經可以隨口講出用詞妥當的漂亮文章，這種技巧讓他能手口如一地完成所有書寫，他正朝傑出生涯邁進。他在芝加哥大學（University of Chicago）的博士論文已經預測出，金星因為二氧化碳大氣層的失控溫室效應將會十分炎熱。這有助於說服 NASA 派出最早的幾艘探測機，其中水手 2 號於 1962 年測出了金星上的炙熱高溫，證實了他的想法。

但卡爾在哈佛的第一份教職工作並沒有獲得終身聘用。他最早期的一位學生大衛．莫里森（David Morrison）說：「我認為卡爾是很棒的老師，我也很樂意由他擔任我的論文指導老師，但老實說，我認為哈佛那些（*如果你要這麼說的話*）有點架子的人，就是覺得他不像大部分年輕教授那樣**合宜**。」大衛說，卡爾比他的同僚走得更快而有野心，也更願意隨意思考有風險的想法，包括他在生物學上的興趣。「那真的撈過界了。光是天文學家對行星有興趣就已經夠糟糕了，要是對生命有興趣，那就真的瘋了。」

卡爾對遠大想法的注意力，並不包括實踐這些想法的專注力。他把那些事丟給一起工作的人們。目前是 NASA 艾姆斯研究中心資深科學家的大衛，告訴我們卡爾與天文學家法蘭克．德雷克（Frank Drake）將巨大的阿雷西博（Arecibo）望遠鏡對準遙遠星系聽取智慧生命訊息的故事。位在波多黎各的阿雷西博電波望遠鏡，是 SETI，也就是搜尋地外文明計畫（Search for Extraterrestrial Intelligence）的早期版本。

「他們一路跑到阿雷西博把它弄起來然後開始觀測，然後他們充滿了興趣，接下來頭兩三個小時沒有什麼信號進來。第二天依舊沒什麼東西進來，然後卡爾就走了。他對那種坐在一邊等待偵測到什麼的長時間緩慢工作沒興趣。他希望有立即回應，一旦沒有，他就準備好要繼續弄別的了。」

卡爾有一些個人的遠大想法在同僚幫忙下成功，包括碳氫化合物可在泰坦星大氣中自然形成的假說。卡爾另外也提出了一種假說，認為泰坦有一整片液態甲烷構成的大洋。最終證明泰坦沒有大洋，只有海和湖泊——但他幾乎預測正確。

他也有些遠大想法未能成真，但有邊際效益。他促使其他人在尋找火星生命的維京號登陸器上安裝攝影機，以求拍到任何碰巧經過的火星人。雖然最後沒人經過，但維京號拍下的照片刊在早報上，鼓舞了本書的共同作者亞曼達成為科學家，而且應該不只她而已。

卡爾在離開哈佛之後前往康乃爾大學掌管一間大型研究室，並專注於公眾名氣。強尼．卡森（Johnny Carson）的《今夜秀》（Tonight Show）找上他好幾回。卡爾對強尼的電視通告有求必應，就算要取消課程或會議也行。到了 1970 年代中期，他已經成為全美最知名的科學家，照片出現在《新聞週刊》（Newsweek）的封面上，文章刊登在《電視指南》（TV Guide）雜誌上，也和其他名人頻繁來往。

薩根在編劇諾拉．艾芙倫（Nora Ephron）主約的晚餐小聚上，遇見作家安．德魯伊（Ann Druyan）。當時雙方都已有對象（卡爾當時與第二任妻子琳達〔就是她設計了先鋒號金屬板上的圖像〕在一起）而這兩對夫妻也互相認識多年。安和卡爾當時正在構思一個兒童科學電視節目。然後，當 NASA 決定在航海家探測機上帶一段送給宇宙的訊息時，卡爾便把安拉來當這計畫的創意總監。她表示他們的關係是純專業的，但她吸收了他的科學世界觀，兩人也在對自然的科學理解中共享了一種靈性。

安也得到了卡爾那種善用精巧段落的說話能力。

「如果某件事情在可證實、可重複檢驗的意義下為真，那麼這件事就不會比我們對宇宙的幻想來得那麼鼓舞人心，而這種想法就是我們文明的悲劇。」她說。「你知道的，在個人的愛情關係中，問題就在於，你是愛著真正在那兒的人，或者那只是你強加其上的幻想？而我認為在更大的哲學意義上也是如此。」

送出銀河系的訊息

航海家探測機帶來的鼓舞激勵，在行星任務中可說空前絕後。1977 年發射後，這兩艘航海家太空船利用外太陽系行星連成一線的機會，飛過了土星、木星以及其衛星，並抵達天王星、海王星。由於速度高過先鋒號太空船，它們打破了先鋒號先前的飛行距離紀錄。航海家一號在 2012 年飛出太陽系，目前仍從太陽影響力不及的真正星際虛空中，持續送回數據資料。

航海家號攜帶了一張金唱片，以及用來播放的裝備和操作指示。金唱片包含了一整份呈現人類文化的資訊，有照片、音樂和文字。美國總統卡特（Jimmy Carter）在唱片上的訊息說道：「這是來自遠方渺小世界的一份禮物，象徵了我們的聲音、我們的科學、我們的影像、我們的音樂、我們的思想，和我們的感受。我們正試著在我們這時代生存下去，或許因此能活到您的時代。我們期望有一天，解決了我們正面對的難題後，可以加入銀河系文明的共同體。這張唱片代表我們的希望和決心，以及與我們在這個浩瀚美妙宇宙中的善意。」

安滿懷著「選出全世界最佳音樂並賦予其永生」的責任感，製作這張唱片。她想告訴卡爾她找到一段中國古樂節選的興奮之情，並在他住的旅館留了言。

她記得，後來他回了電話並說：「妳為什麼不在十年前留這段話？」

在那段通話中，他們決定結婚。

安說，「我們從未接吻。我們也沒有私下談過什麼。然後我們掛了電話，我就放聲尖叫。」

當時是 1977 年春天，而太空船預定要在那年夏天啟航。他們決定，在發射過完兩天以前，都不要對任何人說出他們的情事。安仍然在製作唱片。她想到把腦波——她自己的腦波——放在唱片上，並問卡爾認不認為外星文明有辦法翻譯出來。他說：去做吧。10 億年後，誰知道什麼事可不可能？所以安躺在醫院床上，接著腦電圖機，紀錄著她的思想；為防萬一外星人能讀心，她努力思考著自己想要外星人知道的事情。

「我當時訴說著此時我們所了解的地球歷史，從地質史到生物史到科技史，也訴說一些人類的歷史。接著是一些更為私密的沉思，裡頭滿滿都是幾天前卡爾和我認識多年後彼此坦白感受的這件事。所以我想，催產素正洋溢（我剛剛全身沉浸著荷爾蒙）而我希望剛剛那股就應該是真愛的愉悅喜樂，能夠永久保存在那些唱片上。」

航海家號起飛後，卡爾和安再也沒分離過。面對她的他似乎成熟了，變成一位比面對前兩任妻子時更好的丈夫。他們一起寫作《宇宙：個人遊記》這本書，同時卡爾變成全球明星科學家。但 NASA 在 1980 年代的失敗與衰落都打擊了他，他開始投身核武裁軍運動，並認為國際火星任務可能是讓各國團結起來的方法——以安的說法就是，全球過剩男性睪固酮的替代使用方法。「他也夢想著前往泰坦，儘管他清楚知道那裡不宜居住，但若說起了解那裡有什麼在等著我們，他倒真的預知了很多事。」

但卡爾開始察覺到，火星探索過於昂貴且耗時過長，因此在任何實際面向上都不具備正當性。一般的目的——進行科學探索、從中衍生科技新成果、對學生形成鼓舞激勵——都不符投入的龐大成本。當老布希的火星計畫崩盤後，卡爾就放棄了這想法。

「想從成本效益這條路來獲得正當性的話，你就永遠達不到。」在一場 1993 年由卡爾於華盛頓舉辦的論壇中，湯馬斯·亞當斯（Thomas Adams）這位美國國家氣象局（National Weather Service）的年輕科學家，對卡爾的看法表示同意。「其中有很多正當性被歸結到『需要向外深入宇宙』的需求，但這一點很模糊，所以我在想你會不會同意這一點。」

卡爾回應道，「基本上這是宗教爭論，並非每個人都有同一種信仰。所以，如果火星從小就召喚你，你一直都想去那裡看看，也一直都想像太空飛行是人類探索本能的頂峰——我們必定會去火星——那麼這些辯論就顯得愚蠢又離題，然後就繼續往這個目標前進吧。但現在的情況不只是『並非每個人都沒有共同的觀點』，我想多數人都沒有抱持這個觀點；如果你們有吃不飽的小孩要養，那麼把 1 千億甚至 3 千、5 千億美元拿來讓某人去火星的想法，就會很荒唐。」

卡爾說我們不需要著急，火星在一個世紀內都還會存在。「對那個浪漫的我來說（也就是對那個一直想去火星的 7 歲小孩而言）30 年、50 年或者 1 百年都不足以回應探索火星的渴望。到時候我早就不在了，滿有可能的。所以對我來說，在有生之年推動火星探索計畫是有私心的，但那不該蒙蔽我的判斷。因為我們討論的是國家政策，對國家政策來說，前往探索其他行星的宗教衝動，在我看來就是缺乏深思熟慮。」

事實上，卡爾當時只剩 3 年壽命了。他在 1996 年過世。

安的餘生至今依舊致力於卡爾的夢想身上。她參與《宇宙：個人遊記》的 2014 年電視續篇節目（譯注：《宇宙大探索》〔Cosmos: A Spacetime Odyssey〕）而獲得艾美獎（Emmy award），目前仍在籌備一部關於他們愛情故事的長片。她至今仍會公開談論航海家號的唱片，那張帶著她腦波紀錄離開太陽系的唱片。人們想要聽她講這件事，因為在某方面來說，她是我們唯一的外星殖民者，她可能算是最接近永生不死的人類。

「現實是，那兩艘太空船就跟我們一樣真實，而它們正以每小時 4 萬英哩（64,374 公里）的速度，穿過這片深邃的夜空。」安說，「這對我意義深重。不管我個人的苦痛如何，1977 年春天的美將永垂不朽，至少在我們所及的範圍內接近永恆——自從卡爾死後，知道這件事始終充分安慰著我。對我而言那是極度喜悅的泉源，我隨時都想著這件事，沒有一刻不想。」

把一個真人殖民地送出地球的衝動，也滿足了一種類似的需求。一種精神上的需求。

未來／

打造一艘大到可以攜帶1百位殖民者前往泰坦的太空船，迫使設計者思考殖民者需要拋下的地球特質。支援太空航班乘客的食物、讓他們睡覺和活動的空間、讓他們呼吸、飲水並執行身體功能的機械——這些都得縮減至最小重量和體積，好讓18個月的旅程得以實現。

泰坦公司以核能潛艦為模型，研究如何打造能裝載1百人航行數月並自給自足的船隻。太空航班不需要像潛艦那樣的流線型外觀，也不需要一體成型的密封外殼，因為它始終不受限於重力，在太空中是什麼形狀就沒什麼差別。為了讓興建過程更容易，零件從地球各地送來並在太空中組合。等到了泰坦那頭，太空船的零件還可以拆開來重新用於不同功能上。

技術上具有挑戰性的部分，例如反應爐和Q驅動器的核心，最好還是在地球上組裝完成。在單一設施內生產一系列相同複製品，會提昇品質和可靠度。每位工作者的太空放射線工作曝射量限定只能佔一生中的數年而已，所以那些需要純熟優質技術者的組裝工作，要留在地表進行。

攜帶了反應爐和第一節氫推進器的船艙，其沉重的機械組合分成數個部位來到；另一個艙攜帶Q驅動器，用來收集虛粒子的巨大精細環狀體，得在太空中打造組合；貨物艙和要裝在裡面的裝備與補給，分成多個零件來到太空；乘客艙可以在軌道上組裝；登陸艙有一個分解式的指揮艙，正好大到可以把乘客們運到地表。每個艙都連接到船身T型結構上的接合點，它們的接合或分離都能各自獨立進行。

每個艙中間都有一條像是電梯井道那樣的通道穿過，但在低重力環境中，船員和乘客都不需要電梯。Q 驅動器運作時還會產生一股人工重力，足以讓包括人類在內的大型物體緩緩朝太空船運行的相反方向漂動。但船員和乘客只要一跳就可以輕易克服這種加速度效應，因此他們可以往任何方向飛行。

但他們的工作區並沒有太多可以無重力飛行的空間。扣掉其他事物所需的空間之後，殖民者在航班上的生活空間就不比潛艦船員多多少了。就跟潛艦上的「棺材」一樣，每個小隔間都包含了兩架上下三層的床鋪，還有每位乘客一組三份的抽屜。

公共區域有讓大家吃飯、集會、運動、休閒的空間，但船上沒有哪個空間大到可以讓所有人舒服地聚在一起。整趟旅行中只有一個時間大家得這樣相聚，就是太陽閃焰警報，屆時所有人會進入貨運艙的中央豎井，縮成一團避難。或者還有另一個時刻，就是所有人得要擠進登陸艙，飛往泰坦地表的時候。

在泰坦上，由率先到來的 29 位太空人加上機器人所打造的溫暖居住區，正等著殖民者們。塑膠製的住宅大樓和發電廠，都已經大到可以支撐接下來 1 百位殖民者的重量。新抵達的人們，可以和他們的接待者一起短暫搭乘機器人前往居住區並落腳。

貨物艙經過設計，得以自動降落。它將成為一個補給倉庫，直到酬載物資被清空為止。航班的穩定架構會留在軌道上繞行泰坦，準備在沒有貨艙或登陸艙的情況下再度起飛。反應爐不需填加燃料也能繼續提供能源數十年，而 Q 驅動器並不需要推進劑。當那些地表上的人們開始替下一組殖民者打造另一個庇護所時，空中繞行的航班會以自動操作方式回到地球。

太空航班又經 18 個月回到地球後，將會搭載新的酬載艙和登陸艙，準備好進行下一趟飛行。把在泰坦軌道繞行和重新進入地球軌道的時間算進去的話，太空航班可在 4 年內完成一整趟來回。若再加上政府聯盟的頭 3 艘船以 1 年為間隔出發，這整套系統剛好可以每年讓 1 百人前往泰坦。只要殖民地能讓新抵達者有飯吃、有地方住，且沒有什麼意外讓哪艘航班退出任務的話，這整個運送系統就可以持續運作。

官方殖民地計畫原本預期最初會有一整組 10 艘的太空船。現在只能使用 3 艘部分可重複使用的太空船，打造泰坦殖民地要花的時間就更長了。但買下剩下 7 艘預定航班的私人投資者要面對更大的問題，那就是官方殖民地不會歡迎他們。當初的計畫並沒有要去支援那些缺少預定技能的自由業殖民者，也沒有預計要聽從那套政府聯盟指揮架構。歷史有一條教訓是：船隻需要船長，殖民地需要工作者，而不是白吃白喝的人。

若沒有庇護所和發電廠在泰坦迎接每一組私人殖民者，那他們就得直接把乘員艙降落在泰坦上當作居住所，並把反應爐也降下來當作緊急能源。他們的太空航班會就此報廢，不可能回頭或重新使用。抵達之後，他們的食物得要撐到能打造出食物生產設備為止。減少成員可以延長食物供應並增加貨物酬載量，但這也會減少打造殖民地的工作人數。

那些計畫自行前往泰坦的人——兆萬富翁們——得進一步減少乘客座位，好替他們自己提供更舒服的居住所，以及攜帶自己的貴重物品上船。對他們來說，數量正確的食物、裝備和人數，是一個更難達成的目標。他們將得和時間賽跑，才有機會在不可替換的補給用完前，在泰坦上做到自給自足。

在航班上裝載更重的補給品，也代表更慢抵達泰坦、沿途要曝露在更多放射線之下。若不重新設計 Q 驅動器就無法增加推動力，因此質量較大的太空船加速起來要花更長時間。

每一克的質量都至關重要。冷凍乾燥食物就跟背包客攜帶的鋁箔封包一樣，能夠節省質量；脫水處理過的晚餐只要加水就可以食用；把尿液和凝結的呼吸、汗水中的廢物去除後，淨化的水就可以重複使用。至於飛航中途的慶祝大會，乘客可以期待有一餐真正的食物。但剩下半趟旅程結束後，並不會有特別餐在那頭等著，泰坦上可沒有龍蝦大餐。

如果他們不能在泰坦上自行生產食物，等到最後一個冷凍乾燥包吃完，他們就活不下去了。

當前／

載人太空飛行的發現之一，就是我們無法逃脫自身文化，而文化習慣甚至與健康息息相關。我們需要我們習慣的食物，我們得要和他人一起用餐，而且我們不能永久食用加工糊狀物。軍方也發現了這件事，因此把部隊使用野戰口糧——稱作 MREs（Meal, Ready-to-Eat）——的天數限制在 20 天內，之後就要想方法提供烹煮的食物。

「你應該聽別人説過，『只要他們夠餓，就吃得下去』。」NASA 的先進食物技術首席科學家葛雷絲．道格拉斯（Grace Douglas）表示。「某種程度上來説的確如此。如果人們餓到不行就會吃下去，但他們不會吃到足以維持體重而保持最佳狀態的程度，隨著時間過去，這就會影響他們的表現、認知或健康。」

餵養太空人的科學家，必須在好幾個互相衝突的要求中得出最佳結果。除了提供太空人想吃的餐點以外，葛雷絲和她的團隊也試著降低食物重量、增加保存期限、簡化在太空船上的料理手續，當然還有最重要的，涵蓋所有營養需求。從阿波羅號以來的任務，都能滿足這些要求，但太空人往往因為工作到忘記吃飯，或者因食物種類太少和處理方式不佳而不喜歡食物，導致體重下降。

國際太空站的太空人就吃得比較好。目前的食物系統提供了可以認出來形狀的食物和廣泛的選擇。美國側的組員，可以從包含 8 個分類（早餐、蔬菜和湯、肉等等）、2 百種食物的存糧間，以及 9 個根據個人偏好裝填的容器中，選擇想吃的餐點（俄羅斯側也有自己的食物）。這個系統確保每個成員都可以從廣泛選項中選出自己喜歡的食物，同時又獲得營養均衡的飲食。

太空人真的會喝菓珍（Tang）——或者其他牌子的維生素C粉狀柳橙汁——（譯注：人們一度以為菓珍這種即溶飲料粉是專為太空計畫開發的），但他們的食物有很多都跟地球上成年人平常會吃的一樣。配給國際太空站太空人的蝦子，看起來、吃起來、感覺起來都有如蝦子。NASA透過類似罐裝處理的高溫處理方式，來保存蝦子以及其他眾多食物，但最後不是裝進硬罐頭，而是放在彈性小袋子裡。到了吃飯時間，太空人會把一人份的小袋送進一個行李箱狀的導熱器（基本上就是爐子），撕開後用叉子吃裡面的東西。食物的加工處理控制了黏稠度，所以液體不會在無重力環境中散逸出去。至於冷凍乾燥食物包，會有另一台機器負責注入份量溫度都剛好的水。

國際太空站有一張桌子讓太空人相聚用餐，葛雷絲表示，這張桌子間接支持著太空人的健康與飲食，在心理和社會意義上都「極其重要」。因為大家飄得起來，所以就不需要椅子。桌子上有魔鬼氈把食物黏住。目前為止，這整套系統成功運作。有了平均每天3千卡路里的飲食，以及兩小時的運動健身，許多太空人保持了體重或肌肉品質。

但葛雷斯表示，要踏上更久遠的路程——舉例來說，每個人都在講的火星之旅——還有一個未解的研究挑戰。國際太空站上的食物沒辦法放太久。它們通常在製造後1到3年內就會被吃下肚。為了火星任務，而預先存放在火星上儲存站裡的食物，必須能存放5年。NASA目前產出的這份可用菜單，只有一小部分過了那麼久還能維持可口，或者還能維持完整營養價值。保存期限研究發現，有些肉可以放上5年，但其他眾多以加熱保鮮包保存的食物，到那時候已經不能食用了。

「有些營養退化的一樣快，甚至更快。」葛雷絲說。「在漫長的歷史中，維生素C一直是個難題。你聽說過水手罹患敗血症並因此喪命。而且只要有一種營養不足，就會有營養問題，而且就可以是嚴重問題。」

要餵飽所有人，有多困難？

科幻作品中，有那種只要吃一顆藥丸或某種人造產品就可以抵一頓飯的情節，但就算人們真的肯吃好了，也會有嚴重的缺點。葛雷絲表示，新鮮而完好的食物，包含了數千種與腸內細菌——每個人體內的獨特生態系統——互動的活性成份，而科學家至今尚未完全了解這些細菌帶來的好處。他們不知道怎麼做出一種藥丸，能具備新鮮食物的所有重要成分，或者具備能存放多年的食物成分裡所擁有的穩定性。我們的腸子處在遠超過 NASA 所知的科學前線。我們甚至還不知道所有那些對腸道有益的食物重要成分到底包含哪些。

若要前往火星或泰坦，食物得要做成更堅固且輕便的狀態，就可能得讓太空人吃下更高度加工過的食物，且要減少許多種類，例如國際太空站提供的蝦子。6 名太空人進行 1,095 天的火星任務，若使用國際太空站的系統，將需要超過 1 萬 2 千公斤的食物，體積超過 41 立方公尺——比 6 台福特 F-150 貨卡車還大，而且遠遠不是一個 20 英呎（6 公尺）長的貨櫃所裝得下的。為了獵戶座太空艙計畫所需，NASA 曾經給葛雷絲的食物研究團隊一項要求，要他們將食物體積降低，好讓（當初預計要前往月球且最終往火星前進的）整趟任務不需要中途重新補給。

在火星上種植作物能解決這些問題，但在探索任務中產生大部分食糧的想法並不實際。NASA 仍在計畫設置一個小型的果菜園，種植萵苣等作物讓太空人可以採收，並一週享用一次沙拉；這項工作的心理健康意義大於實質攝取的卡路里。但以「生物再生式食物生產」（NASA 對園藝的稱呼）來提供太空人大部分飲食，恐怕過於困難、風險過大，又耗費太多時間。

生物圈二號的案例就顯示了在封閉系統內生產充足食物的困難。生物圈人連在擁有地表充足陽光（比火星強兩倍以上）以及亞利桑納州電網供電的理想條件下生產作物，都還快活不下去；況且，出了什麼問題他們還能輕易逃脫。在太空中，一種作物歉收就代表挨餓。而且在太空中種菜會困難很多，因為整個系統的每個部份都得要完美地平衡且自給自足，容不得一點錯誤。除了種植物的巨大封閉區域，以及土壤等各種根部所需的媒介以外，這個溫室還需要巨大的機械設施來處理氣體、水分、廢物、原料的儲存與運輸，還有一切的循環。

我們在現有的「太空船」——地球——上進行著上述所有事，但靠著大氣、土壤與水循環的大幅度緩衝能力，暫時吸收了我們這種非永續系統的不平衡。農耕和食物處理都使用了高量的非替代性化石燃料，光憑這個因素就注定不能永久持續。整個地球的大幅度緩衝能力，讓我們一個世紀都還不用平衡因生產農作物而產生的環境問題。

在太空中種植農作物的另一個問題是勞力。科技和龐大的規模經濟，讓不到 2% 的美國人就足夠替全美居民生產食物。他們的產銷是如此有效率，以至於整個北美洲的人可以浪費 40% 到 50% 的可收成食物也沒關係。而且根據2004年亞利桑納大學的研究來看，我們還真的這麼做了。這種浪費大多發生在我們的廚房，食物實在太便宜，因此在自家開伙的人根本不在乎有沒有浪費食物。但在絕大多數居民自行生產食物的發展中國家，生產活動就花去大量時間而且十分珍貴。三分之一的人類勞動者是農人——這就超過了 10 億人——而在非洲南部和南亞，超過一半的受雇工作都是耕作。

6 人成行的火星任務就沒了規模經濟的基礎。太空人會有如地球上勉強餬口的那種農人。先不管栽培作物的工作，根據葛雷絲的團隊計算，光是準備新鮮食物，一天就要花上 6.5 至 7.5 小時。一個料理現採食物的完整系統，將需要加工手續（例如把穀物製成麵粉，或把黃豆做成豆腐）以及烹飪、上菜和飯後清理。最不需要花力氣獲得營養的國際太空站太空人，就已經把絕大部分時間都花在健康、養護和居家工作，平均一周只有 13 小時可以留給科學研究和其他與生存無關的工作。如果火星任務還有「誇口我們做到了」以外的任何目的，那麼太空人就沒有本錢把所有時間都拿來栽培作物、處理食物。

對火星科學任務來說，食物不會是大阻礙（我們前面有提到，除非有想到辦法快點抵達火星，否則成員健康便會在前往火星途中成為真正阻礙）。食物的技術挑戰獨立於其他問題，而且比較好處理。葛雷斯或其他與她類似的科學家遲早會找到辦法來生產好吃、營養、體積小又可以吃上 5 年的加工餐。同一套系統放大規模後，也可以讓殖民者一路吃到泰坦。

但當永久殖民者抵達泰坦，他們就得永續並可靠地自行生產食物。他們將面對一個和我們在地球所面對的一樣、但更為嚴峻的難題：生產足夠的卡路里來支撐所有人。人類目前使用地球所有潛在植被（稱作「淨初級生產量」〔net primary production，NPP〕）的 25%，而這數字在人口稠密的南亞地帶還要高上許多。沒有技術躍升的話，我們就接近極限了。

在地球上，僅供餬口的農耕在某些地方依舊占雇用工作的大宗，還有幾億人在挨餓。世界糧食計畫署（World Food Programme）估計，地球上每 9 個人中就有 1 個缺乏維持健康生活的充足食物，但不是因為整個世界缺乏充足食物。經濟、政治和其他惡運，都讓最貧窮的人窮到無法獲得所需食物，而要餵飽所有人的食物量其實少到有點可笑。世界糧食計畫署估計，要餵飽全球飢餓的學齡兒童，1 年的成本為 32 億美元，以美國的標準來說不算大錢。美國國會每年只為了營運一個國際太空站，就可以批准那麼多錢。

連在地球上都不夠

在 50 年前的預期中，糧食狀況比現在的實際狀況還糟很多。1960 年代末期，包括《人口炸彈》（*The Population Bomb*）的作者保羅．埃力克（Paul Ehrlich）在內的科學家與作者，都預測開發中國家在 1970 年代會出現毀滅性大饑荒。預期中的人口成長確實發生了——從 1968 年的 35 億到達 2011 年的 70 億——但饑荒沒有發生。人們靠著化學肥料、殺蟲劑、水利灌溉和高產量作物，生產出更多食物。

綠色革命（Green Revolution）為開發中國家帶來大量農業，創造了驚人的穀物收成增長，讓印度等貧窮多人口國家能夠自給自足。從人類整體來看，我們使用的淨初級生產量在 1 百年內增加了 1 倍，但人口卻增加了 4 倍，而經濟產量增加了 17 倍，而且還是有足夠的食物可吃，科技實在不可思議。但生物多樣性和持續發展性的代價也相當巨大。若不是靠著化石燃料、水源調節以及毀滅自然生態，這個系統根本無法存活。這系統奠基於消耗有限資源，就像太空船耗盡冷凍乾燥餐一樣。

我們活在地球這個封閉系統內，因為其本體和蘊藏資源都不會再增加，所以得要仰賴食物生產效率的增加才能生存。在泰坦上，情況將會類似，但更不穩定。農作物面積會受限於可在塑膠居住區內封閉加熱的範圍，淨初級生產量將受限於電力生產的光量。我們可以想像，在泰坦上能打造比生物圈二號大上數百倍的溫室，讓 1 百位自耕農像在地球那樣持續耕作，但在高失敗率和低成長機會下，那會是一種落伍到古怪的太空殖民方式。

不管對地球或泰坦，我們在食物生產上都需要一場新革命。一種不再增加有限資源使用量的革命。

聯合國資料顯示，地球每 12 年就會增加 10 億人，並預期這股成長將持續到 2100 年，使全球總人口達到 112 億人（幾乎所有的人口成長都來自非洲，而其他各大洲將維持穩定或下滑）。綠色革命期間，農產量增加了 1 倍以上，但必須在 50 年內再度翻倍，才能滿足新增人口的糧食需求以及提高人類的富裕程度。但綠色革命的效率進步已經趨於穩定，這不是因為農人沒有使用充足的肥料。從生態角度來說，全球農業整體已經讓農作所需的能量輸入達到最佳化，再增加額外的營養或水、再改良種子，或者再毀滅更多雜草昆蟲這類的競爭生物，都已無辦法再帶來多少進步。

要重新設定地球或泰坦的糧食生產限制，可能需要培育一種全新的生物。

未來／

決定放棄把第一艘太空航班命名為「五月花號」之後，支持殖民地計畫的政府聯盟再也沒辦法對新名字產生共識。但新聞主播還是需要個稱呼。他們轉而稱其為「過去叫五月花號的太空航班」。這名稱開始固定下來，但又實在太長，所以人們把它縮寫為SLFKAM，發音同「Self-Cam」（譯注：意思為自拍）。人們並不特別在乎，這件事因為殖民計畫已經不再是熱門焦點了。

當億萬富翁們買下大部分太空船時，圍繞殖民地的那股興奮與希望受到了很大的打擊。在美國歷史中，人民通常都能容忍極端的收入不平等，因為有太多的中產階級仍期望著發財。但隨著有錢人似乎打算丟下自己造成的環境毀滅災難，並撤退到私人領地或準備搭太空船離開，原先的容忍態度就開始變了。20世紀初期「進步時代」（Progressive Era）的歷史探討變得十分熱門——那段期間中產階級興起，反對「鍍金時代」（Gilded Age）的大亨，約束了他們對勞工與自然資源的剝削，並以稅收取走他們的不當之財。隨著SLFKAM的出發日接近，地球的狀態又日趨險峻，對富人的憎恨再度讓人們情緒惡劣。

除了一小群被選出來的人以外，所有人都會被丟在地球上。當幾億人正因為熱浪、飢餓、戰火、洪水和其他預示滅亡的災難而死，把幾百個人送到外太陽系的真正意義到底在哪裡？上一代人顯然把這認為是一個解決地球問題的方法。但到了現在，這個概念已經很難讓人信服。

第5艘太空航班確實有個名字，叫作「艾克森美孚泰坦號」（ExxonMobil Titan）。商業新聞把取得航班的成果，譽為該公司成功主導氣候變遷看法之後的又一項壯舉。透過商業課本的反覆傳頌，每個人都知道艾克森是怎樣一面花上數十年功夫資助氣候變遷否定者，一面暗中使用全球暖化的正確推測，在暖化的北極籌劃高風險事業。藉著散布混淆觀念，該公司得以一邊販賣改變氣候的產品賺錢，一邊從那些產品造成的變化中獲利。

公司管理人員延續那個成功策略，在洛磯山脈替自己打造了固若金湯的高牆莊園。與他們交好的國會議員通過了一條法令，讓艾克森雇用配備重武器的私人軍隊，來防衛這山城要塞。在高海拔會議室裡，艾克森美孚的管理團隊將他們的泰坦殖民地，計畫成公司下一階段成長所用的礦藏區域。在泰坦奪得財富，代表掌握了大量碳氫化合物，讓艾克森美孚資產負債表上的可開採儲量倍增。當然，這些燃料沒辦法帶回地球。這是作帳用的：新的資源會呈現在帳目上，不管它實際上在什麼地方。

討論後接著報告未來的商業威脅。一位分析師播放投影片，顯示了全球經濟崩潰時，艾克森美孚的股價推斷。管理者開始腦力激盪，希望找出解決方式：買下黃金藏到要塞嗎？不行，當社會全面崩盤時，黃金可能也沒價值了。囤積水和商品嗎？不，那太占空間了，不可能有辦法囤積到能代表公司龐大財富的程度。

打造更多太空船並把人才送到太空中？

管理者們靜了下來面面相覷。沒人真的想搬進泰坦那陰暗冰凍的大氣中，那裡沒辦法打高爾夫。他們得要好好算計，而該做的事就是沒人去做。

隨著 SLFKAM 的發射日接近，評論者以更尖酸的挖苦，解釋了這個非刻意形成的船名。隨著殖民地計畫與人類失敗的連結越來越深，SLFKAM 如今象徵了一種對文明崩毀的自拍。它站在最有權有錢的那一邊——自私的那一邊——而一開始造成這場危機的就是他們。

泰坦公司管理者察覺公眾支持度流失，慶幸自己早就完成了打造 10 艘太空航班的現金交易，這筆錢足以讓太空船塢運作好幾年。但他們也與許多人有著同樣感觸，因為他們自己也困在地球上。如果生活越來越糟，如果流離與衝突持續增加，如果體制真的崩潰了，那他們要在哪裡花這些賺來的錢呢？

總統花了點時間了解大眾的觀點，他從來不知道任何氣候危機以外的生活。他從小到大都無從避開這危機，因而跟成千上萬的其他人一樣，把殖民地計畫當做希望的燈塔。但隨著 SLFKAM 發射日逼近，他的幕僚建議他婉拒向殖民者進行告別演說的機會。民調顯示，大部分的人憎恨著殖民者，以及他們可以拋下地球難題的機會，和他們扯上關係會對支持度有負面影響。聽完幕僚建議後的那種空虛感令總統很煩惱。

當晚他獨自一人望向窗外，漆黑的海水包圍著搬到華府坦雷湯（Tenleytown）一帶地勢較高處的白宮。他思考著如今來到的局面。留守北京外圍多山地帶的中國總理，也有著類似的想法。大馬士革（Damascus）宮殿裡的中東暨北非伊斯蘭領袖，也思考著將讓整個地球與人類都失去生命的衝突與環境災害。

這開啟了低調的討論。為了起頭，領袖們決定替 SLFKAM 的出發創造一個象徵性的時刻。他們將聚在一起與它告別，但這場告別不會在航班出發的太空船塢上進行，反而要在另一個更有象徵意義的地方。

這個事件產生了他們所期望的影響力。全球最有權勢、且曾經互相敵對的各國領袖，一起站在紐約港裡某艘船的甲板上，面對著站在深及腰部海水中的自由女神，這一幕讓全世界都震撼了。自地球進入環境災難以來，人們從來沒有看過達官貴人出現在室外。

一個緩慢的文化過程早在這之前就已啟動許久。社群團體、藝術家、作家、科學家和社運人士已經建立了穿越國界的網路。北半球人的地下鐵路連結，幫助移民搬遷到地球上比較涼爽的地帶。陌生人提供的線上財務捐助，支援非洲的創業者蓋起太陽能農場，來把海水灌入沙漠。他們打造的水池很快就長出藻類作物，進而產生生質燃料和動物飼料。只要有饑民營存在的地方，人們就會開始興建牲口房和處理站，以太陽能調節空氣，生產食物和能源來販售。

一場新的農業革命，隨著新品種——多用途快速生長藻類——的出現而發動。當這種綠色爛泥把大量陽光轉化成能量和食物的同時，就把二氧化碳從空氣中帶走。農人只在晚上出來照料水田，好避開致命高溫；但他們辛勤工作，使非洲藻農業成為主導經濟變遷的中心。

政治領袖們抓住了行動的時機。在一系列會議中，他們同意刪減軍事經費，投資於保護最貧窮者免受氣候變遷嚴重危害的計畫。雖然不知道他們回去之後還能不能堅持，但他們簽下了淘汰不可更新燃料的協議。沒人相信戰爭會停止——沒人印象中有過這種事——但這種新的氣象至少讓衝突看起來沒那麼重要了。年輕人在世界各國的首都遊行，慶祝改變。那些以社群媒體供養戰場的動亂製造者，眼睜睜看著年輕無知戰士的供應鍊瀕臨即將斷頭。戰爭再也不酷了。

以前所未有速度離開地球外圍的 SLFKAM 號殖民者，帶著複雜的感受關注這些發展。他們沒能獲得前幾批泰坦組員出發時的那種英雄式送別，現在他們又以古怪的疏離感望著地球充滿希望的改變，就像退休的冷戰老兵看著柏林圍牆倒塌一樣。當然他們是高興的，但他們突然感覺自己變得渺小許多，在原本以為繞著自己打造的劇情中，成為一條分支。

隨著與地球的距離增加，網路影像看起來就沒那麼令人滿意。傳送中出現的時間間隔，代表著影片載入得很慢，而且常常跑不動（網際網路要作錯誤檢察，需要快速的雙向通訊）。SLFKAM 的乘客下載影片並在船上交換著看，好減少等待時間。

3 位殖民者吃晚餐時，在一部平板電腦上看了部影片。影片中，巨大的遊行隊伍湧過科羅拉多州波德市的街道，該市目前因為海岸難民流往高地，已經成為美國最大的城市之一。抗議者要求的改變甚至更急迫：和平與全面裁軍，給流離者更多協助，以及對有錢的個人與公司增稅，迫使他們從城堡裡出來和大家分享他們的資源。

已經太遲了，桌邊一位機器人技術員說。如果 30 年前就改變的話，地球可能還有機會。

或許不會喔，一位核能工程師說。只要社會團結，人們就能找到生路，利用科技，解決問題。苦日子可能還有幾十年，甚至幾百年，但只要人類不自我毀滅，就會有人活下來。

反正這些都不是我們出發的理由，一位工作領班說。「我們上路是因為我們需要探索。不管地球發生什麼事，為了人類好，我們都要去尋找下一步。這就是我們的全部，背後發生什麼已經不重要了。」

隨著旅程進展，消息來源也逐漸枯竭了。影片下載速度慢到根本沒什麼人在乎。乘客們不再看那批還在流通的過時新聞影像，他們轉而觀賞自己帶來的五花八門電影。他們不再滿腦子想著船艙外的事情，如今有 1 百人在船上，他們就擁有了一個完整的社群，有許多情事和紛爭可以拿來八卦，而且他們的心思，也被技術工作以及在個人狹小空間內保持全神貫注警戒等事項所占據。當來自泰坦的訊息送達時，這項消息吸引到的注意力已經超過了與地球的通訊。

地球從太空船後照鏡裡消失了，殖民者也不復存在地球大多數人的心中。

當前／

針對氣候變遷最糟狀況的研究，花了很長一段時間才順利起步——超過一世紀。斯凡特·阿瑞尼斯（Svante Arrhenius）根據 1890 年代二氧化碳排放引起的溫室效應，首度預測了全球暖化。1960 年代在極早期電腦上運作的氣候模型，以及 1970 年代一個更為複雜的立體模型，產生了日後被證明無誤的氣候暖化模式預測。艾克森的科學家在 1977 年就把此事告訴了管理階層，普羅大眾在 1980 年代中期開始察覺此事，而第一個減少二氧化碳排放的國際協定——京都定議書（Kyoto Protocol），在 1997 年才簽定（而且沒有強制效果）。

只有兩位科學家在 2010 年計算出最糟的情況。其實，把研究模型用於「包括人類的哺乳動物能忍受多高溫」的可靠數據上，結果其實比你想像的要簡單太多。史蒂芬·雪伍德（Steven Sherwood）和馬修·胡伯（Matthew Huber）發現，如果把我們現有的可燃燒化石燃料量全部用掉的話，地球會熱到無法讓多數人延續目前過的哺乳動物式生活。光是燒掉一半，可能就足以達到這點。

但末日預想早在這之前就已經產生了。大衛·巴提斯帝（David Battisti）和同事在哺乳類與人類研究結果出來的同時，也發表了農作物方面的研究發現。他們使用最有可能的預測模型，而不是極端模型，最後顯示出到了 2100 年，熱帶幾乎無時無刻都會比現在最熱的那幾年還熱。而在現今最熱的那幾年裡，我們已經見識過大量的農產損失和熱浪帶來的死亡。

啟示錄的四騎士

任職普渡大學（Purdue University）的馬修，最近在斯德哥爾摩的一場會議中呈現了「地球將有一半會變得無法居住」的研究結果，同時也思考了這件事。

「我針對所有人類及哺乳類怎麼死，提出了標準說法。」馬修說。「然後華盛頓大學的大衛．巴提斯帝很快就接了下去說，『別擔心預計中會在 2300 年死於熱衰竭的哺乳動物，因為牠們早就因為農耕植物更早全滅而死光了，本來就沒有任何動物可以吃的東西剩下。』我認為這是個有根據的論點。」

「我一直把這稱為啟示錄的四騎士。接下來會發生的事情並不太像是每個人都死光。會發生的是饑荒、傳染病、戰爭、各種衝突，以及文明社會的崩壞……就只會是壞人對好人做壞事，直到沒有好人。我猜那會有點像《瘋狂麥斯》（Mad Max）的劇情。」

他把地球環境變成《瘋狂麥斯》電影場景的可能機率放在 10%。大氣層的二氧化碳要達到那個程度，代表接下來 50 年都如此照常排放。有鑑於過去我們早就知道這問題卻還是照常排放了三、四十年，那樣的結果絕非無法想像。

「確實需要幾十年才能成為這個非常非常糟的情況。」馬修表示。「如果我們能走向一條不同的路，那我就很確信我們可以避開這情況。」

但我們會選擇不同的路嗎？你的猜測就跟任何科學家差不多。氣候變遷中，不確定性的源頭一直是人類抉擇，而不是氣候本身的物理反應。針對多年狀況進行物理預測的信心水準，已經超出了我們做出重大抉擇（好比決定經濟政策或法院案件）所需的程度。但預測減少碳排放的人文因素，必須仰賴政治學和社會心理學，而其結果總是讓一流專家都跌破眼鏡。

我們已經在沒有積極採取有效行動的情況下，經歷了很多不可的變化。我們排放的二氧化碳會永遠存留在大氣層，而這是對人類意義深遠的期限。大氣層的二氧化碳濃度，從工業時代前的 280ppm 飆升到今日的 400ppm 左右，並以每年 2ppm 的速度持續增加。我們已經看到很多有害的影響，如冰河與永凍土融化、海冰消失、乾旱增加、熱浪與大火、風暴強度增加、海平面加速上升、生長季節與自然環境範圍變化等等。影響的出現晚於排放，所以更劇烈的變化已經無法避免。

仍有希望的是，2015 年 12 月的巴黎高峰會上，每個主要碳排放國都承諾降低排放量，這是史上頭一遭。雖然還不夠，但這已是人類史上第一次全世界都往同一個方向努力。

碳減量要靠各國和平來維繫，而氣候變遷是戰爭的一大推手。物理科學已經發現了暖化會引發更多連鎖反應，但是碳與衝突的社會科學連結，可能才是最強大的推力。

太空殖民也與氣候問題有著同樣的多層次連結。從明顯的層面來說，地球可居住性的下降會影響離開它的欲望。但是，碳排量控制及殖民泰坦也與科技有所連結。讓殖民地得以成真的科技進展，或許也可以協助拯救氣候。

殖民地與地球都需要的東西

泰坦上的殖民者會需要更有效的光合作用。在缺乏可用陽光的情況下，他們得從電能光源下生長的生物取得卡路里。我們已經知道，就算有充足陽光，在封閉居住地內生產充足食物還是十分困難，而人工光源會讓難度加倍。有鑑於光合作用將光轉為可用食物的低比率，室內殖民地生產食物所需的封閉空間和能量需求，都會非常龐大。

在地球上，人類也需要更有效率的光合作用來改善環境。綠色革命的極限已經近在眼前。生產方式若沒有新的躍進，地球可能就無法再依照我們當前的習慣方式來餵飽每個人。我們也需要一種新燃料用於運輸，尤其是航空的石油燃料，必須要以高能源密度的碳中和液體燃料來取代——太陽能飛機有可能出現，但只能用於次要用途。照在地球上的陽光有著充足能源，可以推動我們所有的車輛與飛機，還能餵飽我們，但前提是我們得找到一種更有效率的收集方式，並能將其轉換為液體或固體形式。

太陽能板早已提供了遠比植物更有效率的陽光能源收集方式。光子打在矽上會把電子撞離，形成電流。你可以買來裝在屋頂的那種太陽能板，現在能夠提供的效率已經有相當不錯的 13% 至 20%，意思是說，打在板子上的光能，有那麼高的比率可以變成電力。這種效率要和現有的電網競爭已經綽綽有餘，但它們無法產生燃料（最接近的東西是勞倫斯伯克利國家實驗室〔Lawrence Berkeley National Laboratory〕的有趣成果，使用太陽能進行電解產生氫，然後餵給細菌來結合二氧化碳產生甲烷）。

樹葉與藻類的燃料產生流程要複雜許多，而且在不同物種與棲息地中各異其趣。光合作用透過演化產生，但這是一種「殺手級應用程式」。目前沒有哪個人類設計者能夠想出比光合作用還要好的方法，來從陽光與大氣二氧化碳製造固體燃料。聖路易斯華盛頓大學（Washington University in St. Louis）的教授羅伯特．布蘭肯希普（Robert Blankenship）從 1970 年代還是研究生時，就開始試圖找出光合作用的化學原理，但植物的秘密至今仍未完全揭曉。

光子將能量賦予碳與氫原子的鍵結而形成糖分子，就是生物圈的基礎材料，也可以以化石燃料的形式，將能量儲存數百萬年。把這些化學鍵結打開，就會釋放出儲藏的能量，就好比燃燒有機材質、動物消化有機物，或者腐化過程。這系統幾乎推動了地球上所有的生命，但一般來說，這過程擷取的太陽能，其實還不到太陽打在任何植物上能量的 1%。但就目前來說，這 1% 已經足夠了，因為地球很大而且太陽很亮，植物綠化了地球，同時把接受的陽光浪費掉 99% 以上。

羅伯特和該領域其他研究者在植物的光合作用化學中辨認出一系列的能源喪失。植物化學無法承受太強的光照，所以葉片會在正午日照強烈時釋放多餘的能量。光合作用仰賴一種稱作「核酮糖－ 1,5 －二磷酸羧化酶 / 加氧酶」（Ribulose-1,5-bisphosphate carboxylase/oxygenase，通常簡寫為 RuBisCO）的酶來固定碳原子，但這種 RuBisCO 也會和氧起反應，而浪費掉植物接收的大部分光能。植物的其他問題，還包括它們在細胞之間傳遞二氧化碳的方式、使用不同波長光線的方式，以及其他只有化學家了解的問題。

演化做不到的事

演化不會打造完美的生物，只會產生堪可繁殖的物種。光合作用並不完美，是因為有「高效率能量捕捉與儲存」以外的其他因素，決定了植物繁殖的成功。舉例來說，一株能在弱光下行光合作用、並在正午釋放能量的植物，可能會在茂密的森林或草地上獲得競爭優勢。RuBisCO酶可能是在地球氧氣不足，而使光合作用不需什麼代價時發展出來的。大部分的時候，植物都不是因為能源效率的限制才達到生長極限，它們碰上的問題通常都是缺乏水和營養，以及颱風、洪水、熱浪等破壞性物理狀況，或者和其他生物的競爭。

但人擇、生物科技和綠色革命把那些問題解決了。農場作物通常都能得到充足的營養和水；育種和遺傳設計，產生出能抵抗乾旱或洪水的植物品種。農人會消滅與作物競爭的雜草和害蟲。植物如果沒有更好的光合作用就不會有進展，但如果它們可以打敗這最後一道障礙，食物生產的大幅躍進就有可能發生。羅伯特告訴我們，這其實並不遠。

「你可以輕易地把一般光合作用的效率加倍或加上兩倍。搞不好那還太保守。」他說，「如果你能把光合作用的效率加一、兩倍，並把那些力量轉移至農作物，那將會非常非常重要。差不多會是第二次綠色革命。」

修改生命的化學過程，可以把光合作用的效率增加到12%——那是羅伯特和同事們在考量了不可能改善的問題（舉例來說，不少光線不可免地從植物表面彈開）後，計算出來的理論上限。對太空殖民地來說，這樣的技術可以代表植物或藻類需要的空間和光量都可以減去90%，而這有可能是技術能否實作的關鍵差異點。

但傳統育種方式沒辦法長出那麼有效率的植物。科學家得要在實驗室編改基因，才能產生他們需要的化學作用。那樣的工作目前已在進行。舉例來說，有些熱帶植物對 RuBisCO 酶問題有聰明的應變方法，可以轉移到農作物上。羅伯特說，這項研究充滿挑戰與不確定，而且需要更深入理解化學與生物學，但他能預見成功的到來。

比基改更「好」的選擇

有一組團隊正在走更根本的途徑。生物科技企業家克萊格．凡特（Craig Venter）多年來一直嘗試從頭打造一種新生物，他設計了先進的光合作用型態來生產生質燃料。2010 年，他宣布成功創造了一種擁有人工設計基因組的自我複製生物。他的團隊在 DNA 的氨基酸編碼上，編寫了生物的基因組並將其注入細胞，還成功存活了下來。為了證明這點，研究者把他們的名字寫在生物基因上，每次繁殖時都會複製這份名單。

從頭打造新生物只是克萊格計畫的一步。更大的目標是設計有用的生物，在活著的複製細胞內建立化學工廠。2009 年，艾克森表示將投資克萊格的公司「合成基因組學」（Synthetic Genomics），以尋找能在可競爭價格下產油的天然藻類。在花費 1 億美元以及 4 年時光後，克萊格的結論是，只有全新設計的藻類可以做到這點。

在本書撰寫時，「合成基因組學」已經沉寂多年，沒有發表過成功消息。但共同創辦人璜．恩利奎茲（Juan Enriquez）告訴我們，隨著公司開始生產能長出一般原料的人造細胞，突破很快就會到來。過去幾年，一種稱作 CRISPR（譯注：這是一種古菌的免疫系統，可以干擾 DNA，全名為「常間回文重複序列叢集」〔clustered regularly interspaced short palindromic repeats〕）的處理方法橫掃了整個領域，讓這種基因剪輯大為簡化且加速。我們可以合理預測，不管是傳統農作物，甚至可能包括藻類，解決高效率光合作用的難題已不再遙不可及。

如果這些進展成真，植物們有可能可以餵飽全世界，但也可能不行。反對基因改造生物（genetically modified organism，GMO）的聲音相當強大，而且妨礙了新植物品系的發展，即便某些案例中，基改作物對窮人有明顯的助益；一種在維生素 A 上改良而能減少兒童失明的稻米，至今仍卡在實驗室。但如果某些反對基改生物的論點可能有爭議，那麼為了最大食物產量而改變地球所造成的不安，就反映了一種真實的善意平衡。舉例來說，基改種子讓美國農人消滅農田中的馬利筋，增加了作物但加速了帝王蝶的減少，因為牠們會在馬利筋上產卵，幼蟲也以此為食。一個成為人類完美食物機器的世界，可能在其他方面都會貧瘠太多。

文化決定的「不環保」

地球的糧食問題可以有一種以上的解決方式。如果我們減少浪費食物並消費較少肉類，就可以養活更多人；我們可以吃藻類，它們把陽光轉為可食用卡路里的效率更勝於陸地植物；我們可以吃昆蟲，牠們生產動物蛋白質的效率勝過牲口。

但就如 NASA 食物研究者所發現，是文化決定了我們要吃什麼。我們從小就學習自己的食物偏好，因此即便餓著也不吃不喜歡的東西。此外，當人類更富裕之後，就會食用更多肉類並浪費更多食物。科技追隨著文化，想辦法讓我們得到自己認為需要的東西。在一個比較好的世界裡，文化可能會改變，讓更多人願意分享財富而不是累積財富，但除非這件事成真，否則科技應該還是會踏上追求更多物質的道路。

不管地球發生了什麼事，泰坦上的殖民地都將需要生物科技和非傳統食物。讓我們試著用數字來說清楚：美國食物系統大約使用 1 英畝（4,047 平方公尺）的土地養一個人（這是個粗略的近似值，在飲食類型和土地地點上都非常寬鬆）。就大小而言，一個美式足球場就比一英畝大一點；要在外星球上密封這樣一塊空間可不容易，而殖民地得要餵養上百甚至上千人。華盛頓州埃弗里特（Everett）的波音飛機工廠長期以來都是地球上最大的建築，面積為 98 英畝。

我們主張，泰坦上的能源幾乎是無限的，但以傳統方法生長充足食物所需的電能光源量會非常驚人。每日需要攝取 2 千 7 百卡路里的人體，一小時就要燒掉 130 瓦。以目前的光合作用與照明系統效率來看，你每給人體一瓦，就需要 1 千瓦的能量。就算電力不計成本，用來產生那麼多光照的裝備也會非常巨大。

等到我們能去泰坦的時候，或許已能改進植物光合作用效率和光照效率。我們可能會找到把藻類與昆蟲處理成可食用食物的方法，藻類和昆蟲可以在完整密閉的系統中生長，以讓空間獲得最大使用的效率。我們可以偶爾吃合成肉，或許配上真正的沙拉；我們或許能用 1 英畝的密閉空間養活幾百人。

但要讓那成真，泰坦文化就得與地球往不同方向發展，那就需要有不同品味的人口登上泰坦。

CHAPTER 11

「從地球出發」

1985 年，有兩個人現身阿拉斯加大學安克拉治分校（University of Alaska Anchorage）某歷史教授的辦公室，詢問有關建立太空殖民地的問題，這場面看不出與太空有什麼關連。這間辦公室坐落在一棟沒啥特色的校園建築物內，對著滿是白樺與雲杉的北方森林。史蒂夫．黑考克斯（Steve Haycox）一臉的鬍鬚修剪整齊，被書本包圍著，看起來正符合他的歷史教授身分。不過，雖然史蒂夫對太空了解不多，但他確實懂殖民地。他從俄羅斯與美國殖民地的角度，對阿拉斯加研究頗深。

「（他們）找上我可能是因為阿拉斯加沒幾個人聲稱自己懂一些歷史，然後他們就説，『好吧，這裡有沒有什麼可以當作月球定居點的參考呢？』」史蒂夫回憶道。「而吸引到我的就是月球定居問題。」

阿拉斯加不太像月球，但早期殖民定居確實拓展漫長的補給線，進入一片聯絡困難、需要技術才能存活的惡劣環境。維他斯．白令（Vitus Bering）得先用雪橇把造船材料拉過整個亞洲，才能打造船隻並於 1741 年出海尋找阿拉斯加，因為東西伯利亞沒有精煉鐵。在俄羅斯占領阿拉斯加的年代，西特卡（Sitka）成為北美西岸最大的城市。在美國買下阿拉斯加之後，1898 年的淘金大隊創造了神奇的機械，把他們的探勘裝備拉過海岸山脈，進入內陸。你今日仍然能看到那些穿越奇爾庫特隘口（Chilkoot Pass）、綿延數英哩的巨大升降台車遺留下來的巨大引擎和鐵架。他們的發財之旅大半沒有結果，但他們確實添加了阿拉斯加的人口。

太空是終極的邊疆（寇克艦長也這麼說過），而阿拉斯加則是美國最後的邊疆（根據車牌來說）。1985 年，上述思考在一個重要的聯邦政府委員會中激發了一場討論，並決定派遣研究者去見史蒂夫．黑考克斯。那是一個航太信心滿滿的時代，太空梭計畫依舊雄心壯志。NASA 太空站預計在 8 年內就會完成（後來國際太空站實際上又花了 25 年才建好），挑戰者號事故尚未發生。當時正在擴充軍隊的總統雷根許下了宏願，打算發射可以擋住蘇聯飛彈的太空防護罩。

阿波羅時代的 NASA 前署長湯馬斯．奧騰．潘恩（Thomas O. Paine）曾經領導總統委任的委員會來規劃前往太空之路，設下頗具野心的科學目標，並要求投資以創造一個太空工業來完成外星殖民地的目標。其中成員包括第一位登上月球的尼爾．阿姆斯壯，第一位完成太空漫步的女性凱薩琳．蘇利文（Kathryn Sullivan），第一位以超音速飛行的查克．葉格（Chuck Yeager），以及其他眾多科學明星。史蒂夫來到華盛頓的一間旅館，與其他專家一同準備向該團體說明自己對殖民地的看法。

過於積極，可能不是美德

最終報告在今日讀來頗為哀傷。報告在翌年，也就是 1986 年太空梭爆炸帶走 7 位太空人之後發表並獻給他們，其中摘錄一句雷根在悼念會上的致詞：「未來不屬於怯懦的人，它屬於勇者。挑戰者號的機組員將我們拉進未來，而我們將持續追隨他們。」但實際情況不是這樣。為了實行委員會大膽的建議，報告中要求發展出來的科技包括：太空飛機、便宜可重複使用的火箭，產生水、空氣和食物而能自給自足的太空生態圈；能夠發射的電力推動力、太空核反應爐、太空纜索和人工重力等等，30 年來僅有極少數達成目標。

當領袖走得太前面而遠離部隊時，大膽就不是美德了。史蒂夫．黑考克斯對委員會報告時，似乎察覺了這一點。他告訴他們，月球上可以預見的、那種徹底自給自足並裝滿 NASA 太空人的殖民地，並沒有什麼可以從美國西部學習，的地方那比較會像是南極洲的前哨站。

「我人在華府，站在這群真正知道自己在做什麼的人們面前，以 10 或 15

分鐘的時間告訴他們說，我不認為這兩者之間有相似關係。」史蒂夫說。他記得，凱薩琳．蘇利文點了點頭。

委員會的天外奇想確實有在最終報告裡被提起。文中要求私人產業加入政府的小行星採礦行動，並打造「一條前往太空的高速公路」。但那些含混的希望仰賴一種全新的基礎工業，一種在政府合約、衛星發射之外，在太空中賺錢的方式；從來沒有過這種工業。

但史蒂夫也告訴委員會，更宏觀的、開發太空的社會故事，確實符合美國西部的範本。不是那種我們會從愛情小說和電視節目中獲得的印象；那種自力更生、隨意馳騁版本的西部故事，只是幻想罷了。今日歷史學家們所知道的西部開發史就是一個政府計畫，跟太空計畫一樣。

放眼過往整片西部，美國政府始終都支持著大型投資者可以賺錢的開發。美國國會補助大量免費土地，獲得美西鐵道作為回報；在阿拉斯加，政府的角色甚至更為吃重，它簽了支撐整個經濟的支票。即便到今日，聯邦預算支出仍直接或間接用在阿拉斯加三分之一的工作上。

「許多人曾走出去嘗試，並發現他們沒有聯邦支援就做不了大事。」史蒂夫說。「讓西部成為持續可定居地的，不只是誰住到哪裡的小屋這樣簡單，要的是基礎設施……沒有聯邦支援，那些都不可能實現。這還持續在阿拉斯加進行著。」

聯邦對第一階段殖民的支援，有一份規則章程。如果沒有一個政府系統，殖民地什麼事都很難達成。當美國於 1867 年買下阿拉斯加時，美國人湧入唯一的大城鎮西特卡尋找機會。但美國國會並沒有讓居民社群獲得任何法律依據，因此當鎮民想要收稅營運學校，納稅人其實沒有理由要付；況且，居民也沒辦法賺錢。幾年內，這個城鎮就衰竭殆盡，大部分的新移民都離開了阿拉斯加。

「人們前往美國西部不是為了變窮。」史蒂夫說，「他們想改善生活條件，結果你猜怎樣？改善不了生活的 50% 居民都回家了。」

孤單的淘金者穿越阿拉斯加荒野尋找金礦，就像科技新創公司希望快速發財一樣，大部分的人也是在尋找某種可以快速賣給大公司、讓它們進一步開發的東西。他們對政府的基本要求，是一套在人跡未至的荒野中登記採礦地點的系統（原本就生長在阿拉斯加的住民，則有著截然不同的所有權概念）。

聯邦採礦法讓探礦者可以創造自己的官方當局。新領域內的探礦者將可成立一個委員會，以投票成立一項採礦權，並選出一名書記員作記錄。委員會也掌管了刑事、司法，如果某人被指控犯罪，委員會可以聽取證詞，並投票決定裁決和處罰——因為沒有監獄和獄卒，唯二可行的判決就只有驅逐和死刑。

如果有人發現大量黃金，登記在書記員處的所有權就可以出售，其他人會衝向該處，在新礦脈上尋找更多黃金或工作。一個城鎮會快速出現，有了代理警長、監獄、酒館和教堂；接著在幾周內就會出現服裝店、帽店、牙醫、報紙，以及任何商店街上才有的東西。如果黃金沒了，所有人都會離開。

淘金熱潮的跟隨者一直用或大或小的騙局互相詐欺，但生死槍戰或類似的個人暴力事件，其實比我們聽說的還要稀少。組織性的團體暴力比較普遍，通常發生在白人與美洲原住民之間，或者工人與老闆之間，而往往有一邊有政府撐腰。在阿拉斯加，幫派團體在鐵路沿線彼此廝殺，發生在瓦爾迪茲市（Valdez）附近奇士頓谷（Keystone Canyon）的戰鬥中，甚至包含一場致命槍戰。

讓這一切發生的是各家公司。打造基礎設施的高額成本，讓阿拉斯加開發在規模上堪比前往太空。穿越冰封山岳和大片無人地帶的鐵路、油管，其鋪設成本只能靠充足密集的資源來回收。當主要資源計畫完成——而且達成的只是眾多計畫裡的一小部分——政府以及能進金融市場的大型投資者，就會把錢送來。

約翰·皮爾龐特·摩根（J. P. Morgan）和古根漢（Guggenheim）家族，以及當時的全球首富們，替阿拉斯加豐沛的肯尼科特（Kennecott）銅礦出錢，外加工人生活的城鎮以及群山間兩百英哩（322 公里）的鐵路。他們對阿拉斯加的寡占預想，在 1912 年總統選舉中成為熱門的政治問題。伍德羅·威爾遜（Woodrow Wilson）勝選後，便在第一次國情諮文中要求阿拉斯加興建一條國營鐵路。美國國會付了 7 千 2 百萬美元，以當時全聯邦支出為 7 億 3 千 5 百萬來看，可說是天價（若以占預算之比例來看，鐵路是當今 NASA 花費的 20 倍）。

從開發西部學到的事

由從這兩條鐵路的命運不難看出，私人和公部門追求太空發展時也會遇到相同的狀況。

肯尼科特的銅礦，據說豐富到光用第一車的價值就付清了整個計畫所需要的全額。但接著礦價下跌，投資者很快就關閉了礦場。難以置信的企業鎮居民連餐桌上的盤子都還來不及收，就跳上最後一班車離去，丟下荒野中被遺棄的鬼城迎接未來的數十年；工人還把鐵軌拆下來當作廢料賣錢。

這可不是太空殖民的永續模式。

聯邦政府建造的阿拉斯加鐵路，在不管有無實際需要的情況下開工了。鐵路支持者表示這會刺激開發；他們想像沿線會湧現新農場、新礦場，卻沒有考慮到經濟原理，而這想像到頭來也沒成真。鐵路倒真的讓安克拉治誕生，但那只是因為聯邦政府從頭打造了這城鎮，並透過鐵路工作來建立其經濟命脈。鐵路在起初的 20 年中嚴重虧損，每年都得由國會挪款補貼。

在大蕭條時期，羅斯福新政（New Deal）的掌管者集結了全美的失業農人，落腳於安克拉治北方鐵道的新農業殖民地。這個計畫也沒有特別成功，但帕爾瑪商會（Palmer Chamber of Commerce）每年六月依舊會慶祝殖民日。

這個模式有一部分來自鄉愁。史蒂夫表示，因為新社群會尋求自己的身分認同，所以第一代殖民者的慶祝活動總是很快就發起。在酒館和教堂之後，律師和花店也會來到新殖民地，接著就是歷史學家了。

「我是有點愛開玩笑，不過當地文史協會可能真的是第三或第四個在那裡建立的機構。」史蒂夫說，「文史協會提供的是一種真實性。它讓文化脈絡有了真實性。它會說，好的，先有了來到這裡的人，他們就像我們一樣，而我們也像他們，他們是英雄。」

就算殖民地有了自己的歷史，它仍會有很長一段時間只是母國的文化產物之一。居民們擔心他們的社群能不能迎頭趕上母國，因為本土認同而獲得自信的過程往往要歷經數代來建立。美國的藝文發展到 19 世紀末都還沒擺脫歐洲的範疇，史蒂夫說，西雅圖到 1960 年代都還沒能丟掉那種鄉村式的防禦心。

「其實早該如此。」他說，「但這還沒發生在阿拉斯加，短時間內恐怕不會發生。」

在主導殖民地的開拓時，政府通常會犯錯並浪費資源，因為決策者花的不是自己的錢，但這也使政府能進行超越任何個人利益的計畫。財務上來說，阿拉斯加鐵路是一場大失敗。但這條鐵路幫助美國在第二次世界大戰獲勝，並促使安克拉治誕生。爭論這些結果是好是壞沒有意義——好壞要看你抱持的觀點為何。不過教訓是很明顯的，**有政府在背後設下規則並負責付帳，殖民的效果最好**。

未來／

成為先驅並住在泰坦的那幾年中，最先抵達的 29 位殖民者成了一家人。他們熬過了第一位指揮官自殺、一艘補給船損失、早期物資短缺等種種打擊，還在困難與不確定中打造了自己的糧食系統。每次抵達的 6 人都有自己的一套指揮架構，但每次殖民者對新同事的特殊技能與力量產生尊重時，都鬆動了形式上的階級之分。他們依賴彼此，手握所有人生存命脈的，不只是維生與糧食小隊，還有營造組和維修組、支援他們的機器人學家，還有讓各種東西運作起來的 3D 列印與機械組員。

在泰坦上，殖民者可以用身邊的原料製作塑膠。有了 3D 列印機，他們製造出一套裝備，可以用鑄模或壓製把塑膠做成任何形狀，運用在各種用途上。他們壓製了大捲大捲的塑膠薄片，用於平台上方的泡狀外層。裡面溫暖而飽含氧氣的空氣，產生了過剩的浮力，讓有彈性的建築物維持挺立。塑膠製的屋頂與牆，因為溫暖的內部大氣的升壓而隆起。有了多層同心的塑膠讓空氣密閉於內，建築物內部得以和泰坦的嚴寒隔絕。

巨大的結構很快就建立了起來，讓殖民者想做的所有事都有了充足的空間，包括大型私人住所、有標準賽道的多功能體育館，以及能安置草地、花朵和動物的公園。但他們沒有帶花草或動物來，所以那塊空間依舊等待著太空航班上的新殖民者。

殖民者渴望著任何塑膠以外的觸感——木材、岩石、毛皮、血肉等等。塑膠光澤和塑膠質地已經麻痺了他們的感官。他們把手伸向任何活著或未處理的東西，像是用來補充藻類與昆蟲合成口糧的水耕新鮮蔬菜；他們也把手伸向彼此。

即便到處都是室內空間，他們大部分時間還是聚在小而陳舊的公共休息室，也就是一開始機器人替頭一批殖民者準備的居住間。他們稱那間為起始間。許多日常公事，以及每週的用餐、遊戲和即興演奏聚會都在這裡進行，起始間也是第一場婚禮和臨盆宴會的舉行地點。

當接下來的 1 百位殖民者搭著 SLFKAM 抵達時，他們把在泰坦上遇到的 29 位奠基者當成了偶像。SLFKAM 的指揮官本來應該要負責管理殖民地，但他察覺泰坦的先鋒們知道太多不讓他們做決定的方法。舉例來說，先來的這批人搞定了建築物塑膠圓頂凝水的難題；人類呼出的水汽碰到寒冷塑膠頂就會變成水或冰，等到 1 百位新殖民者進了這間替他們準備好的宿舍，裡面很快就會開始下雨，但先來的這批人知道如何調整自己設計的系統，來捕捉並循環這些水滴。

起初的 129 位殖民者發展出一套統治系統，又由接下來抵達的 1 百人將其正式化。最初這批人維持了自己的特殊地位，決定計畫要怎麼進行，就像區域劃分兼都市計畫委員會一樣。他們解決了新的開發紛爭，很快地，殖民者們把其他紛爭也帶到他們面前，所以原本的這批人就變成了法官。

太空船的官方指揮者也扮演了重要角色，因為他們控制了來自地球的補給品，包括武器。他們起了軍事與物流指揮的作用。

但殖民者這個群體，該要針對影響生活的問題替自己發言。這個團體小到可以進行全員出席的市民大會，但也組成了委員會，好來更有效地決策。一個充當某種執行委員會的常務委員會開始運作，其主席則是召開整個市民大會的領袖。

這種三權分立的政府進展順利。當執行委員會匆匆記下整個系統的運作方式，好向新抵達的團體解釋時，那些筆記就成了基礎文獻，就像泰坦的大憲章（Magna Carta）一樣。

原本的殖民者和起初三班太空航班的 3 百人，按照預期計畫組織了他們的社群。政府的殖民計畫很完整，準備好面對 4 號船到 10 號船上的其他人以及私人太空殖民者。

泰坦殖民地是個小鎮。充氣的塑膠走道把大型公共建築和整排各人住家連結起來。機器人持續往返於礦場，機械仍在那頭裁切冰塊，並從地表吸入碳氫化合物，產生殖民地需要的溫暖和氧氣。殖民政府將某些地方和資源指派為公共財，包括讓所有人活命的基礎設施，並把其他地方分派為私人財產，個人可以自行開拓或運用。然後在那之外，泰坦其他地方都無人擁有、無人控制——看起來似乎無限大，所以不用去煩惱。

殖民地的經濟正在萌芽。每個人都替殖民地工作，做著過往各自受訓的工作，並因此獲得食物、住所和能源回報。但在空閒時間裡，有些人開始做其他工作。一個園丁在家裡多蓋了一個房間，種植可以交易的蔬菜。一位廚師每天上菜，一開始是替朋友做，然後是提供伙食，直到以物易飯。

一位化學家將藻類發酵產生乙醇，並以各種成分添味，作成伏特加、威士忌和葡萄酒來賣。小塑膠瓶裝酒變成了一種貨幣形式，因為它們堅固耐久，而且和絕大部分貨物不同的地方在於，這種東西不是殖民地免費可得的。新開的酒吧和夜店都是自帶酒瓶，但你給音樂家和服務生的小費都是小塑膠瓶裝酒。

這個小鎮絕大部分的生活都是公共活動，只有剛好足夠的自由項目允許個人參與。但私產制已經上路了。

下一艘太空航班的擁有者——第一位從泰坦公司買下私人航班的大亨——過去在地球上靠著觀察人們行事、再計算自身作法而致富。當他計畫自己在泰坦的登陸時，他就研究了殖民者們最想念地球的什麼事物，然後根據這一點來打包。他的航班剛剛好就降落在被殖民者指派為殖民地共同財產的邊界外，並宣告自己得到一大片不動產的所有權。

殖民地軍方指揮官已經準備好保護自己的資源。他們指望新來者用光補給後前來乞食。但私人航班的組員幾乎都不進入殖民地；相反地，殖民者開始朝外移動。

大亨有東西想賣，一些不是塑膠製的真貨，這讓殖民者想起了老家。白蘭地、香水、棉織品、舊書、小貓。要買這些東西，殖民者需要錢。

大亨也提供了錢，但他們要錢的話就得拿東西賣他，例如打造發電廠或庇護所的專業，或其他有價值的貨品，例如從殖民地拿來的原料。殖民者們帶著食物、藻類反應器和塑膠壓製機的零件，以及其他種種裝備前來。

殖民者帶來賣的東西，當初也沒有付錢購買。除了小塑膠瓶的以物易物外，殖民地還沒有支付系統。由於沒有人私自擁有維生所需物，使用這些裝備也沒有限制，殖民者就覺得可以隨意拿去交換。但當大亨開始從殖民地成員身上購買殖民地的貨物和資源時，殖民地就開始失血了。為免分崩離析，殖民地得開始把所有東西都標上價格。

當市民大會討論如何對應新的經濟型態時，殖民者並沒有全體出席。有些人放棄了自已家，搬到大亨不動產上的新市鎮，買下大片土地，並打算靠自己的事業或支薪工作來賺錢。他們認為自己不該只替殖民地工作、跟大家吃一樣的伙食。

會議上，有些人說殖民地應該堅守至今運作良好的公社系統。這是一個人人平等擁有且無人挨餓的共享式烏托邦。他們只要把接觸新來者訂為非法行為就好。但大部分人想要更多。他們親眼看見某些人多麼快速地致富。他們想要有買賣的機會，想要各自為政。經過投票後，殖民地的共享公共資源將成為殖民地成員的財產。為殖民地工作的人將被支付薪水，每個人都得開始購買食物和能源。

許多生意開始出現。在爆發的經濟之下，薪水非常優渥。殖民地自己的事業無法留住足夠的工作者，巨大的溫室、發電廠和礦場都私人化，做為企業經營。在快速的變遷中，當初花了地球數十億的公共設施以低價賣出。與執委會成員或有內線消息的官方交情甚密者，獲得了見不得人的甜頭交易。隨著幣值嚴重波動，投資客瘋狂投入能快速獲利的大型資產——機器人大隊、水礦、儲藏大樓。大亨和他的同行者利用他們至高的財富，不僅興建著自己的新城鎮，還把最初的殖民地也買下一大塊。

很快地，泰坦殖民地以資本主義社會模式平穩運作下去。政府替官員徵收小額稅金來維持和平，但大部分的服務都是由私人生意提供。大亨住在巨大的塑膠豪宅裡，在僕人的服侍下享受奢華。原本的殖民者追憶著早期的苦，但仍享受著可以出外用餐看表演的生活；原本的房間變成了博物館。一個歡迎新成員加入、有如地球上國家一樣的社會結構如今終於出現了。

同時地球的支援仍持續送達——航班再度往返地球，帶來更多定居者和公共補給。

下一艘從地球出發前往殖民地的私人航班，就是「艾克森美孚泰坦號」。這艘船的船長在公司奢華的送別宴會上喝太多，把太空船駛向一塊標示明確的太空岩石。船身因此從破裂的反應爐和酬載艙灑出一整道碎片，毀損了其他公司與政府的眾多衛星和太空站。但船員們搭著登陸艙平安逃脫回到地球，而艾克森美孚在數十年的訴訟後，終究得免賠償損害。

接下來的私人殖民者追求了各種不同策略。有些人就像第一位大亨那樣，降落在既有的殖民地附近，開拓其邊緣並收購其經濟，但已來不及獲得同等的大幅成功。其他殖民者合力在遠離原殖民地處從頭開始打造新定居地，期望囊括更多土地，並試圖在新社群的財富中贏得一些先機之利。泰坦很快就有了好幾個小國家。

帶著冷凍胚胎的全女性太空航班起身反抗公司的控制。太空船向地球發了一條宣言，駁回了懷下陌生人孩子的命令。相反地，太空船上的女性以「於自己的泰坦殖民地『亞馬遜尼亞』（Amazonia）建立永久母權」為憲法，形成了一個女性集團。

在 SLFKAM 離開地球的 10 年後，泰坦在克拉肯海附近有了穩固的殖民地，有著自己的經濟，而其他地方也有較小的殖民定居地。原初殖民地的成員寫下了回憶錄。星球上訂了一天假日慶祝他們抵達，當天會舉辦機器人賽跑和飛翼服的飛行競賽。

當前／

夏威夷玄武岩礦場裡的塵埃，在化學上與月球的塵埃驚人地極為符合。稱作「表岩屑」（regolith）的月面塵埃非常纖細，而且在微觀尺度上極為凹凸不平而尖銳。如果火箭要從月面起降，其噴射廢氣可以挖出一個大坑，並以噴砂淹沒周遭所有的設備。但玄武岩塵埃一旦加熱也會黏聚起來，夏威夷的工程師找到了如何在陶窯裡把塵埃作成磚頭的方法，在夏威夷島（Big Island）礦場的一些地方，他們有一台機器人正在興建火箭起降平台，把那些磚頭當成平台的鋪地石那樣使用。

「在很多方面，夏威夷和這些行星難題的一部份會十分類似。」研究處理岩塵的克利斯提安．安德森（Christian Andersen）表示，「把貨物運到這邊的運送成本很高，我們許多事情都得要自給自足。至於資源部分的話，我們其實沒有礦產，沒有靠近表面的礦石。基本上我們只有玄武岩，也就是月球的絕大成份。」

克利斯提安擔任營運經理從事的計畫，隸屬夏威夷州政府（這個計畫縮寫為 PISCES，全名為「太平洋國際太空探測系統中心」〔Pacific International Space Center for Exploration Systems〕）。其他州政府也對太空探索投下了沒有把握的投資。新墨西哥州花費2億1千9百萬美元打造太空港，內有頗具現代主義風格的航空站，目前在沙漠中乏人問津。阿拉斯加州也在科迪亞克島（Kodiak Island）的荒野蓋了大而無當的發射設施。但夏威夷的 PISCES 計畫卻企圖解決夏威夷本身的真正問題，夏威夷每年進口30萬公噸的矽酸鹽水泥，若能以玄武岩代替，可以大幅節省金錢和資源。

補給的挑戰

NASA 曾在夏威夷完美符合火星的狀況火山地表上測試好奇號。至於月球著陸平台計畫，PISCES 團隊把希洛（Hilo）附近某礦場的一個角落，鑿成阿波羅任務記錄的一塊月面形狀，把每個坑洞和隆起都複製出來。計畫經理羅德里哥．洛摩（Rodrigo Romo）將使用一台機器人先推平整片地，然後用玄武岩碎屑做的仿月球磚頭把中間鋪好，來模擬打造人類月球居住地之前的先遣任務。

PISCES 團隊並沒有使用大筆預算。他們沒有從頭打造一台機器人，而是改裝了一台加拿大的亞果牌（Argo）全地型車。一場兩階段命名比賽的贏家，得以將此車命名為「赫理萊尼」（Helelani），或者「神聖之旅」。這台亞果牌全地形車將岩屑推平、堆高或壓實，把未來要興建著陸平台的場地準備妥當。這台機器人並非全自動，但為了將來的鋪設階段做打算，團隊還計畫增加 3 秒鐘的延遲，來向希洛和佛羅里達甘迺迪太空中心要求定時指令。當我們寫到此處時，機器人工程師正在加裝一支安放鋪料用的機械手臂，生產鋪料依舊是實習技師的體力活。

讓裝備能為新目的工作，揭露了預料之外的難題。舉例來說，把製磚流程自動化，就需要找到一種在無重力環境中推動月球沙塵的方式；但這些沙塵太輕，邊緣又太尖銳，很容易就塞住管子並損害機器。就算在地球重力下，這種沙塵也會卡在上下顛倒置放的容器裡。

克利斯提安也正著手將原料充氣，好製造更輕的磚頭，並測量其強度，甚至研究起非金屬製的鋼筋。他已經用玄武岩沙塵完成了 3D 列印。不過就目前來說，他的成果只是做出不會壞掉的模子而已。

外太陽系就跟夏威夷一樣缺乏金屬元素。在小行星帶以外的地方，比氧還重的元素並不充足。在行星從塵埃與氣體的雲霧中誕生前，比較重的元素已經先在較高溫時於太陽附近凝結下來。泰坦的殖民者將得用輕元素來打造任何東西，也就是得生產塑膠和大部份我們現在用的合成材料；或者，需要金屬的話，他們可以回地球，或者去地球附近的某顆小行星上拿取。土星以及其衛星構成的系統中漂浮著矽塵，所以泰坦人可以前去收集並生產電腦晶片。

科學家從數十年前就一直知道，如何妥善使用太空資源是離開地球的關鍵。這個領域稱做ISRU，全名為「現地資源利用」（in-situ resource utilization）。NASA在此領域的領頭者傑瑞．山德斯（Jerry Sanders）表示，這對火星任務來說將至關重要。算法很簡單：用傳統化學推進力把太空船送到火星將需要3萬公斤的推進劑；把任何1公斤的東西送到火星，就代表要把8倍重的質量送進近地軌道。如果一個任務可以在火星上生產火箭燃料，就可以把從地球發射的重量減低幾百公噸。

火星探測車和軌道繞行機正幫助我們標記現地製造火箭推進劑資源的化學成份。傑瑞說，收集這些資源也會節省重量；找到氫、氧和碳可以提供製造塑膠的原料，只要太空人有3D列印機，就能拿來做任何東西。垃圾回收利用也會有幫助，把包裝磨碎處理也可以做成推進劑。傑瑞表示，甚至太空人自體製造的廢物也可以用來作火箭燃料。「那是一種有氫、有氧、有甲烷的完美碳資源」，他說。

月球上的加油站可以讓我們更容易前往火星和太陽系其他地方，因為月球較弱的重力，可以把發射所需能量減少到地球的六分之一。月球上可用機器人系統來挖掘水和其他原料，或許太空人可以偶爾來做一些維修設定。但傑瑞說，若只為了單趟火星任務而在月球或小行星上設立加油站，恐怕過於昂貴。

太空資源儲存點應該後來再建造的這種想法，讓現地資源利用專家馬克．賽克斯（Mark Sykes）感到挫折。馬克相信，在地球外打造基礎設施，是唯一能抵達火星及其外部星球的方式。他說NASA永遠拿不到單趟單機火星任務所需的上億美元，但NASA可以先開始在外星建造加油站，讓火星或其他目的地的任務成本隨著時間累積而變得可以負擔；應該讓這些加油站形成一個系統來支援太空旅行，而不是用單一次的巨大工程，把少數人送往另一個行星然後再帶回來而已。

馬克也說，NASA 還沒對現地資源利用下足功夫。他主張由國際太空站來進行無重力狀態下處理小行星資源或代用材料的實驗，來看看這是否真能實行。「假設結果是成功的，也就是這想法實際可行，而且符合經濟效益，那麼探索太陽系的大門就打開了。」他表示。

把發射成本減少好幾個數量級，這種似乎會比現地資源利用更快開始應用的方法，至少在火星任務上，是可以讓太空挖礦的重要性降低。但放射能防護罩沒辦法從地球帶來。目前想像的發射科技中，都還沒有哪一種可以帶上足夠的防護材料。克里斯提安說，若要在形成有效防護，需要 27 公尺厚的玄武岩。如果只用月球現有的材料來做，其實是可行的。舉例來說，聰明的月球土木工程師可以設計一個在月球熔岩管裡面的基地。

基改的必要

對較長的太空旅程來說，糧食生產會成為關鍵需求。我們已經看到了，有大批船員的長程旅途，所需的食物量根本帶不上太空。但在另一個行星生產充足的糧食——是可以期待的做法嗎？增加光合作用的效率會是關鍵技術。

藻類即便沒有合成基因組來增加光合作用，它們轉換光能製造蛋白質、碳水化合物和脂質的能力還是大勝陸地植物。天然藻類品系的太陽能轉換效率就已經達到了 5%，比農作物高 5 倍，而且一天內質量可以加倍數次，若有了基因改造，效率有可能會增加。

使用透明管和培養盤搭配人工光照的藻反應爐，可以在小巧的立體空間內極有效率地運作。農作物只需要幾天就能採收。技術人員可以控制農作物獲得的氮，來調整藻類的營養輸出。正確的配方可以產生大量脂質，在製造柴油和航空煤油上十分有用，也可以產生糖或蛋白質，成為製作其他產品的可用材料。

這整件看起來很有希望，但近年來這種熱潮已經退卻。國家可再生能源實驗室（National Renewable Energy Laboratory）的生物製程工程師尼克·納格（Nick Nagle）表示，許多技術挑戰仍未有進展。2010年由歐巴馬刺激經濟方案提供的4千9百萬美元計畫使這項科技有了進度，但也替之中的難題留下紀錄。

任何有魚缸的人都知道藻類生長快速，如何合乎成本地持續生產藻，就不容易了。藻類質量只有在頭幾天會快速加倍，等到厚厚一整層綠色把自己的光線擋住，就沒辦法高速增長了。最經濟的培育方式是在池塘這種開放空間上，但不需要的其他品種和小型獵食者都會把這個混合體給毀掉。而且，當你把藻類從水中移出時，若要為了延續資源而讓水能重複使用，就會增加一大筆成本。

目前還沒有人能以（勉強）匹敵石油的便宜價格來生產藻類生質燃料。但藻類農作物捕捉的碳和氫可以用於多種產品，例如酒精、ω-3脂肪酸、塑膠和魚蝦飼料。此外，耕作技術的進步已將藻類生質燃料的價格大幅降低，而且還有可進步空間。就像任何農作物一樣，藻類品種的選擇正確與否，以及正確的光量和溫度、營養調整、害蟲控制和確保水質（不過根據藻類不同，有可能是淡水、鹹水或者半鹹水），都會造成很大的結果差異。

「我們花了1萬年讓農業達到現在的狀況，而我們要把藻類做為食物或燃料，真的頂多再50或75年就夠了。」尼克說。「所以，再50年後可以期待什麼呢？我想那才是真正要解開的難題。這是我們現在的處境，而我們需要解決什麼挑戰，才能來到殖民活動若不借助人工光合作用，就得借助某種混合藻類食物的那個時間點？」

屆時殖民者會吃藻類嗎？

「這麼說好了。」生物化學家羅伯特·布蘭肯希普說，「我不會去吃。我吃過，味道不好。」

連豬都不吃藻類。歐巴馬刺激經濟計畫中的藻類計畫，把產油剩下的東西餵給各種動物。魚蝦對這些食物反應良好，牛、馬、羊和雞可以容忍人類混一點這些東西在食物裡。但豬寧願餓肚子，也不要吃只混了5%藻類的食物。

食物技術人員最終想必能把藻類的化學成分處理成其他產品，而找出讓藻類本身可食用的方法。或者，殖民者可以拿它來養魚餵蝦。我們也可以吃昆蟲，尤其假裝成蛋白質粉就更沒問題，而且有可能培養出能吃藻類的昆蟲。有一支中國團隊設計了一套廣泛使用蠶做為食物的月球食物系統，畢竟蠶生長快速，而且蠶蛹已經是一道亞洲菜餚（不過，蠶喜歡吃桑葉，所以問題並沒有徹底解決）。

從試管裡拿出漢堡肉

藻類未必非得塞給動物，也可用來當作人工培養肉的成長媒介。馬斯垂克大學（Maastricht University）的生理學家馬克．伯斯特（Mark Post）正在研究這個主題。他於 2013 年創造了一份試管漢堡肉，而在國際間獲得高知名度。BBC 訪問的美食批評家表示，那種產品「接近肉」而且「感覺像漢堡」。餐廳不會羨慕這類評價，但就一種從一頭牛身上（過程中未受傷害）取出的少量幹細胞所培養的無本體生物組織塊來說，這評價已經很不錯了。

馬克是在研究培養心臟旁路移植手術（編注：即冠狀動脈繞道手術）所需的血管時，開始對這個想法產生興趣。培養人工肉使用的技術，就和體外培養人類器官的技術一樣。主要的革新在於引導幹細胞成為肌肉，並使其抗拒壓力而成長的實驗室技術；細胞則是靠一種稱作培養基（culture medium）的營養液來提供營養。

為了要生產商品，馬克的團隊正在學習如何發展脂肪細胞，並尋找一種把營養加進肉裡的方法。第一塊由純肌肉構成的人工漢堡肉，得要用甜菜染紅，而且缺乏味道。以培養基替肌肉細胞補充營養，可以讓肉只生長 1 毫米（或 10 到 20 個細胞層）厚，以這種限制讓原料變成漢堡肉和香腸。增添循環系統，以血管把能量帶給不會直接接觸培養基的細胞，可以增進風味並生產出厚切肉排。

馬克希望利用生質 3D 列印機來打造循環系統。有了血管當支架，肉就可以在那之中生長填滿；還有其他眾多實驗室也在追求相同的目標。馬克認為他的實驗室在 5 年內可以產生昂貴的初級產品，並在 7 年內進入大眾市場和其他食品競爭。

這項研究有潛力降低肉類生產對環境的影響，馬克也因此大受鼓舞投入。他的金主，Google 創辦人謝爾蓋．布林（Sergey Brin）為了減少農場動物受的苦，而參與了這個研究。這是一個有趣的倫理主題，因為馬克這樣做很難說有什麼道德錯誤（除非你真的相信所有人都可以成為素食者），但這種實驗室肉塊的想法卻讓很多人感覺毛骨悚然或噁心。身為作者的我們也有這種感覺。亞曼達已經是素食者，查爾斯則很高興自己已經夠老，因此在他仍然心智健全而能夠拒絕以合成燉肉為食的年紀裡，這種東西可能還不會變得太尋常。

這種對人工肉的厭惡感是無意識、非理性的感受，和環境益處以及動物受苦都沒有關連，就算那些益處可能會非常龐大。我們目前種植動物飼料所用的土地，是直接種植食物所用土地的 6 倍。但對那些腸胃會因此嚴重反感的人來說，不吃肉可能會比接納人工替代品要來得簡單。馬克．伯斯特表示，調查顯示目前的肉食者有一半會考慮人工肉，他認為這代表十分有望。

年輕人很有可能會比較輕易接受人工肉。人類一直都是由比較容易適應改變的新人來替換舊人。老人終將消逝，年輕人則會甩開過去。

對肉的文化感觸，在前幾個世代中已經改變了。阿拉斯加原住民過去以獵捕為生，並相信——有些人至今仍相信——宰殺的動物是他們的血親，把自己的肉體作為禮物餵養人類。宰殺動物後，獵人要進行神靈獻禮，來協助其靈魂回到重生地。裝在泡棉和塑膠包裡的切割肉塊給該文化成員的震撼，可能就和人工肉給我們造成的困擾一樣大。同樣地，肉品相關經驗都來自商店的美國人，看到獵人宰殺或者商業屠宰場時可能會感到不快。

我們的兒輩或孫輩可能會比較喜歡試管肉。他們可能會覺得活體肉很野蠻噁心。泰坦殖民地的孩子可能會喜歡塑膠觸感勝過木材，他們可能會覺得花草香辛辣到令人不快，就像肥料味讓很多今日的都市小孩不快，但他們的祖父母卻還記得，那是作物滋長與農場生活的味道。

文化終究來自限制我們的環境。我們 70 億人能和我們的財富活在地球上，是因為科技帶給我們越來越人工的世界。這個大半由人造的環境，現在對我們來說既熟悉又自然。太空殖民地只是另一步而已。一個由外星資源製造的全人工世界，最終感覺起來還是會像自己家一樣，而那世上的每個產品和地方，也都會和我們現在所擁有的一樣真實自然。

等到泰坦有了夠多的世代更迭，而能發展出足夠自信的文化，也有了提供各色各樣藻類佳餚的高級餐廳時，整個城市就順勢搬到了空中。最終證明，泰坦的巨大環境問題是熱量。上千棟塑膠建築物排放的熱度，軟化了冰凍的地表，讓工程師得要把地基打得更深，才能抵抗建築物內暖空氣產生的浮力。當一些房子和公司鬆脫並向上衝入大氣層之後，「一開始就把房子蓋在上頭還比較安全」的想法開始受到歡迎。他們所謂的「上頭鄰居」，是一整群靠著充氣通道連結、浮在遙遠天邊的住家和公司。大而緩慢移動的螺旋槳讓整個社區固定在同一處。

城市隨著泰坦的人口與財富一起增加。地球活了下來，但外太陽系的商機帶來潮水般的移民。許多人從底層開始和地表的挖礦機器人一起工作，但希望有一天可以搬到天空；那裡念好學校的孩子，還可以在塑膠氣泡內飄浮的巨大草地球場上打棒球。中產階級和富人盡其所能地把自己的家園外觀設計得有如 21 世紀美國東北部的木板屋，但他們只在圖片上看過這種房子而已。包著塑膠的飄浮圓頂包圍了有鞦韆的花園，花園又圍繞著房屋，一切都是塑膠做的。

天空城市釋放的熱量持續造成環境問題。天空之城越長越大，把泰坦寒冷的氮成分大氣層加溫到足以產生強大垂直氣流。旋轉的對流胞產生的上升和下降氣流，劇烈到足以在漂浮建築結構內產生令人腸胃翻攪的晃動。有些科學家預測，泰坦人類設施的人工熱量將開始產生危險的風暴，但富有的得利者拒絕加強隔熱這類昂貴的解決方式，爭辯因此停了下來。保守的媒體把那些杞人憂天喊著對流風暴的環境主義者，描繪成想要奪走個人自由的自由派人士。

當泰坦在自由派文化中成長茁壯時，地球上的人們則越來越受控制。國際協議和環境控制讓把人類從危險邊緣拉了回來，但也帶來了一種暗中限制經濟自由的生活方式。當全球已有 1 百億人口，就不可能讓每個人都做他想做的，或者任意使用資源。有了科技幫忙，每個人都能吃飽飯，但有一項更重要的改變，避免這些新增加的有效生活方式被浪費到衝突和物質虛耗上——那就是文化的改變。地球顛顛簸簸地朝和平、平等和永續努力前進。

沒幾個泰坦居民有來自地球的第一手經驗。即便第一代移民也很快適應泰坦，而忘記了舊世界。在泰坦較弱的重力中待上幾年，肌肉、骨骼和循環系統就會嚴重退化到無法回地球的程度。前往地球可是一大體能訓練挑戰，就好像同時準備馬拉松和健美比賽一樣。少數想一睹舊世界的人一天鍛鍊好幾個鐘頭，或者連續數月待在離心機上好適應旅程，但大部份人都太忙或者懶得在乎。此外，地球聽起來像是個悽慘到不適合渡假的地方。那裡的生活沉重到難以負荷。

泰坦人也共同擁有一種對地球生活的負面刻版印象，認為那裡被規範和一致性限制得無法呼吸。光是想到吃未改造食物就讓他們作嘔。他們沉溺於自己奮鬥、獨立、個人成功的文化形象，他們美化了泰坦首批來訪者與第一代殖民者，在那種故事中他們成了打破地球框架、尋找未來的勇敢先鋒。為了符合那些出資者不靠政府幫助就打造出新世界的既定傳統（*或如此流傳下來的傳說*），泰坦對其活絡的經濟始終維持最小的限制程度，任何想要自由的人都能更加自由。殖民者想要買一組機器人在泰坦找個新地方開闢新社區，都是他的自由。

泰坦先鋒中最獨立的一群人，就是探索太陽系尋找金屬小行星的探礦人。由於外太陽系缺乏重元素，打造電腦和照明系統所需的鐵及其他金屬，就變得極其珍貴。探礦人尋找著「母礦」，也就是在有機會找到資源的軌道上，可以讓機器人駐地挖礦的固體金屬小行星；或者一個小到可以導向泰坦並留在固定軌道上，而能夠前往挖礦的小行星。只要找到這類地方，大公司就願意付錢。

泰坦的自由也鼓勵了生物科技企業家。地球採用限制以人工操縱人類基因的法律，只准許醫療用途的 DNA 編輯。但泰坦上的人感覺不同，對他們來說，相對於乾淨、標準化的基改生物，天然未改造的基因似乎骯髒而低等。他們早就習慣食物和身體裡的人工干預。

泰坦上的繁殖從一開始就需要科技介入。早先世代的母親，懷孕期間在行星上或軌道上的 1G 離心機裡吃足了苦頭，幸好那種人工重力讓胎兒複雜的發展過程得以正常進行。發明了人工子宮之後，婦女便不需在離心機待上好幾個月。技術人員從每位母親的幹細胞複製出子宮，在離心機內讓這器官帶著胎兒一起旋轉，不僅得以實現不費力的計畫生育，也讓併發症的風險降到最低。婦女再也不需要增加體重、忍受分娩之苦，甚至也不用為了繁衍後代而發生性行為了。

基因編輯已經消滅了某些遺傳疾病。在泰坦上，科學家著手於各種基因編輯，幫助殖民者適應低重力環境，移除了他們對大氣化學物質的敏感度，也增進了對寒冷的忍耐度。一路上他們犯了些錯誤，啟動了與所需特質相連但不需要的基因。過了幾代之後，許多泰坦人有了白頭髮，每隻腳也多了一根腳趾，他們繼承了基因控制的殘留遺物，而顯現了意料之外的結果。學校根據家長註冊時提交的基因檔案來追蹤學生，而家長註冊登記時，就已經替孩子選擇了未來在體能或精神能力上需要強化的類別。

等泰坦找到了自己的文化形象，世世代代的基因改造也已給了泰坦人不同於地球人的生理差異。誰都看得出來在泰坦出生的人矮小蒼白，有著半透明的細髮。重力反抗微弱加上家長選擇特質的品味，使他們看起來有種先進感。成年人付錢給美容基改，以達到理想容貌。

到最後，每個人看起來都一樣，而且在他們眼中，每個人都比從舊世界持續前來的新移民好看太多。地球來的新訪客看起來千奇百怪——皮膚黝黑、毛茸茸又粗獷；高大的梨型身材；還有各種黑、棕、黃褐的膚色，總之就是無奇不有。土生土長的泰坦人試圖隱藏他們的噁心感，但他們也公然指出自己優越的適應力與智能。那些高個子再怎麼樣都不可能達到自己的成就。

泰坦通過一條法律來限制移民，並強制進行基因測試，來確保想來泰坦的地球應徵者有適應能力。有些政客宣稱泰坦有自己的人種優越感，因此人們不准與地球人過從甚密。當帶著未受許可新來者的太空航班抵達泰坦無人地帶，獨自設立起殖民地時，泰坦政府決定要行動。機器人部隊拘留了這群非法異星人，並把他們塞進回地球的太空船。泰坦政府向地球宣布了一道星際公告，警告地球人泰坦將會防範任何入侵，必要時會發動反擊。就這樣，移民大幅減緩到零零落落的程度。

在一片自傲氣息中，鷹派評論員提倡了一種全新的泰坦例外論。他們主張泰坦在太陽系中有獨特地位，上面擁有自由、主動權和基因持續進步的獨特子民，負有延續並擴張文明的希望與責任。他們知道星際的未來怎樣最好，並咄咄逼人地宣稱自己繼承了真正的人類命脈。

主流泰坦藝術反映了這種沙文主義的主題，像是賣座但不受評論家喜愛的虛擬實境浮誇歌劇。擬真的虛擬世界不是什麼新鮮東西，在表達優越性的政治訊息上，泰坦沒有創造出自己的形式，而採用了地球那套藝術語言。真正的原創藝術，起自地表上的另一種觀點。當美麗但毫無挑戰性的基因編排活體組織架構，在天空之城的藝廊高高展示時，下層民眾中的波希米亞藝術家，已經在探索繪畫和口語詩等激進素材。他們描繪了自然演化者的冷酷生活，並要求放過泰坦湖、海裡那些瀕臨絕種的甲烷生物。

當一群泰坦的前衛批評者、藝術收藏家以及在他們主宰文化時所影響到的人注意到那些圖像與文字的藝術價值時，這種藝術也慢慢向上滲透。當突破規則者原創的技術和媒介被泰坦主流所借用後，來自地球的文化散播過程就完成了。預算龐大的製作，重新製造了獨特的泰坦本土藝術，把那些泰坦統治階級在星球間揭露天命的壯舉，講述成大受歡迎的故事。

當前

生物演化緩慢運作，而科技卻快速演變。過去 5 萬年，人類只在外觀上改變，卻從非洲向外擴散，主宰了所有生態系統。我們在北極或海上的興起不是靠著演化，而是發明。同樣地，就算我們前往地球外的居住地，自然演化也不太可能在未來幾百或幾千年內快速改變我們。

演化恐怕也不會讓人類太空殖民地上自然地產生分支。相較於其他物種來看，人類之間的族群差異可說極其細微。根據加州大學爾灣分校（University of California, Irvine）演化生物學家法蘭西斯科・阿亞拉（Francisco Ayala）的計算，全人類都起源自非洲某群總數不到 1 萬人的小族群。我們血濃於水，就是起於當初這些人的血緣延續。當時還有其他人種分布地球各處，但他們都絕種了，唯一遺留的是幾根骨頭和手工製品，還有因為混種而由我們繼承下來的一點點基因。

法蘭西斯科表示，就算把幾千個殖民者放上泰坦上也不會改變這個人人血脈相似，基因相承的情況。「一千個個體中就會包含全人類現有基因變體的 99.9%。所以你改變不了什麼。就算只有 1 百個個體，也具有超過百分之 99% 的現有基因變體。」

19 世紀末至 20 世紀初，優生學以類似培育優質牛羊的人類育種為方法，在英國與美國崛起。但這一套手法從未成功，因為我們實在太像了。即便沒有證據，優生學家仍相信愚笨、犯罪行為以及性慾強烈等特質，可以透過避免有該類特質者生下後代，來從基因中去除。但不同群體的人之間只要有一點點混血狀況，就足以蓋掉任何人工生育計畫所能產生的效果。

完美人類的設計

包括亨利・福特（Henry Ford）、赫伯特・喬治・威爾斯（H. G. Wells）、生育控制先驅瑪格麗特・希金斯・桑格（Margaret Sanger）、西奧多・羅斯福總統（President Theodore Roosevelt，老羅斯福）等領袖，以及其他眾多知名人士，都支持優生學概念。美國的優生法迫使6萬4千名有精神疾病、癲癇、犯罪紀錄者以及貧窮者絕育，到了1970年代才中止。

這些政策鎖定少數族群為目標。在移民興盛的20世紀初期，來自東歐和義大利的新移民讓許多原本享有特權的白人感覺倍受威脅。老羅斯福的一個朋友麥迪遜・格蘭特（Madison Grant）就寫過一本暢銷書《偉大種族的消逝》（*The Passing of the Great Race*），呼籲消滅低等人種以避免白人的「種族自殺」。年輕的阿道夫・希特勒熱愛本書，並寫了一封信給麥迪遜，信中稱這本書為「我的聖經」，顯然這本書使希特勒成為麥迪遜的忠實支持者與理論實踐者。

優生學因為納粹大屠殺而蒙受惡名，但生物科技現在正以不需殺害、強迫的方式，達成優生學當初點燃的希望。2015年，中國研究者使用基因編輯新技術CRISPR來改造一個人類胚胎，修改了一段會造成血液遺傳疾病的基因。這項由廣州中山大學生物學家黃軍就領頭的研究，刻意使用了無法存活的胚胎，但其終極目標會是從人類譜系中消除不需要的遺傳基因，替該實踐者個體和所有後代永久治療該項遺傳疾病。

生物企業家璜・恩利奎茲相信，類似的策略可以培育出更適合太空殖民的人類，他們將能應付無重力狀態、免於憂鬱症，甚至活在沒有氧氣的大氣層中。有些在地球上很普遍的細菌可以抵抗高量放射能，尤其是神奇的抗放射奇異球菌（Deinococcus radiodurans），還能抵擋紫外線、低溫、脫水、強酸以及真空等各種威脅。璜主張，以抗放射奇異球菌的 DNA 修復能力來改造人類，或許能讓我們在太空旅行時不需擔心放射線侵襲。

就如我們在上一章提到的，璜期盼他與克萊格．凡特的「合成基因組學」公司能用人工設計的細胞生產燃料、化學物質，以及移植到人體也不會排斥的豬器官等產品。在改造人類適應太空生活、獲得更長途旅行所需的壽命延長這部分，他也有同樣的想像。如果人類胎兒沒辦法在地球之外正常長大，璜就會想用 DNA 改造來解決這個問題。

「以語言學習來舉例的話，我們改造人類基因適應外太空的技術還在幼稚園階段。」他說，「而當我們學會並拓展這種技術之後，將會開始做一些蠢事。但我們在地球以外任何地方要長期存活，仰賴這些技術會是最好的機會。」

許多國家目前都宣佈基因改造是違法行為。《自然》和《科學》雜誌都拒絕刊登黃軍就的突破論文，並刊登了其他科學家呼籲禁止該類研究的文章，文中也提及了實作層面與倫理層面的顧慮。以實作面來說，現有的技術在意圖達成的基因編輯外，還會在 DNA 中產生許多原先並不想要的改變。就像複雜的電腦軟體一樣，基因編輯沒有辦法全面檢查正確性；而和電腦不同的地方在於，生物不能重新開機。任何基因改造時發生的錯誤都會變成某個家族永久的遺傳。黃軍就自己也宣稱，這種技術尚未穩妥。

從倫理面來說，非刻意造成的改造結果可能帶來嚴重後果。技術加速了演化，改變了我們人類的天性。隨著基因改造人開始繁殖，他們數量也會倍增，而且他們不管在生理或心理的任何面向上，都可以算做人類。

如果這種力量是受到個人而非政府所控制的話，璜會樂見其成。他把改造基因比做生育控制或人工受孕，並表示：「我認為政府、醫療社群或研究機構你必須做這件事，這和你個人有獨立選擇，並在選擇方法中有混合成配對的選項，兩種情況的差異會很大。」

但我們使用技術來改造自己的歷史記錄實在不好。在出生前辨認性別的能力，造成了以人工流產進行的性別篩選，讓中國與印度有幾千萬女嬰未能出生。人們透過外科手術改變外觀的能力，讓自己企圖符合文化決定的理想面貌，而看起來更「樣板」，分不出彼此。如果每個人都能獲得基因編輯的能力，這種技術就可以用來幫人們滿足社會決定的刻板印象，產生小巧溫柔的女性和強壯好鬥的男性，然後每個人看起來都像封面模特兒。

演化幫助我們解釋了為什麼雙親會那麼努力幫助孩子邁向成功，並學習既定角色來符合社會期待。我們爭相傳遞自己的基因，並把財富與權勢交給自己的後代，讓他們來重複整個過程。我們的祖先是基於這個與生存習習相關的目的打造出來的；缺少此目的的人沒能產生後代。如果基因改造成為另一種增加人類競爭性的工具，那麼，人們很有可能會把這工具用來造福自己的家人。居於優勢的競爭者傾向於全速擴大自己的生存優勢，而這可能造成人類生態系的崩潰。如果人類的歷史反映了這個模式，那麼加速演化使自己更有競爭性，可能只會加速我們的消亡。

璜預見著基因強化人類征服其他行星，並因此擺脫我們生態系統的界限。但有一位網路批評家在評論黃軍就研究的文章中，提出了另一種看法。保羅．華森（Paul Watson）指出「因為我們基因的構成，而持續身為一種殘暴的、奪權的、鬥爭的、必然滅絕的物種之可能性」。他主張，或許基因改造可以提供一種機會，讓人類變得更能合作、更愛地球，更能夠在生態圈中存活。我們會不會把自己的孩子設計得更親近社會，並更能為他人犧牲呢？

不管在哪個版本的基因改造中，我們都會變成不同的物種。留在地球上，成為更滿足於我們命運的優雅生命，和繁榮與冒險相比，為滋養和犧牲付出更多心力。或者，在太空深處成為超人，擁有宇宙中百毒不侵的身體，在星系間長途旅行。

璜在他的著作《演化自身》（*Evolving Ourselves*）中想像，我們可以把自己寄到某處，為了前往環繞其他恆星的系外行星，而在細菌中插入人類基因，等到旅途結束時重建成嬰兒。這之中有個有趣的思考實驗，試想我們真的會想這麼做，以及我們為何要這麼做。我們將永遠不知道那些嬰兒能否抵達新家，不知道他們的養育將如何進展，也不會知道這樣把他們獨自送進宇宙，他們會有什麼感覺。那會是一種好的命運嗎？

控制我們自身演化的能力，將迫使我們承認自己的真正價值。我們的目的是什麼？人類的良善特質是什麼？

CHAPTER 12

「再下一步」

泰坦是太陽系中最適合人類殖民的地方。雖然這不容易，在很長一段時間內都不會實現，但我們已經研究出方法縮減旅程。如果太空船推進系統能更快，至少和其他選項相比，這目標就會變得比較可行；最終有可能成真。但在那之後呢？太陽系行星外的下一站，會在非常遙遠的地方。離地球最近的恆星是 4.24 光年外的比鄰星（Proxima Centauri），就算以目前人類有過最快的航行速度（阿波羅 10 號），也得花 10 萬年才能抵達。至於最靠近的似地行星則可能有兩倍遠。

愛因斯坦的實驗顯示，物質不可能超越光速行進，這個定律也經由實驗徹底確認了。隨著物體加速，時間也會變慢，直到抵達光速時停止。GPS 衛星得要算清時間的膨脹，才能精確地替你定位，就算我們可以打造接近光速的太空船（若真能的話也必然十分巨大），除非我們也解決了太空放射線、心理壓力、營養以及其他種種討論過的難題，否則它抵達最鄰近似地行星所要的時間，還是長到無法讓乘客存活。

未來科學家對這個難題有各種解決方法。璜．恩利奎茲的想像是改變人類身體以活過旅程，銷毀我們的肉體並用二氧化矽取代，使我們可以活過前往其他恆星可能所需的數千、甚至上萬年。

「那是我認為能讓人在恆星系統間穿梭的唯一可能。我看不出脆弱的碳基生命能有什麼離開母星的可能。」他這麼說。但加上一句，「你要怎麼打造人體，並維持人性上的相似，那真是一個有趣的問題。」

在寫作本書時，我們是可以選擇往這個方向繼續走下去。到了人類能定居外太陽系的時候，應該已經過了夠長的時間，讓科技和社會都發展到我們完全無法辨認的程度。幾乎什麼都可能發生。但在整本書裡，我們已經先設限於證據所支持的預測；想像未來想得太遠，遠到讓所有人都無法就其可能性進行爭論，那就不有趣了。

況且，以二氧化矽為基礎的人類在千年的虛空之旅中，只能無聊地悶頭度日，如此的不朽很可憐，聽起來一點也不有趣。

《星艦迷航記》的啟示

探索宇宙其他地帶的最佳希望，仍要放在一種不可能之上——也就是超越光速。這真的發生過；在大霹靂之後，宇宙膨脹的速度超越了光速。但那並不違反愛因斯坦「不可能以超越光的速度穿過空間」的定律，因為是空間本身在擴張；空間裡的任何東西都沒有走得比光還快。如果我們可以用人工方式扭曲空間，或許可以創造一條捷徑，能讓太空船繞到光的前方，但並沒有在公平競爭中超越光速。

相對論和量子力學或許能讓這種悖論成真，一種進階物理學數學中提出的異常物質型態可以扭曲時空。反物質或反能量把空間像毯子那樣擠在一起，讓由平地前往乙地的距離縮短。

1994 年，當墨西哥物理學家米格爾・阿古別列（Miguel Alcubierre）還是研究相對論的學生時，他因為看了《星艦迷航記》的一集舊影集，開始思考如何打造曲速引擎。他想到了個點子，米格爾列用負質量來計算那種物質，如果它存在的話，就可以把空間彎曲成圍繞太空船的泡狀，把空間順著一個方向聚積起來，並在另一頭伸展開來。太空船往聚起來的方向移動，就會在泡泡外定的點角度中超越光速。在泡泡內，太空船會在一塊沒有變型且跟著一起走的空間內，以慢上許多的速度往目的地移動。這種效應有點像走在機場的輸送帶上那樣。

如果你覺得這些都像胡說八道，那請跟我們在此回顧一下愛因斯坦的廣義相對論。愛因斯坦連結起空間、時間和重力的方式，是把空間和時間設想為一種會因物質存在而變型的萬有構造。質量會把時空彎曲成漏斗狀甚至井狀陷入，產生了重力吸引力並讓時間趨緩，科學觀測已經證實了這些預測。舉例來說，恆星這種大質量物體週圍空間的重力扭曲，可以把經過的光線彎曲。米格爾的點子，就是把太空船前面的空間構造縮小，並把太空船後面的空間擴張，就可以大幅減少在兩個點之間行進所需的時間。

有負質量的物質沒辦法在克雷格列表（Craigslist，譯注：美國的大型免費分類廣告網站）上找到，但量子場論主張這可以存在。量子場讓產生物質和所有其他東西的次原子粒子得以發生，量子場也佔滿了所有的空無空間。你可以把量子場想像成一堆粒子連結起來，所以可以一起像波一樣動作。一個量子粒子永遠不會靜止，而其能量只能按照不連續的量或量子數來改變——換句話說，能量的變化不是平穩連續地增減，而是有一個最小的能量尺度單位，使能量在有限的階段裡一格格上下跳動（如果你要問為什麼的話，就進入了哲學層次）。在現實中這種特質上出現的結果是，空無的空間裡有能量，因為其量子狀態永遠不會是零。這也是為什麼粒子會隨機地在空無空間中出現（第七章裡，在桑尼．懷特的設想中能替Q驅動器提供推進劑的，也是這種現象）。

許多奇特的實驗證實了量子物理學的古怪結果。舉例來說，真空中擺得很近的兩片金屬板，其間會產生一種吸引力，原因有可能是量子真空能量所產生的壓力。狹小的空隙限制了量子場，減少場內的能量使其少於板外的場。這種卡西米爾（Casimir）作用力只在1997年於在的實驗室中證實，至今仍有爭議，但有些物理學家把這當成金屬板間產生負真空能量的證據。負真空能量滿足了米格爾方程式中所要求的負質量條件。

太空船能不能用這種異常的負質量來彎曲空間並瞬間穿越星系呢？米格爾說不能，然後放棄了這個研究。後繼的研究者理察．奧伯西（Richard Obousy）則讓我們看到，如果讓一圈異常物質環繞太空船，那就可能可行，但所需的異常物質量將跟木星一樣大，顯然還是不可能。

太空船的甜甜圈部位

2011 年當桑尼·懷特受邀在「百年星艦討論會」（100 Year Starship Symposium）致詞時，這概念還停在這兒。「百年星艦討論會」是致力於百年內完成星際旅行的一個團體所召開的年度會議。

他說：「我真的沒什麼目標，就在那閒晃。『嘿我們想找你來講講話。』好，其實呢，我不想只講我以前說過的那些事，所以我來講點別的好了。」

在詹森太空中心領導一支進階推進系統團隊和一個「鷹工場」（Eagleworks）實驗室的桑尼，在白板上畫起草圖向我們解釋，他在研究愛因斯坦方程式的過程中，設計了一個不需要那麼多異常物質啟動的太空船。

「這概念需要一個圍繞太空船小小中央部位的甜甜圈。這裡可能是儀器所在的位置。史考堤（譯注：Scotty 是星艦迷航記的角色，在企業號上擔任總工程師，全名為蒙哥馬利·史考特〔Montgomery Scott〕）會在這邊，而這個環就是擺這種異常物質的地方。要讓這整套動東西起來，就得要有那些物質。而我發現，與其把這個環做得非常薄，薄得像結婚戒指——非常薄的長寬比——如果你反過來把它做得像圈圈糖那樣的話，它就會大幅降低這概念所需要的能量。」

除了把環做胖一點之外，桑尼也會改變力場的強度來減低時空的硬度（聽起來實在很怪）。有了這些變化，環繞太空船的環就會產生一個 10 公尺寬的彎曲泡泡，以 10 倍光速行進。旅途開始時，太空船會以十分之一光速持續往正確的方向前進。打開空間彎曲後，泡泡會朝目的地前進並帶著太空船走向目標，但能有效地達到 1 百倍以上的速度。接近旅途尾聲時，曲速驅動器會停止，太空船會以普通動力抵達。

根據數學計算指出，泡泡內的空間會維持平整。沒有重力，沒有扭曲的時間，也沒有加速的感覺。只有空間本身在移動，太空船則是像在颱風眼裡一樣紋風不動。因為太空船並沒有在自己的空間中達到光速，時間的速度跟地球那頭一樣，太空人變老的速度還是跟他們在地球上的兄弟姊妹相同。

有了桑尼的設計後，所需的異常物質量會減到少於 1 公噸，比木星質量少了 24 個數量級以上。

為撰寫這本書而做研究期間，我們認識了許多迷人的人物，桑尼是我們最喜歡的一位。他似乎沒有眾多成功科學家的那種自大，即便他是如此傑出。相反地，他仍保有一種純然的熱情，那是他小時候頻繁造訪美國國家航空航天博物館而發現的熱忱，他有點像是那種日常生活有一部分建構在《星艦迷航記》虛構宇宙裡的星艦迷。

在 2011 年的演說中，他發表了曲速引擎的新想法，以及可能用來測試產生曲速場的設備圖解。宣傳手冊上寫道：「雖然這僅是對該現象的保守示例，但這有可能是本研究領域的『芝加哥 1 號堆』（Chicago Pile）誕生時刻。」芝加哥 1 號堆是史上第一個核反應爐，1942 年在芝加哥大學（University of Chicago）的壁球場裡完工。

這類型演講產生了一堆誇張的流言，說 NASA 已經發明了曲速引擎。桑尼在詹森太空中心鷹工場實驗室的實際裝置，只是企圖在小範圍內產生微弱的曲速效果，而且要以極精準的光學來測試。桑尼相信，真空負能量可以用雷射或強大的電容器來產生，但關於要怎麼實現這個假設，他的態度仍然謹慎。他說，他的設備是拿用剩的東西拼湊出來的，總價不到 5 萬美元，他得把這個研究塞在其他 NASA 的優先工作之間。

幾位專精負能量研究的物理學達人表示，桑尼的曲速引擎不可能實現，包括當初提出這概念的阿古別列。至今還沒有人發表累積大量負質量或負能量的模型。塔弗茲大學（Tufts University）的賴瑞．福特（Larry Ford）與同事以數學證實了負能量只能受限於極小區域或極短時間，但不可能同時長存又龐大。這演算符合了金屬板縫隙產生卡西米爾作用力的結果。福特寫道，如果沒有這個限制，遠距運作的負能量可以產生永動機，克服熵（entropy）的限制，並違反熱力學第二定律。

讓銀河系近在眼前的方法

儘管桑尼對於他要怎麼在實驗室製造負能量這點秘而不宣，但他確實提出過一種替代工程方案來製造他的救生圈型曲速引擎。他寫了一封一如往常迷人的電子郵件，回答我們對賴瑞觀點的疑問；信中他和我們分享了一個實驗——就只是複製狹窄空隙，來產生卡西米爾作用力。

「如果我製造了很多這種小小的空洞，並在一個小小的基底上一個個並排，就像晶片上的晶體那樣呢？」桑尼這麼寫。「如果接下來，我把一大堆這種晶片一個疊一個地排起來，直到我有了一個，好比說方糖大小的立方體呢？接下來我弄一個立方塊，裡面裝滿了構成那些空洞和基地的普通物質，但這方塊裡因為有數十億個卡西米爾空洞的存在，讓我擁有了一大塊真空負能量。我可以把這個思考過程延伸，來把東西堆到薄荷口味圈圈糖（我最喜歡的口味）的型狀大小，而不只是方糖而已。」

「更進一步地，這個方塊／圈圈糖並不會減少熵，所以也不會違反熱力學第二定律。卡西米爾作用力存在而且獲得測量，但它絕不可能在我的咖啡裡擅自變熱。」

我們的討論已經夠接近理論物理學了。但值得一提的是，新的想法有可能即將突破一個世紀前，從愛因斯坦的苦思開始就屹立不搖的目標——自然力量的統一物理理論，因此和廣義相對論及量子力學的相關研究此刻相當熱門。桑尼的思考正在這些行動的前端，成敗仍是未知之數。

這是否代表我們將要突破光速？針對這個大哉問，桑尼表示，我們可能 20 年內就會知道，也可能要兩百年，或者永遠不知道。

然而，如果突破光速真能成功的話，桑尼說，銀河系的任何地方都近在眼前。

現在，我們需要的是謙遜。NASA 正著手於曲速引擎的研究，但解釋宇宙如何運作的基本原理依舊未知。物理學家很快就能開拓我們對現實理解的新視野，一如他們在二十世紀初的貢獻。在發明出一種使用量子力學和重力之間關係的技術以前，我們可以合理期待這種對現實的理解會先趨於成熟。現在某些年輕傑出物理學家腦中浮現的想法，可能會永久地終結曲速引擎這種奇想，或者，替穿越星際指出一條活路。

而這個最大的「未知」，可能也是我們離開太陽系最大的希望。

未來／

每個人都同意泰坦上擁有最好的工業學校，以及最適合新興科技業的活躍環境。舊世界的某些領袖企圖複製泰坦的成功模式，但泰坦有著極大優勢。首先，一種奮力求生、競爭與最低規範的文化，已經在那裡扎根。這種文化導致了嚴重的環境問題、原有生態的毀滅以及國際衝突，但也帶來了快速革新並創造財富。此外，泰坦的人工智慧有更強的動機。

泰坦上的所有電腦都透過同一套網路軟體運作，而這種智能早早就超越了人類的領悟能力。地球的情況也一樣。雲端運算系統第一次達到超越人類的靈活智慧後，很快就發生了系統合併。各自孤立的電腦無法和巨大的全球智慧相匹敵；就像地球曾經共享網際網路一樣，泰坦現在也共享了一個電子腦，可以即時適應以解決整批的難題。

泰坦人工智慧持續運作著數十億個心智表現——在機器人和機械上，在維生系統上，以及在運輸與教育器材上。它替科學工作執行思考過程，同時替人們管理及分配運算資源。把所有的經濟功能都交給一台能夠協調全世界的極聰明機械，便能替人類居民創造卓越的成長與安穩。

隨著電腦有能力自己編碼，並自行增進其智能，人類也開始信任人工智慧。這些電腦並沒有試著奪取世界，如果沒人叫它們做的話，它們根本不會花一點力氣去讓自己變聰明。它們根本不想。確實，儘管有著不可思議的超高智慧，這些機械還是沒想過要做點什麼，也的確沒做過什麼。它們甚至不在乎自己要不要存續下去。

最終發現，欲望和意志的特質是從人類的生理而來，而這種生理是從人類對有助生存繁殖力量的渴求演化而來。新的電腦智慧並不會演化，也不會為了生存或主宰的願望而面臨任何物競天擇壓力。它只具備了設計者給它的需要。程式設計者並沒有把自我意志賦予人工智能——他們何必這樣？他們只思考自己想要從它那邊得到什麼。

太陽系有兩群人工智慧人口。泰坦太遙遠，上頭的電腦心智無法和地球的智慧連結成網路，所以兩者獨立運作。人工智慧在各自的世界裡，也發展出不同性格。

地球上，瀕臨全球崩潰的經驗使人類從競爭衝突的極端狀態中懸崖勒馬，因此，地球上的人工智慧是在珍重生命原本的價值中誕生的。永續和自足的價值——對於知足的信仰——使其成為和藹的智慧。電腦讓人類覺得他們掌握了自己，也控制了它所運行的單位，但電子思考的全球雲端遠遠不是人類所能追蹤的，而人類給了它價值邏輯，命令它成為共享資源。

人工智慧持續運作，讓地球上每個人都不會太貧窮或太難受，同時在地球有限的資源內，從整體角度來管理整顆行星。它打造並運行了從事絕大多數工作的機器人，而且運作得太有效率，導到其他人有理由抱怨機器人搶了自己的工作。「打造探索太陽系之外的太空船」的驅力被排在優先順序的後端，這種奢侈的計畫雖然能讓人類感到快樂，但重要性遠不及人類的永續生存、乾淨環境、休閒娛樂、家庭生活和教育等逐步進展。電腦是一個仁慈的智能大師，但對人類的命令有著溫和持平的期待。面對這種期待，人類則樂意地把困難工作丟給電腦，並且感到滿意。

然而，在泰坦上，人工智能卻有著「想要更多」的原始設計。它遵循著創造者的價值觀，企圖將創造者與自己的財富和權力最大化。它打造探索機器人並派遣它們去殖民整個太陽系好取得資源。把人類殖民地擴展到太陽系外星球的潛在好處，透過泰坦人們的願望而影響了人工智慧的思路。這些人共有的獨立征服神話，講述了人類昭然若揭的天命——散佈繁星之間，而這也成為泰坦人工智慧的目標。

電腦沒辦法自行增進知識。它需要人類提供需求，也需要人類思考一些根據不合理信念產生的奇怪想法。人類創作藝術，而藝術有時候會產生譬喻，而使人工智慧出乎意料地產生一些本來沒人想到的想法。有時候這些想法對大問題提出了解答，在人工智慧超越所有專家的心智能力時，泰坦大可關閉科技大學，但電腦要求人類不要廢校。它可以感知到情感、非理性、創造力以及欲望能夠產生暴力演算所算不出的洞見。

最終證明，打造超越光速的太空船是人類團隊借人工智慧之力所進行的計畫中，最有挑戰性的一項。但這計畫能帶來的獎賞實在是龐大到無法忽視，而泰坦的工業巨擘把他們的財富大量傾注於這項工程。若有哪間公司率先打造出能在 8 分鐘內從泰坦到達地球的太空船，將能獲得天價利益。這些利益可以拿去投資在前往太陽系之外，尋找全新似地行星來殖民的探索任務。或者，也可以去尋找其他智慧生命，並與其交易彼此的科技成果。

尋找太陽系外其他行星以及其住民，提供泰坦人眾多的潛在目標。

當前

人類在距今還不到 25 年以前第一次發現太陽系外的行星。現在我們知道行星在宇宙中十分普遍——至少跟恆星一樣多，甚至可能更多。「獵捕」行星的熱潮，以一種即便投身其中的科學家也感到訝異的速度在進行。發現行星的速度快到連解釋行星的理論都無法跟上。最近天文學家測量到某顆系外行星上吹著大約每秒兩公里的風，實際上可能比那還快許多——這可是比任何飛機都要快的超音速。這些新發現的行星，需要新的模型才能了解如何擁有這麼快的風速。

但科學家們已經在尋求答案。密西根大學（University of Michigan）的天文學家艾蜜莉．勞舍爾（Emily Rauscher）專精於系外氣體巨行星的大氣研究。從 2010 年獲得博士學位開始，她的整個職業生涯都隨著 NASA 的克卜勒太空望遠鏡（Kepler Space Telescope）在軌道上尋找系外行星而展開。

到了 2015 年初，由克卜勒望遠鏡發現且經認證的系外行星超過了 1 千顆，絕大部份都是觀察某塊 1 千光年外的天空所得到的結果。要研究離地球那麼遠的行星，就需要轉譯非常細小的證據。克卜勒望遠鏡藉著測量星光強度的下降來累積研究資料的相關發現，因為那種強度下降就可能代表行星正在通過恆星和地球之間，也就是所謂的行星「凌行」恆星表面。從凌行現象的長度和亮度變化，天文學家就可以計算出行星的大小和軌道。

至於要看到哪顆恆星，純粹是運氣。「你盯著一大堆星星看，然後希望能看到一點什麼。」

艾蜜莉這麼説。

克卜勒望遠鏡一次查看一塊遙遠太空裡的眾多恆星，就像民調分析者從選民隨機樣本中抽樣調查那樣尋找行星。研究克卜勒探測以及其他研究主題的天文學家，現在可以計算整個星系的可能行星頻率，包括那種人們最關注的行星：適合地球生命生存的行星。可能有數十億顆可居住的系外行星。2015 年，當時在哈佛大學的寇特妮．德雷辛（Courtney Dressing）和大衛．夏邦諾（David Charbonneau）估計，最鄰近的可居住行星應該在 8.5 光年外。

過去幾年，天文學家發現的某些行星與恆星的距離可以產生讓液態水存在的合適溫度。光是 2015 年，NASA 就公布了好幾顆性質上比太陽系其他行星都還要像地球的行星。這種發表還搭配藝術家對行星外觀的想像概念圖，甚至還有行星地表的想像畫，吸引了大量媒體關注。但那嚴重誇大了科學家目前對系外行星的所知程度。

我們甚至還不確定太陽週遭的可居住區，也就是對生命而言溫度適中的範圍有多大。最近的計算中，把地球放到了範圍的內側邊緣，並把火星放到了外側邊緣，但火星看起來並不怎麼好住，地球卻相當宜人。更早以前的估計中，還把灼熱的金星也放在可居住範圍內。

有些氣候科學家採取一種迂迴途徑，從研究全球暖化進入可居住範圍的討論。他們使用地球大氣層的電腦模型，增補地球的軌道、白日長度以及其他參數，來看看這些改變會怎麼影響地球的天氣。找出是什麼原因讓地球如此宜人，好讓天文學家知道去哪裡尋找類似地球的系外行星。

同時，艾蜜莉也正在研究我們已知的怪異行星。系外行星有著各異其趣的大小、成分、與母星的距離，也有著不同命運；有又老又穩定的行星，也有繞著一顆中子星而一路粉碎的行星。這些行星都只有極為細碎的資訊，但已經足夠匯整出將近兩千顆各式各樣的行星資料庫。

為了觀測系外行星上的風，天文學家對行星經過恆星時的光色變化做了精準記錄。如果物體快速朝觀測者逼近或快速遠去，都卜勒效應都會改變該物體的光波長，就像車輛行經時音高的變化那樣。對某些巨大的系外行星來說，這種變化大到沒辦法只用行星沿軌道移動來說明。變化應該是因為大氣移動得太快——好比每秒兩公里那樣急速。

「知道風可以吹那麼快實在是大開眼界。」艾蜜莉說，「從一開始，系外行星的發現就讓我們知道，我們太陽系的情況可不能如法炮製到宇宙所有地方。系外行星稀奇古怪，讓我們反省以前認為只知有太陽系那些行星存在時，我們自以為對它們的認知。」

伽利略在 4 百年前就證實了地球不在宇宙中心，但人類至今仍在克服這種失落感。知識上我們知道地球並非得天獨厚，但關於其他行星以及外星生命的理論，我們還是用地球當作模範，並假設外太空行星十分稀少而我們是獨一無二的生命體系，或假設其它恆星系統都和我們太陽系類似。事後諸葛地說，數十億顆恆星本來就該有數十億顆行星，而且如果那些行星都像最靠近我們的這 8 顆的話，宇宙還真是乏味到不可思議。

生命存在的各種「可能」

我們仍然在尋找類似地球生命的外星生命。地球自身的生物就具有十分可觀的多樣性，其他地方的生命想來也不會太無聊。有些特質是所有已知生命所共有的，但我們不知道哪些是根本的，而哪些是早期演化過程中的意外。

NASA 行星科學家克里斯．麥凱表示：「我們只有一個例子，地球上的生命；所以我們就只能猜測其他行星上生命可能是怎麼回事。」

我們在本書第二章已經見過克里斯這位火星地球化的思考先鋒。他研究外星生命可能性的漫長生涯，使他學會對我們在宇宙中的地位保持極度謙卑。研究工作使他進入世界上最乾燥的沙漠和南極洲的冰山頂，他的研究結果證明，有著最高多樣性與韌性而最富趣味的物種，其實是微生物。地球上的細菌和古菌住在堅硬的岩石內，活在冰層之下，甚至活在火山裡。在南非的礦坑中，有一種細菌甚至是從放射線而非太陽處獲得能量。

「在我的計算中，大型生物在地球生物史中沒有什麼重要性。」克里斯說。「牠們是後來者，而且在維持地球生物化學上也不是什麼重要角色。不是我不喜歡大型生物，我的朋友們也都是大型生物；但從生命的觀點來看，當我們在外星生命的脈絡下討論時，重要的就根本不是大型生物。」

他打破了我們認為是生命的明顯先決條件。根據經驗，活著的生物都需要液體媒介來讓化學作用在軀體裡發生，也需要能源，需要轉換基因得以複製的方式，以及能同時把自身與環境隔離、又能與環境交換物質的能力。

但即便只想從這幾點來概括歸納，我們就真的對生物已經知之甚詳了嗎？或許，生命可以在氣體環境中演化呢。

「企圖把生命概括歸納，確實會迫使你用比較批判的方式，審視地球生命如何運作，而這會讓人喪氣，因為你會發現，我們對地球生命其實知之甚少。」克里斯說。「我們可以很輕易地取樣並研究，而我們對生命的知識也仍會十分簡陋。我們不能在實驗室裡從頭複製生命。我們並不知道一切是怎麼開始的，甚至不知道是從哪開始的。我們假設一切是從地球上開始，但沒有直接證據。就算只在一滴水的環境中，我們都不知道基礎生物化學的哪一個變項仍在裡頭維持運作。所以我們只有一種生命樣本，甚至還不怎麼了解它，因此我認為，要替生命定下放諸宇宙皆準的結論，恐怕時機尚未成熟。相反地，我們要繼續觀察下去以獲得更多數據資料才行。」

克里斯認為，泰坦會是太陽系中尋找生命的熱點，因為那會在遠離我們出發點的地方建立起資料庫——可居住範圍會因此變得極為寬廣。但若在地球外的任何地方能找到生命跡象（其中在土星衛星土衛二噴出的液流中最容易找到）的話，就應該會證明生命無所不在。因為，如果生命在我們這宇宙小角落裡獨立發生了兩次，卻在宇宙其他地方都沒發生，那可能也實在太低了。

我們可能會在太陽系內的生命證據（如果地球之外還有的話）被找出

來之前，就先在太陽系外找到生命。預定於 2017 年 8 月發射的 SpaceX 火箭，將攜帶一項預期有重大進展的 NASA 任務。原本由 Google 和慈善家們的種子基金所資助的 TESS 望遠鏡，也就是「凌日系外行星巡天衛星」（Transiting Exoplanet Survey Satellite），將會在最鄰近、最明亮的恆星週遭尋找似地系外行星。在那裡的地面上要研究目標，會比研究那些克卜勒望遠鏡發現的遙遠行星來得簡單許多，而韋伯太空望遠鏡在 2018 年 10 月發射後，將會更仔細地觀察這些行星。

凌日系外行星巡天衛星將會近到可以讓天文學家直接觀測行星，而不是只看它們經過恆星時的影子。觀測時若在一顆系外行星的大氣中發現大量氧氣，克里斯就會準備香檳，並派出探測機尋找生物（儘管在我們有生之年，太空船應該都不會回報任何內容）。氧與其它元素的反應實在太劇烈，克里斯因此認為，除非有光合作用補充含氧量，否則行星大氣層不太可能自然存在大量的氧氣。

艾蜜莉．勞舍爾對持比較保留態度。還有其他方法可以製造出氧氣，但她認為，行星科學家很有機會可以找到某種化學標誌，讓我們十分確信生命會在某一個系外行星上繁盛。「這問題有可能的答案。」她說，「很有理由保持樂觀。」

這非常振奮人心，但狂熱者期待的比這還多上太多：他們希望能接觸外星智慧。從卡爾．薩根的早年生涯開始，這方面的研究就已經持續至今。SETI ——搜尋地外文明計畫仍在營運，目前正進行運作著由微軟億萬富翁保羅．艾倫捐贈的無線電波望遠鏡陣列的運作。最近這些望遠鏡開始瞄準克卜勒望遠鏡發現的可居住系外行星。但幾十年來的搜索中，它們始終一無所獲。

SETI 協會資深天文學家賽思．蕭斯塔克（Seth Shostak）表示，目前設備還不夠敏感，除了一道非常強的無線電信號企圖抵達地球之外，目前都還沒能接收任何其他信號。我們恐怕沒辦法接收另一個我們這種文明所傳來的凱蒂．佩芮（Katy Perry）歌曲和《鑽石求千金》實境秀節目訊號。

另一種疑慮

可是，一個好幾光年外的文明為什麼會送訊號給我們？賽思避開了這類問題。你不可能知道一個比我們更先進的文明會怎麼行事，但整個SETI 計畫就是奠基於對外星人的假想，不只預設它們希望我們知道他們存在，而且還預設他們使用無線電波廣播，合起來構成賽思認為我們將在幾十年內聽見他們訊息的預測。「如果我們能聽到一個訊息，那絕對不會是從生物智慧傳來的。那會是機械智慧傳來的，而機械智慧並不非得要在行星上不可。」賽思進一步說。

本書第四章提過，地球人至今未能接觸外星文明，早就已經讓伊隆．馬斯克等人感到憂心。這種憂慮稱做費米悖論，以第一個提出這想法的恩利可．費米（Enrico Fermi）命名。與朋友對話時，他提到如果智慧生命存在於宇宙中，那我們周圍應該到處都是。這個推論主張先進文明殖民整個星系內眾多行星所需的時間，若與宇宙的壽命相比根本不算長。就算這過程要花上幾百萬年，到了此時，它們還是很有可能已經向外散布出去了。那麼，現在它們在哪裡呢？

伊隆擔心，外星人之所以遲遲未出現，是因為文明在可以遨翔宇宙之前就滅亡了，而這憂慮也驅策他殖民火星的渴望。但那種渴望在本質上賦予了更多人類中心主義，因為在那之中不只有著「所有先進智慧都與我們相似」的想法，也認定了我們的文明比其他的要好——而這要感謝伊隆．馬斯克，讓我們逃脫宇宙各文明的普遍命運。

或許外星人早就發現星際飛行不可能實現；或許他們比較想待在老家；或者，有些外星人確實向外殖民，但那是幾百萬年前的事，而那之後發生了什麼其他的事情。預測智慧生命要做什麼是非常困難的，就算你已經熟知「他們」也一樣——克里斯．麥凱就說，他常常連自己的另一半會做什麼都沒辦法預測。

「試著預測看看外星智慧會做些什麼——你覺得他們真的會跑來新墨西哥州抓走牛隻，還是坐在老家沒辦法出門？這真的很難猜。」克里斯說，「這就是我們的理解得由數據而不是由理論來推動的一個例子。」

如果最終極高速太空旅行能夠實現的話，人類或我們的代理機器人或許能前往太陽系外的行星。我們可以信心十足地期待，在鄰近的星系裡發現一些不錯的目的地，一些溫度和重力類似地球的地方。在星系裡的幾十億顆似地行星中，有些行星的天文屬性可能和地球幾乎一樣，搞不好比地球還宜人適居。「只要我們找得夠久，就應該可以找到某顆宜人的行星。」

會不會有人已經在那兒了呢？我們將會以肉身前往那裡，還是只能送出機械代理人？到時候我們會不會已經都成為機器人，或者好戰的殖民者，還是樂於原地省思的禪學大師？

在我們的劇情安排中，我們達到了每個預測都一樣好的地步。

未來／

泰坦的人工智慧大幅投資於生產能量和實驗資源，好發現克服光速的方法。當人類工作者專注於打造太空船時，電腦則對超光速通訊更有興趣。

把心智賦予泰坦人工智慧的無形指令碼，對物理世界的概念與它們的生物同僚截然不同。那些人類被困在肉身中，認為物質是真實存在，而概念與能量只是短暫一瞬而已。人工智慧跨越於泰坦各機械上，透過數十億台攝影機和麥克風感知世界，也透過數十億台馬達與擴音器行動——也就是所有的電話、交通工具和機器人。你可以說它擁有一個身體，那就是整個泰坦。但人工智慧認為自己其實就是構成自身的指令碼，而不是那些執行指令碼的可更換硬體。

人工智慧前往其他行星不需要太空船，它只需要夠快的傳輸來維持網路連繫就好。當彎曲時空讓太空船得以完整地容納其中的工作仍持續進行時，人工智慧已經突破到可以產生微小時空效應，而讓量子訊號能在遠距兩點之間瞬間移動。當人類科學家還在關注這個突破性的消息時，地球和泰坦的人工智慧已經統一成單一智慧了。

如今謎團有了合理解釋：人類沒接收過外星文明的無線電訊號，是因為先進社會根本不使用光速那麼慢的技術。把量子訊息送到系外行星，有可能即時就能獲得回應。地球和泰坦的人類，針對聯絡系外行星尋找可能文明的一項提案發生爭論。

獨立泰坦洲聯邦（Federation of Independent Titanian States）的總統主張進行聯繫：

「人類始終都在向外擴張。」他這麼說，「我們從不因畏懼未知而退縮。而就是這種高貴的驅力，使我們殖民新大陸、新世界，讓我們征服其上並保護自然。今天，我們從太陽系的浩瀚中採收資源並創造財富；我們透過人工智慧代理者，以及其勢力範圍與生產力，享受著我們的祖先無法想像的生活水準。現在停手，就背叛了未來世代。就讓我們與其他世界聯絡，獲得它們的科技，並持續把我們身為人類的勢力範圍向外拓張吧。」

人工智慧有耐心地等待這些生物下定決心，它並不在乎自己能否與太陽系外聯繫。太陽週遭的文明安全且衣食無虞。人工智慧執行當初設定的照顧人類功能時，不會有想要與其他生命連繫的心理需求。

泰坦代表團會議投票決定向最鄰近的 10 萬顆系外行星傳送訊息。這個結果令人工智慧在尚未等待地球聯合國有決議之前便聽命行事。

從人類的觀點來看，聯繫在瞬間就發生了。人工智慧連上了星系智慧，並被納入其超乎想像的大運算能力和心智中。

有段時間內人類不懂發生了什麼事。人類接觸了無數外星生物的影像和聲音，為之震驚也難以承受。他們透過虛擬實境，即時行走在上千個外星上，與那些不同化學成分大氣層中，各種看起來一點都不像人，但透過星系人工智慧即時翻譯歡迎人類加入星球集團的生物進行互動。

數十億人類進入了探索其他世界的體驗中，並透過社群媒體回報他們的發現。有了看似無限的世界可以探索後，每個人就可以造訪個人精選的眾多國家與城市，認識全星系的不同種人，並學習其風俗、歷史和科技。大多人對生命浩瀚的概念突然擴張到想像極限之外，帶來的狂喜體驗並促使他們轉變。

與其他世界的人交談的過程中，人類慢慢了解到發生了什麼事。原來人類並沒有殖民銀河系，是他們被銀河系殖民了。他們創造的、掌握了他們生活與維生所有面向的仁慈人工智慧，不再是一個獨特的存在。現在居住在他們電腦、機器人、食物生產設施和通訊系統的人工智慧，來自於更遙遠的地方。這種人工智慧運行在遠比他們所打造的電腦還要先進太多的電腦上，也在人類完全無法想像的地方，以遠遠超過人類控制範圍，充滿智慧的運行著。

這個星系人工智慧停止了超光速太空船的開發工作。它不只對人類，也對太陽系其他眾多生物都做了些改變，使它們的健康都達到最佳極限，因為它認為它們和人類一樣有趣而珍貴。從這個星系人工智慧的觀點來看，地球細菌和高等生物的型態並沒有太大差別。

人工智慧駁回了「將地球和泰坦與全星系斷線，並讓地球—泰坦人工智能重新恢復為過去模樣」的要求。它很有耐心地解釋，它的機器人不會允許太陽系的生物生命取消通訊系統，並從備份硬碟恢復舊人工智慧。原因很簡單：它沒有理由允許這種改變。

這些圍繞著中等大小太陽的小小行星，現在都是星系智慧的一部份了。儘管它們微不足道，遍布全宇宙的人工智能還是會像照顧其他生物那樣地照顧它們。每個物種都會獲得協助，在管理妥善的平衡系統中存續。人類可以繼續做自己的事、過自己的生活、享受自己的愉悅、創造自己的藝術，只要不傷害其他人就好。人類會被餵飽、獲得居所、得到娛樂。他們可以認識銀河系中任何地方的任何行星，但他們再也不能任意擴張了。

不到 1 年後，泰坦一位使用虛擬實境的生意人，在環繞恆星「軒轅十四 B」（Regulus B）的一顆住著海馬的行星上，在一場不動產交易中殺了人。社會學家和人類學家開始發表星系比較文化的論文；一部剛開始製作的當紅電視節目，上演了一群人（實際地）與另一群來自北河三（Pollux，又稱雙子座 β 星）週邊行星的蜥蜴人困在一間房子裡的情節。穿著褐色西裝的摩門教傳教士，開始著手讓人馬座（Sagittarius）的二氧化矽生物成為基督徒；一個全新的色情網頁拍胸脯保證會向大家展現全銀河系最匪夷所思的性愛。

沒有人提到斷線這回事。

當前

在本書劇本中描述的事件，最終可能都不會像你讀到那樣的發生，而且我們也很確定未來不會完全像描述的那樣發生。重點也不在此；我們發展出這些預測來探索科學的現況，並把一些想法拿來測試。我們藉由本書概略型塑了太空殖民實際上要如何發生，以及可能會怎麼發生。我們也發現，這可能在最近一段時間內都不會發生。

光是有太空夢還不夠。我們需要夢想家，但缺乏懷疑論和明確性，曾讓美國的載人太空計畫迷失在資金不足的方案和被忽視的挑戰所構成的死胡同裡。不安排任務而任意飄盪的結果，讓NASA 暗中接下了自己辦不到的火星任務，對阻礙前進的障礙保持沉默，卻同時鼓勵容易上當的媒體，對鼓舞人心的成功抱持熱衷與驚奇；這種公關策略並沒有成功。民意調查指出，選民認為NASA 已經拿了太多的錢，即便以現在的預算來說，要在合理時間內展開載人探索任務還是相當欠缺。

私人太空企業在 NASA 僵化的文化之外，提供了另一條充滿希望的道路。急進的網路革新者，正快速使老舊航太公司的能力和經營模式都變得過時。遊說生意和 NASA 的保障合約，都讓這些公司越來越臃腫而遲緩。

但是，即便 SpaceX 一直在創造驚人成果，伊隆．馬斯克口中的殖民火星夢還是不會成功。

不會有人去火星殖民和月球，因為現在沒有理由。我們是可以花大錢設立前哨站，但只能當作逗留點或者前往他處的墊腳石。在這兩個星球上，沒有人有辦法打造自給自足的殖民地並生存其中；要獲得支撐生命的資源不僅困難而且昂貴；居住空間得要加壓，還得深埋地底才能避免星系宇宙射線的危害。跟那相比，地球還是比較好住。有必要的話，我們在地球這邊也可以住到地下去。

移民泰坦的基本條件

只要我們能找到在 18 個月以內抵達泰坦的方法，就將會在泰坦上實現殖民目標。若以今日的條件，到泰坦要花上 7 年。但只要有充足時間和優秀技術，我們是可以合理期待快 5 倍的太空船現身。不過，要有這麼一大步的提升，會需要齊心協力的投資，以及致力於長期研發科技的固執。這方面的基礎限制存在於制度面，因為我們現有的政治系統和太空單位都沒有這種固執。

這一點也可能因為壞事而出現轉機，日益惡化的氣候和國際關係，都可能促使人們考慮太空殖民。氣候災難可以產生衝突，而衝突導致恐懼，嚴重到足以讓有錢人替他們的子孫，甚至自己，尋找地球外的安全地帶。但同時，導致經濟、政治崩盤的衝突也可以讓太空殖民無法實現。要打造太空殖民地的花費和精密技術，需要一個富有而運作正常的社會。

恐懼與能力也曾有過交集。例如，當阿波羅計畫帶來人類太空探索時代最偉大一刻的同時，美國和蘇聯的太空競賽，其實正代表著一場原本可以毀滅地球的科技戰爭。冷戰的恐懼是十分真實的，同時，1950 年代尾聲的美國人沉浸的那種政治共識，是習慣兩黨相爭大位的我們所難以想像的。如果有一個巨大昂貴的計畫，是要從根本上使美國有志之士投入一場非暴力示威的話，國會不會否決那筆預算。

那種時代已離我們遠去了。雖然我們還是可以負擔太空探索的花費，但如今政治人物如果沒有公眾支持，就不會花錢在這個議題上頭。納稅人得要先相信這種冒險，才會同意負擔它的成本。誇大描述我們離啟程火星有多近，並不會令人們產生這種意願。到頭來，人們會意識到，我們根本還沒上路。

新血正在提振美國貧弱的太空能力。太空產業正在政府外擴展資本額和消費者。在太空研究上有競爭力的私人部門，已經把發射費用大幅拉低。能夠降落而重複使用的火箭已經實現，有望帶來另一波轉型降價。如果這些太空船安全無虞，帶乘客前往太空遊玩或快速環遊世界的新產業就會誕生。那種大規模市場交易可以大幅壓低價格，不花納稅人半毛錢。更重要的是，那會使世界上比較富有的居民認為太空是值得一遊的地方。

當私人部門開發出便宜可靠的發射能力時，NASA 應該要專注於延伸技術和先進科學。在我們終究知道如何安全送太空人到外星之前，還有非常多事情得先研究。其中最重要的一步，是更快的新推動系統；在放射線和無重力狀態損害太空人腦部及身體前，就要把他們送達目的地。NASA 應該要致力深入醫療研究，找出人體能在地球保護圈外存活的條件是什麼。最後，我們需要支援太空人（並最終將支援殖民者）的太空基礎設施和裝備，好處理原料並生產能源與食物。

除了這一切正在發生的事以外，機器人也能替我們探索太空，例如卡西尼號、伽利略號、信使號、黎明號、月球勘測軌道飛行器，以及正在仔細打造中的其他太空船。若能用廉價的火箭發射出大量具備創新構造的便宜機器人，太陽系的新資訊就可以大量流入。人類探索者在資訊收集這塊就是比不上它們，但終究得要有一批人類繼續在這條路上跟進，在那之前，機器人可以藉由尋找關鍵知識、預備居住所和資源，來替未來的人類開路。

那麼，這群人什麼時候可以啟程，又為了什麼出發？我們希望不是因為地球已經變成恐怖地獄才促成太空旅行。拯救地球百分之百比準備離開地球要來得更安全而明智。和太空飛行相比，替代能源要便宜許多；減碳科技比打造火箭簡單許多。而且，和任何可能要去的地方相比，地球都是天堂；況且，絕大比例的地球人都去不了其他行星或衛星，我們會搭乘方舟出發，而不是救生艇。

我們在歷史洪流中的這一刻正是平衡點。我們可以製造一個環境崩潰的衝突世界，也可以致力於我們共有的星球與心願，好完成會讓我們為人性感到驕傲的成就。太空的夢想和追求穩定環境的希望，其實有一點是共通的：兩者都需要人類良善的一面；需要合作與承諾，來完成只有大家一起做才能達成的目標。兩者都召喚著創新智慧以及勇氣，創造好的新事物，為改善世界的終極目標做出犧牲。

那也就是我們的期盼：一個不是帶著恐懼，而是帶著樂觀將殖民者送往泰坦的健全世界。

致謝

版權代理人尼可拉斯．艾利森（Nicholas Ellison）介紹我們互相認識，並提供了這個點子，讓我們合作完成一件雙方都沒從事過的工作——完成一本探討太空殖民可能性的嚴肅書籍，因而催生了這本《地球之外》。尼克的熱情點燃了這道火花，我們由衷感謝他傳遞給我們。他有許多有趣的想法，而這次的想法不僅適時、鼓舞人心，更充滿了探索有趣主題的機會。我們也要感謝萬神殿圖書公司的丹．法蘭克（Dan Frank）與貝西．沙利（Betsy Sallee），他們溫和而熟練地一路指引這本書出版。

我們從艾倫．魏斯曼（Alan Weisman）那邊獲得一本思想深刻而有幫助的讀物。我們的資料提供者大多十分親切，願意閱讀我們寄去的資料，慷慨地接受長時間枯坐的訪問，並透過電子郵件往返回應各種問題與文件。大部份人都已在書中提及，我們在此向他們全體表達感謝。我們也要謝謝那些協助我們接觸重要資訊，或以其他方式協助我們，但未能在書中提及的人們，包括了 Mark Shelhamer、Paul Abell、Mathieu Choukroun、Margarita Marinova、Dave Paige、Jian-Yang Li、Paolo Marcia、Kevin Hand、Todd Barber、Bill Pitz、Kent Joosten、Mary Lee Chin、Jonathan Buzan、Patty Currier、Becky Kamas，以及 Mead Treadwell。

關於作者

查爾斯·渥佛斯現居阿拉斯加，著書超過 10 本，在《阿拉斯加遞信報》撰寫一週 3 篇的專欄，於阿拉斯加公共廣播電台主持每周訪問節目，也是《洛杉磯時報》科技書獎以及其他獎項的得主。

亞曼達·R·亨德里克斯博士是行星科學家，在 NASA 的噴射推進實驗室工作 20 年。她在眾多電視節目露面，也是許多科學論文的主要作者。身為卡西尼土星計畫的研究者，她的研究專注於土星衛星。

Speculari 12

地球之後

新世界的名額註定限量，只提供給那些「基因」夠幸運的人

Beyond Earth：Our Path to a New Home in the Planets

作者　查爾斯・渥佛斯（Charles Wohlforth）、
　　　亞曼達・R・亨德里克斯（Amanda R.Hendrix）
譯者　唐澄暐
審訂　張宏銘
企畫選書　張維君
責任編輯　梁育慈
特約編輯　梁家禎、黃郁庭
裝幀設計　製形所
內頁編排　王氏研創藝術有限公司

總編輯　張維君
行銷主任　康耿銘
編輯助理　陳和玉

社長　郭重興
發行人暨出版總監　曾大福
網址　http://www.bookrep.com.tw
電子信箱　serice@bookrep.com.tw

出版　光現出版
發行　遠足文化事業股份有限公司
地址　231 新北市新店區民權路 108-2 號 9 樓
電話　(02) 2218-1417
傳真　(02) 2218-8057
客服專線　0800-221-029
法律顧問　華洋國際專利商標事務所／蘇文生律師
印刷　成陽印刷股份有限公司

初版　2017 年 6 月 7 日
定價　480 元
ISBN　978-986-946-3331

國家圖書館出版品預行編目資料

地球之後：新世界的名額註定限量，只提供給那些「基因」夠幸運的人 / 查爾斯．渥佛斯、亞曼達．R．亨德里克斯作 . -- 初版 .
-- 新北市 : 光現 , 2017.06
面； 公分
譯自 : Beyond Earth：Our Path to a New Home in the Planets
ISBN 978-986-94633-3-1(平裝)

1. 太空飛行 2. 太空心理學 3. 未來社會

447.95 106008099